KB275243
연산 능력 강화
개념 기억력 강화
기초력 완성

비상은
믿습니다

당연한 것을 낯설게 바라보는 시선이
교육을 움직이게 한다는 것을.

현장에서 출발한 고민이
다음 교육의 해답이 될 수 있다는 것을.

배움의 즐거움이
교육의 가장 강력한 연료라는 것을.

다름을 존중하는 태도가
교육의 가치를 더 깊게 만든다는 것을.

그리고,
우리가 선택한 이 가치들이
곧, 우리 교육의 방향이 된다고 믿습니다.

이 믿음 하나하나가 모여,
새로운 콘텐츠와 플랫폼이 되어
교육의 새로운 전형을 만들어갑니다.

상상 그 이상 –
visang

개념﹢연산 파워

초등수학

3·1

구성과 특징

❶ 전 단원 구성으로 교과 진도에 맞춘 학습!

❷ 키워드로 핵심 개념을 시각화하여 개념 기억력 강화!

❸ '기초 드릴 빨강 연산 ▶ 스킬 업 노랑 연산 ▶ 문장제 플러스 초록 연산'으로 응용 연산력 완성!

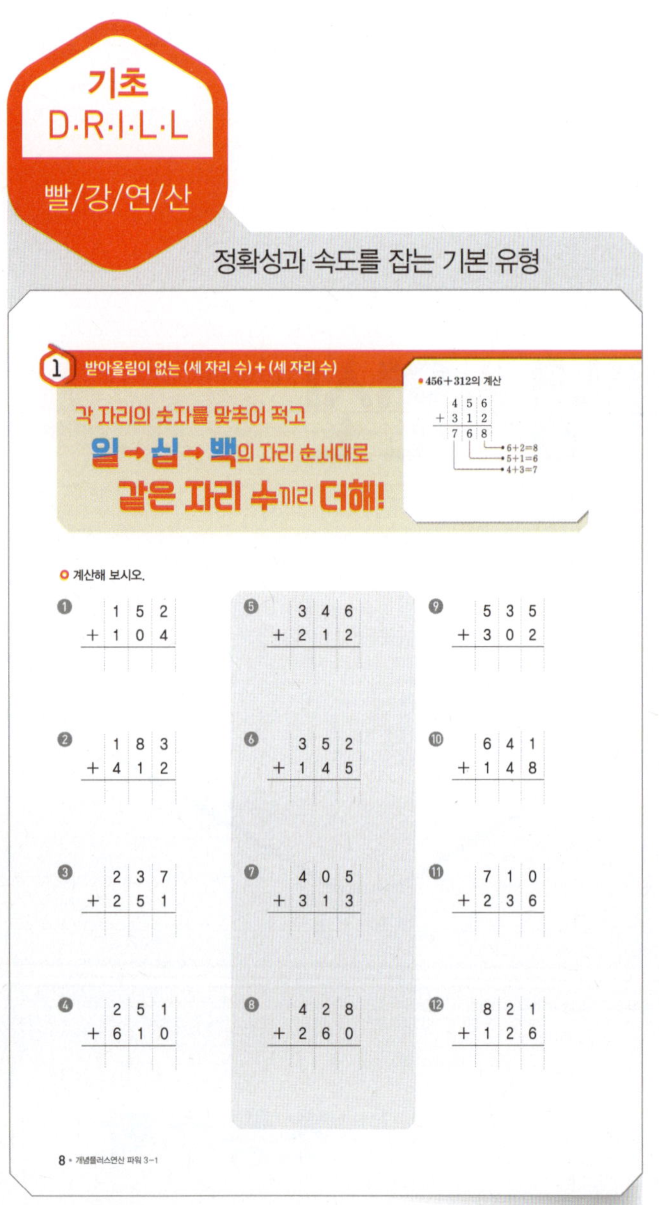

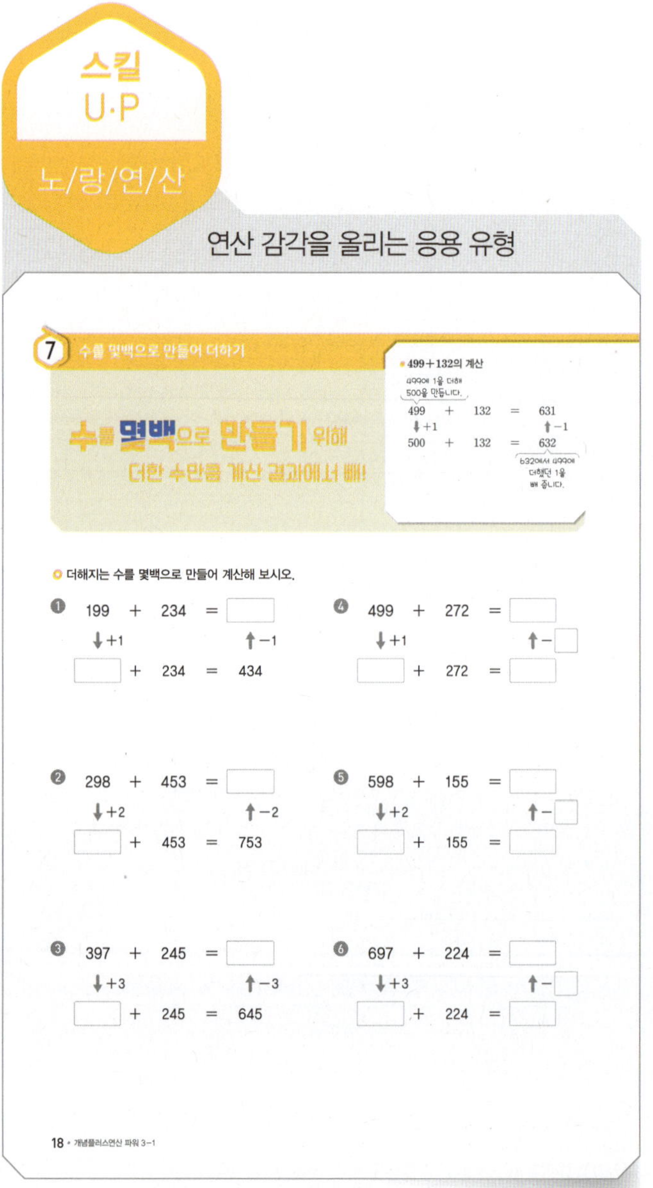

문장제 P·L·U·S
초/록/연/산

문제해결력을 키우는 연산 문장제 유형

⑫ 덧셈 문장제

입장한 어른 수 ➡ ■
입장한 어린이 수 ➡ ▲

영화관에 입장한 전체 사람 수 ➡ ■+▲

● 문제를 읽고 식을 세워 답 구하기
영화관에 어른이 151명, 어린이가 228명 입장하였습니다.
영화관에 입장한 사람은 모두 몇 명입니까?
식 151+228=379
답 379명

① 민서네 학교의 누리집 방문자가 어제는 361명, 오늘은 225명입니다.
어제와 오늘 이틀 동안의 누리집 방문자는 모두 몇 명입니까?

계산 공간

식 : [어제 방문자 수] + [오늘 방문자 수] = [어제와 오늘 방문자 수]

답 :

② 민호네 과수원에서 작년에는 사과를 508개 수확했고, 올해는 작년보다 154개 더 많이
수확했습니다. 민호네 과수원에서 올해 수확한 사과는 몇 개입니까?

식 : [작년에 수확한 사과의 수] + [ ] = [올해 수확한 사과의 수]

답 :

③ 다현이가 줄넘기를 어제는 191번, 오늘은 287번 넘었습니다.
다현이가 어제와 오늘 넘은 줄넘기는 모두 몇 번입니까?

식 : [어제 넘은 줄넘기의 수] + [오늘 넘은 줄넘기의 수] = [어제와 오늘 넘은 줄넘기의 수]

답 :

평가

단원별 응용 연산력 평가

평가 **1. 덧셈과 뺄셈**

◎ 계산해 보시오.

$$\begin{array}{r} 1\ 3\ 6 \\ +\ 7\ 2\ 3 \\ \hline \end{array}$$
1

$$\begin{array}{r} 2\ 1\ 5 \\ +\ 3\ 4\ 5 \\ \hline \end{array}$$
2

$$\begin{array}{r} 3\ 5\ 4 \\ +\ 4\ 6\ 9 \\ \hline \end{array}$$
3

$$\begin{array}{r} 4\ 5\ 8 \\ -\ 2\ 1\ 6 \\ \hline \end{array}$$
4

$$\begin{array}{r} 5\ 5\ 3 \\ -\ 2\ 2\ 9 \\ \hline \end{array}$$
5

$$\begin{array}{r} 6\ 2\ 4 \\ -\ 3\ 7\ 6 \\ \hline \end{array}$$
6

7 259+420=

8 523+284=

9 673+189=

10 759+782=

11 524−312=

12 648−274=

13 702−363=

14 814−156+257=

✻ 초/록/연/산은 수와 연산 단원에만 있음.

차례

개념+연산 파워 에서 배울 단원을 확인해요!

덧셈과 뺄셈

학습 내용	일 차	맞힌 개수	걸린 시간
① 받아올림이 없는 (세 자리 수) + (세 자리 수)	1일 차	/33개	/9분
② 받아올림이 한 번 있는 (세 자리 수) + (세 자리 수)	2일 차	/33개	/10분
③ 받아올림이 두 번 있는 (세 자리 수) + (세 자리 수)	3일 차	/33개	/10분
④ 받아올림이 세 번 있는 (세 자리 수) + (세 자리 수)	4일 차	/33개	/11분
⑤ 그림에서 두 수의 덧셈하기	5일 차	/14개	/10분
⑥ 두 수의 합 구하기			
⑦ 수를 몇백으로 만들어 더하기	6일 차	/14개	/11분
⑧ 수를 몇백몇십으로 만들어 더하기	7일 차	/14개	/11분
⑨ 뺄셈식에서 어떤 수 구하기	8일 차	/22개	/17분
⑩ 덧셈식 완성하기	9일 차	/14개	/12분
⑪ 합이 가장 큰 덧셈식 만들기	10일 차	/16개	/16분
⑫ 덧셈 문장제	11일 차	/7개	/6분
⑬ 바르게 계산한 값 구하기	12일 차	/5개	/10분

각 자리의 숫자를 맞추어 적고
일 → 십 → 백의 자리 순서대로
같은 자리 수끼리 **더해!**

● **456＋312의 계산**

$$\begin{array}{ccc} & 4 & 5 & 6 \\ + & 3 & 1 & 2 \\ \hline & 7 & 6 & 8 \end{array}$$

- 6＋2＝8
- 5＋1＝6
- 4＋3＝7

○ 계산해 보시오.

❶
$$\begin{array}{r} 1\ 5\ 2 \\ +\ 1\ 0\ 4 \\ \hline \end{array}$$

❷
$$\begin{array}{r} 1\ 8\ 3 \\ +\ 4\ 1\ 2 \\ \hline \end{array}$$

❸
$$\begin{array}{r} 2\ 3\ 7 \\ +\ 2\ 5\ 1 \\ \hline \end{array}$$

❹
$$\begin{array}{r} 2\ 5\ 1 \\ +\ 6\ 1\ 0 \\ \hline \end{array}$$

❺
$$\begin{array}{r} 3\ 4\ 6 \\ +\ 2\ 1\ 2 \\ \hline \end{array}$$

❻
$$\begin{array}{r} 3\ 5\ 2 \\ +\ 1\ 4\ 5 \\ \hline \end{array}$$

❼
$$\begin{array}{r} 4\ 0\ 5 \\ +\ 3\ 1\ 3 \\ \hline \end{array}$$

❽
$$\begin{array}{r} 4\ 2\ 8 \\ +\ 2\ 6\ 0 \\ \hline \end{array}$$

❾
$$\begin{array}{r} 5\ 3\ 5 \\ +\ 3\ 0\ 2 \\ \hline \end{array}$$

❿
$$\begin{array}{r} 6\ 4\ 1 \\ +\ 1\ 4\ 8 \\ \hline \end{array}$$

⓫
$$\begin{array}{r} 7\ 1\ 0 \\ +\ 2\ 3\ 6 \\ \hline \end{array}$$

⓬
$$\begin{array}{r} 8\ 2\ 1 \\ +\ 1\ 2\ 6 \\ \hline \end{array}$$

⑬ 131＋408＝

⑳ 412＋420＝

㉗ 616＋271＝

⑭ 153＋524＝

㉑ 425＋224＝

㉘ 623＋163＝

⑮ 221＋307＝

㉒ 442＋312＝

㉙ 654＋212＝

⑯ 262＋133＝

㉓ 464＋401＝

㉚ 680＋314＝

⑰ 307＋340＝

㉔ 512＋156＝

㉛ 732＋125＝

⑱ 316＋172＝

㉕ 555＋423＝

㉜ 751＋216＝

⑲ 351＋317＝

㉖ 571＋108＝

㉝ 833＋124＝

같은 자리 수끼리의 합이
100l거나 10보다 크면
바로 윗자리로 받아올려!

● 367+205의 계산

일의 자리에서 받아올림한 수

```
    1
  3 6 7
+ 2 0 5
─────────
  5 7 2
```

7+5=12
1+6+0=7
3+2=5

○ 계산해 보시오.

①
```
    1 0 5
  + 2 2 6
```

②
```
    1 1 8
  + 3 4 4
```

③
```
    2 3 9
  + 4 3 4
```

④
```
    2 8 7
  + 2 0 7
```

⑤
```
    3 5 1
  + 3 5 7
```

⑥
```
    3 6 0
  + 1 9 5
```

⑦
```
    4 7 4
  + 3 6 1
```

⑧
```
    4 9 5
  + 2 9 2
```

⑨
```
    5 0 7
  + 3 2 4
```

⑩
```
    5 1 8
  + 1 5 9
```

⑪
```
    6 0 6
  + 1 7 5
```

⑫
```
    7 3 2
  + 1 3 9
```

⑬ 129+154=

⑳ 463+291=

㉗ 608+126=

⑭ 145+335=

㉑ 481+257=

㉘ 616+219=

⑮ 217+235=

㉒ 490+324=

㉙ 627+135=

⑯ 229+164=

㉓ 520+192=

㉚ 672+109=

⑰ 338+348=

㉔ 543+182=

㉛ 727+107=

⑱ 349+123=

㉕ 582+286=

㉜ 745+218=

⑲ 358+414=

㉖ 591+380=

㉝ 818+118=

일의 자리에서 받아올림이 있으면
십의 자리로 받아올려!
십의 자리에서 받아올림이 있으면
백의 자리로 받아올려!

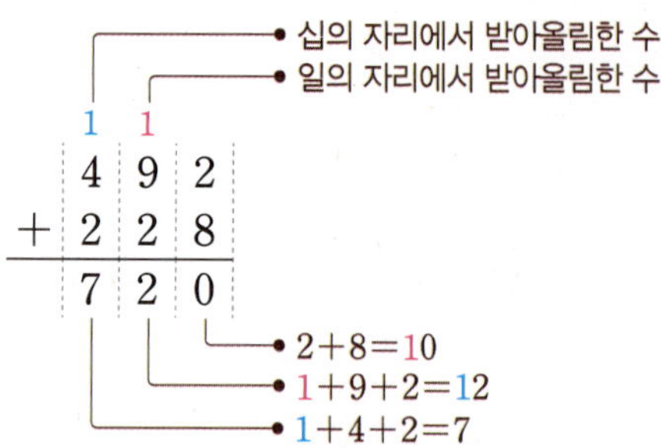

○ 계산해 보시오.

①
```
    1 3 8
+   1 7 6
```

②
```
    1 7 5
+   3 4 7
```

③
```
    2 4 4
+   1 9 8
```

④
```
    2 8 5
+   5 6 5
```

⑤
```
    3 3 6
+   1 8 9
```

⑥
```
    3 8 7
+   5 4 4
```

⑦
```
    4 7 3
+   3 2 9
```

⑧
```
    4 9 5
+   4 2 8
```

⑨
```
    5 6 1
+   2 8 9
```

⑩
```
    5 7 7
+   2 3 7
```

⑪
```
    6 5 8
+   1 6 3
```

⑫
```
    6 8 2
+   2 4 9
```

⑬ 157＋475＝

⑭ 182＋589＝

⑮ 213＋398＝

⑯ 225＋276＝

⑰ 248＋657＝

⑱ 273＋589＝

⑲ 324＋179＝

⑳ 348＋385＝

㉑ 365＋469＝

㉒ 396＋287＝

㉓ 423＋389＝

㉔ 446＋196＝

㉕ 459＋254＝

㉖ 465＋478＝

㉗ 529＋289＝

㉘ 552＋179＝

㉙ 596＋395＝

㉚ 627＋194＝

㉛ 645＋187＝

㉜ 682＋239＝

㉝ 748＋168＝

● 873＋629의 계산

● 십의 자리에서 받아올림한 수
● 일의 자리에서 받아올림한 수

$$
\begin{array}{r}
1\ 1\\
8\ 7\ 3\\
+\ 6\ 2\ 9\\
\hline
1\ 5\ 0\ 2
\end{array}
$$

● 3＋9＝12
● 1＋7＋2＝10
● 1＋8＋6＝15

참고 백의 자리에서 받아올림한 1은 천의 자리에 그대로 씁니다.

○ 계산해 보시오.

①
$$
\begin{array}{r}
2\ 5\ 7\\
+\ 8\ 5\ 4\\
\hline
\end{array}
$$

②
$$
\begin{array}{r}
3\ 6\ 8\\
+\ 6\ 9\ 3\\
\hline
\end{array}
$$

③
$$
\begin{array}{r}
4\ 8\ 3\\
+\ 7\ 4\ 9\\
\hline
\end{array}
$$

④
$$
\begin{array}{r}
5\ 4\ 2\\
+\ 5\ 8\ 8\\
\hline
\end{array}
$$

⑤
$$
\begin{array}{r}
6\ 7\ 8\\
+\ 5\ 6\ 6\\
\hline
\end{array}
$$

⑥
$$
\begin{array}{r}
6\ 9\ 6\\
+\ 6\ 2\ 7\\
\hline
\end{array}
$$

⑦
$$
\begin{array}{r}
7\ 4\ 5\\
+\ 5\ 7\ 9\\
\hline
\end{array}
$$

⑧
$$
\begin{array}{r}
7\ 7\ 8\\
+\ 7\ 6\ 8\\
\hline
\end{array}
$$

⑨
$$
\begin{array}{r}
8\ 2\ 9\\
+\ 4\ 7\ 6\\
\hline
\end{array}
$$

⑩
$$
\begin{array}{r}
8\ 7\ 5\\
+\ 6\ 9\ 8\\
\hline
\end{array}
$$

⑪
$$
\begin{array}{r}
9\ 4\ 7\\
+\ 3\ 8\ 7\\
\hline
\end{array}
$$

⑫
$$
\begin{array}{r}
9\ 8\ 3\\
+\ 5\ 5\ 8\\
\hline
\end{array}
$$

각 자리에서 **받아올림이 있으면** 바로 윗자리로 받아올려!

⑬ $149+974=$

⑭ $192+828=$

⑮ $236+795=$

⑯ $288+817=$

⑰ $349+874=$

⑱ $364+968=$

⑲ $419+689=$

⑳ $436+767=$

㉑ $479+959=$

㉒ $546+589=$

㉓ $558+497=$

㉔ $593+809=$

㉕ $626+798=$

㉖ $642+588=$

㉗ $669+752=$

㉘ $748+469=$

㉙ $785+776=$

㉚ $819+499=$

㉛ $857+376=$

㉜ $934+477=$

㉝ $956+386=$

화살표 **방향**에 따라
덧셈식을 세워!

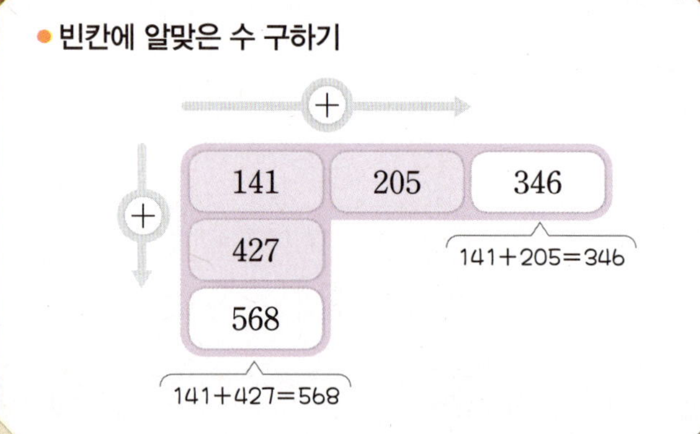

○ 빈칸에 알맞은 수를 써넣으시오.

1
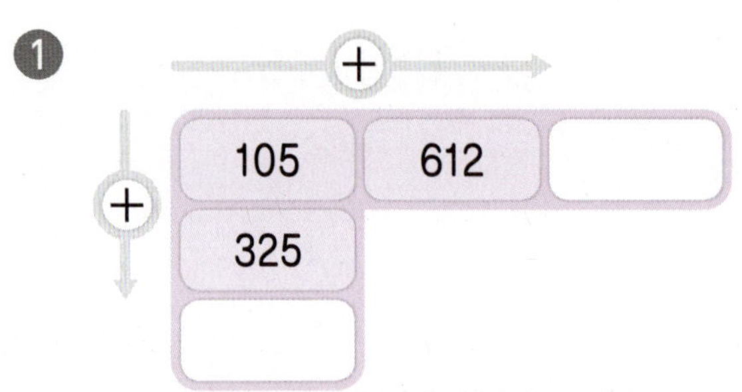

4
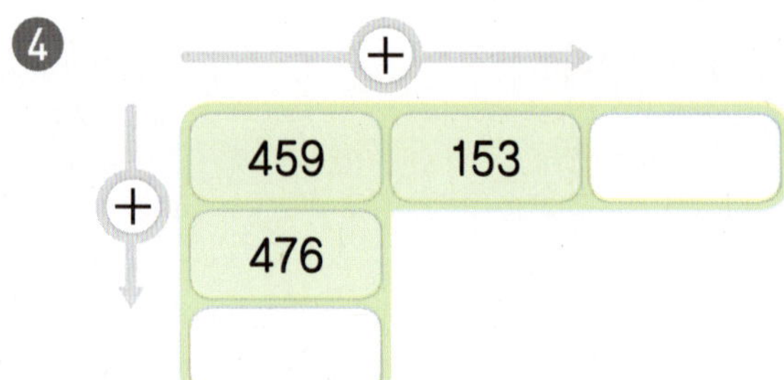

2
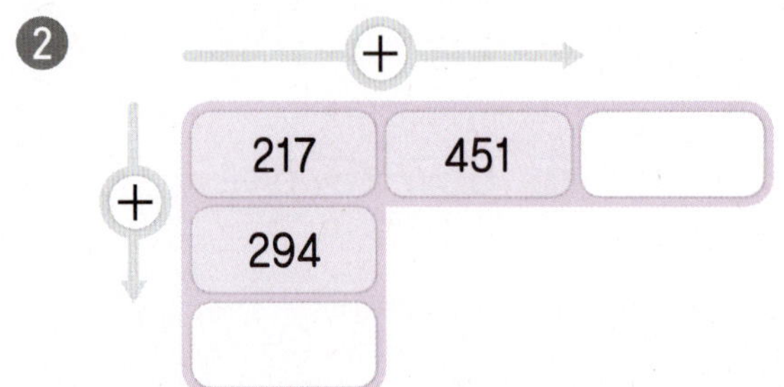

5
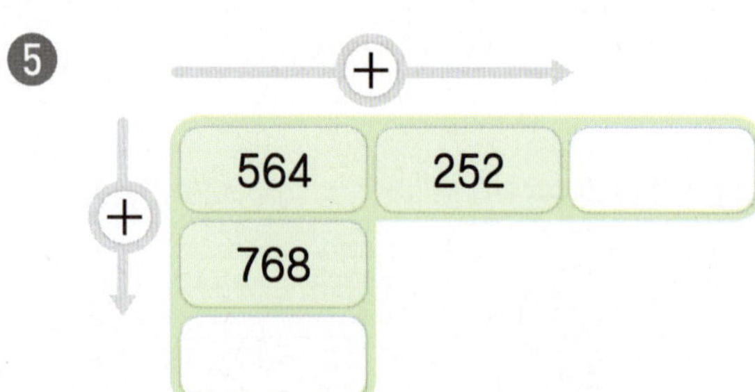

3
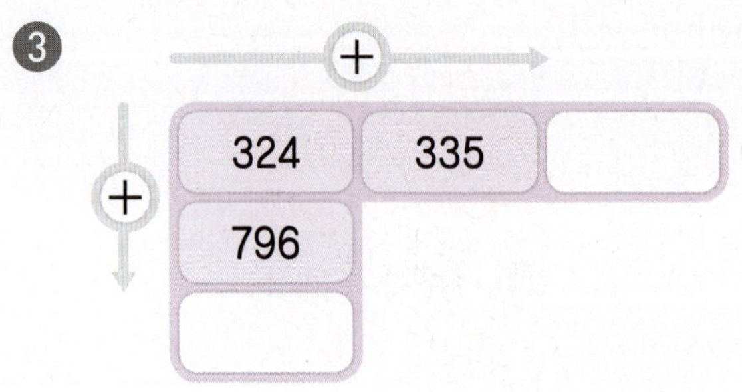

6
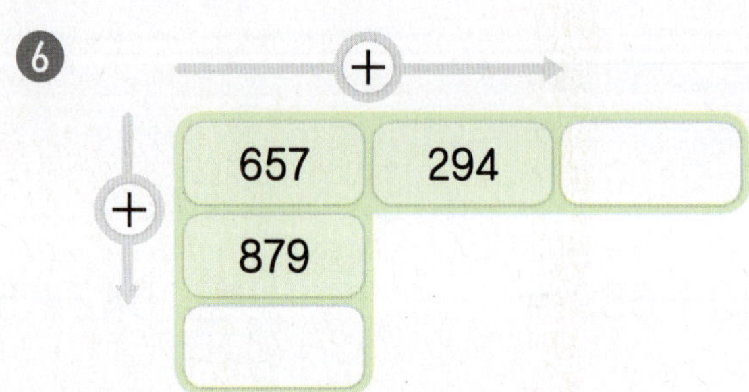

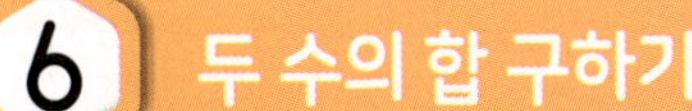

6 두 수의 합 구하기

합

→ **덧셈식**을 이용해!

● 두 수의 합 구하기

263	115
378	

263+115=378

○ 두 수의 합을 빈칸에 써넣으시오.

❼
184	612

❽
207	751

❾
342	329

❿
473	154

⓫
554	157

⓬
646	286

⓭
758	453

⓮
825	897

수를 **몇백**으로 **만들기** 위해
더한 수만큼 계산 결과에서 빼!

● **499+132의 계산**

499에 1을 더해
500을 만듭니다.

$$499 \quad + \quad 132 \quad = \quad 631$$
$$\downarrow +1 \qquad\qquad\qquad\qquad \uparrow -1$$
$$500 \quad + \quad 132 \quad = \quad 632$$

632에서 499에
더했던 1을
빼 줍니다.

○ 더해지는 수를 몇백으로 만들어 계산해 보시오.

1 $199 \quad + \quad 234 \quad = \quad \boxed{}$
$\downarrow +1 \qquad\qquad\qquad \uparrow -1$
$\boxed{} \quad + \quad 234 \quad = \quad 434$

4 $499 \quad + \quad 272 \quad = \quad \boxed{}$
$\downarrow +1 \qquad\qquad\qquad \uparrow - \boxed{}$
$\boxed{} \quad + \quad 272 \quad = \quad \boxed{}$

2 $298 \quad + \quad 453 \quad = \quad \boxed{}$
$\downarrow +2 \qquad\qquad\qquad \uparrow -2$
$\boxed{} \quad + \quad 453 \quad = \quad 753$

5 $598 \quad + \quad 155 \quad = \quad \boxed{}$
$\downarrow +2 \qquad\qquad\qquad \uparrow - \boxed{}$
$\boxed{} \quad + \quad 155 \quad = \quad \boxed{}$

3 $397 \quad + \quad 245 \quad = \quad \boxed{}$
$\downarrow +3 \qquad\qquad\qquad \uparrow -3$
$\boxed{} \quad + \quad 245 \quad = \quad 645$

6 $697 \quad + \quad 224 \quad = \quad \boxed{}$
$\downarrow +3 \qquad\qquad\qquad \uparrow - \boxed{}$
$\boxed{} \quad + \quad 224 \quad = \quad \boxed{}$

○ 두 수를 각각 몇백으로 만들어 계산해 보시오.

❼ $199 + 599 = \boxed{}$

↓+1　↓+1　↑−2

$200 + \boxed{} = 800$

두 수에 각각 1씩 더해서
몇백을 만들었으므로
계산 결과에서
1+1=2를 빼 줍니다.

❽ $298 + 198 = \boxed{}$

↓+2　↓+2　↑−4

$300 + \boxed{} = 500$

❾ $299 + 498 = \boxed{}$

↓+1　↓+2　↑−3

$300 + \boxed{} = 800$

❿ $398 + 499 = \boxed{}$

↓+2　↓+1　↑−3

$400 + \boxed{} = 900$

⓫ $399 + 299 = \boxed{}$

↓+1　↓+1　↑−$\boxed{}$

$400 + \boxed{} = \boxed{}$

⓬ $498 + 198 = \boxed{}$

↓+2　↓+2　↑−$\boxed{}$

$500 + \boxed{} = \boxed{}$

⓭ $599 + 298 = \boxed{}$

↓+1　↓+2　↑−$\boxed{}$

$600 + \boxed{} = \boxed{}$

⓮ $698 + 199 = \boxed{}$

↓+2　↓+1　↑−$\boxed{}$

$700 + \boxed{} = \boxed{}$

● 164＋349의 계산

349에 1을 더해
350을 만듭니다.

$$164 + 349 = 513$$
$$\downarrow +1 \qquad \uparrow -1$$
$$164 + 350 = 514$$

514에서 349에
더했던 1을
빼 줍니다.

수를 **몇백몇십**으로 **만들기** 위해
더한 수만큼 계산 결과에서 빼!

○ 더하는 수를 몇백몇십으로 만들어 계산해 보시오.

❶
$$182 + 239 = \boxed{}$$
$$\downarrow +1 \qquad \uparrow -1$$
$$182 + \boxed{} = 422$$

❹
$$453 + 259 = \boxed{}$$
$$\downarrow +1 \qquad \uparrow - \boxed{}$$
$$453 + \boxed{} = \boxed{}$$

❷
$$254 + 368 = \boxed{}$$
$$\downarrow +2 \qquad \uparrow -2$$
$$254 + \boxed{} = 624$$

❺
$$585 + 138 = \boxed{}$$
$$\downarrow +2 \qquad \uparrow - \boxed{}$$
$$585 + \boxed{} = \boxed{}$$

❸
$$375 + 157 = \boxed{}$$
$$\downarrow +3 \qquad \uparrow -3$$
$$375 + \boxed{} = 535$$

❻
$$654 + 267 = \boxed{}$$
$$\downarrow +3 \qquad \uparrow - \boxed{}$$
$$654 + \boxed{} = \boxed{}$$

○ 두 수를 각각 몇백몇십으로 만들어 계산해 보시오.

❼ $189 + 459 = \boxed{}$

↓ +1　　↓ +1　　↑ −2

$190 + \boxed{} = 650$

⓫ $449 + 279 = \boxed{}$

↓ +1　　↓ +1　　↑ − $\boxed{}$

$450 + \boxed{} = \boxed{}$

❽ $248 + 168 = \boxed{}$

↓ +2　　↓ +2　　↑ −4

$250 + \boxed{} = 420$

⓬ $468 + 158 = \boxed{}$

↓ +2　　↓ +2　　↑ − $\boxed{}$

$470 + \boxed{} = \boxed{}$

❾ $259 + 478 = \boxed{}$

↓ +1　　↓ +2　　↑ −3

$260 + \boxed{} = 740$

⓭ $568 + 249 = \boxed{}$

↓ +2　　↓ +1　　↑ − $\boxed{}$

$570 + \boxed{} = \boxed{}$

❿ $377 + 429 = \boxed{}$

↓ +3　　↓ +1　　↑ −4

$380 + \boxed{} = 810$

⓮ $589 + 177 = \boxed{}$

↓ +1　　↓ +3　　↑ − $\boxed{}$

$590 + \boxed{} = \boxed{}$

9 뺄셈식에서 어떤 수 구하기

덧셈과 뺄셈의 관계를 이용해!

$$■ - ▲ = ● \Rightarrow ● + ▲ = ■$$

- $\square - 123 = 456$ 에서 $\square$의 값 구하기

  $\square - 123 = 456$

  $\Rightarrow$ 덧셈과 뺄셈의 관계를 이용하면

  $456 + 123 = \square,\ \square = 579$

○ 어떤 수($\square$)를 구해 보시오.

1 $\square - 231 = 125$

2 $\square - 205 = 203$

3 $\square - 314 = 331$

4 $\square - 371 = 426$

5 $\square - 142 = 742$

6 $\square - 316 = 237$

7 $\square - 232 = 349$

8 $\square - 225 = 435$

9 $\square - 159 = 624$

10 $\square - 343 = 519$

⑪ □−194=274

⑰ □−342=158

⑫ □−275=383

⑱ □−383=299

⑬ □−347=462

⑲ □−345=366

⑭ □−255=582

⑳ □−138=675

⑮ □−296=630

㉑ □−484=457

⑯ □−182=745

㉒ □−379=595

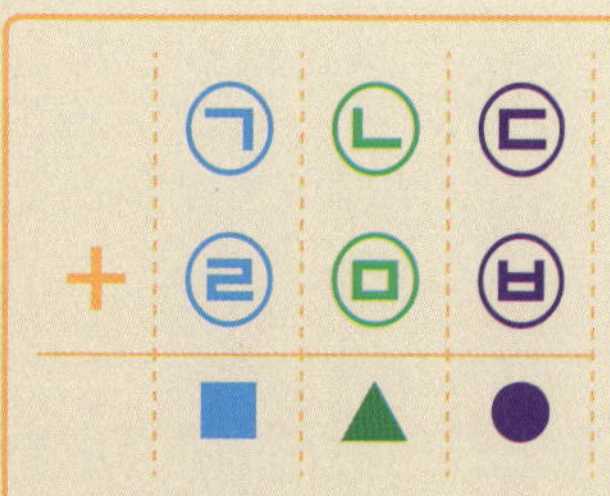

받아올림에 주의해!

- ⓒ 또는 ⓗ이 ● 보다 클 때!
- ⓛ 또는 ⓜ이 ▲ 보다 클 때!
- ⓖ 또는 ⓡ이 ■ 보다 클 때!

- 2□4＋32□＝581에서 □의 값 구하기

$$\begin{array}{ccc} & 2 & ⓖ & 4 \\ + & 3 & 2 & ⓛ \\ \hline & 5 & 8 & 1 \end{array}$$

4가 1보다 크므로 받아올림이 있습니다.

- 일의 자리 4＋ⓛ＝11, ⓛ＝7
- 십의 자리 1＋ⓖ＋2＝8, ⓖ＝5
  └ 일의 자리에서 받아올림한 수

○ 덧셈식을 완성해 보시오.

❶
$$\begin{array}{ccc} & 2 & \square & 3 \\ + & 3 & 1 & \square \\ \hline & 5 & 8 & 5 \end{array}$$

❹
$$\begin{array}{ccc} & 1 & \square & 7 \\ + & 2 & 0 & \square \\ \hline & 3 & 6 & 0 \end{array}$$

❷
$$\begin{array}{ccc} & 4 & 1 & \square \\ + & 2 & \square & 4 \\ \hline & 6 & 4 & 5 \end{array}$$

❺
$$\begin{array}{ccc} & 3 & 0 & \square \\ + & 1 & \square & 6 \\ \hline & 4 & 5 & 1 \end{array}$$

❸
$$\begin{array}{ccc} & 5 & 2 & \square \\ + & \square & \square & 1 \\ \hline & 9 & 8 & 9 \end{array}$$

❻
$$\begin{array}{ccc} & \square & 1 & \square \\ + & 3 & \square & 4 \\ \hline & 7 & 4 & 2 \end{array}$$

7

$$\begin{array}{r} \boxed{}\,8\,9 \\ +\ 3\,\boxed{}\,0 \\ \hline 5\,0\,9 \end{array}$$

11

$$\begin{array}{r} \boxed{}\,5\,6 \\ +\ 4\,\boxed{}\,8 \\ \hline 6\,3\,4 \end{array}$$

8

$$\begin{array}{r} \boxed{}\,5\,4 \\ +\ 2\,\boxed{}\,2 \\ \hline 6\,2\,6 \end{array}$$

12

$$\begin{array}{r} 3\,4\,\boxed{} \\ +\ \boxed{}\,\boxed{}\,8 \\ \hline 6\,0\,2 \end{array}$$

9

$$\begin{array}{r} 4\,\boxed{}\,6 \\ +\ \boxed{}\,4\,3 \\ \hline 6\,3\,9 \end{array}$$

13

$$\begin{array}{r} \boxed{}\,5\,9 \\ +\ 7\,6\,\boxed{} \\ \hline 1\,0\,2\,1 \end{array}$$

10

$$\begin{array}{r} 5\,\boxed{}\,4 \\ +\ \boxed{}\,7\,\boxed{} \\ \hline 8\,4\,8 \end{array}$$

14

$$\begin{array}{r} 8\,5\,\boxed{} \\ +\ \boxed{}\,\boxed{}\,3 \\ \hline 1\,7\,3\,2 \end{array}$$

(합이 가장 큰 덧셈식)
=(가장 큰 수)
+(두 번째로 큰 수)

- 수 카드 3장을 한 번씩만 사용하여 세 자리 수를 만들 때, 합이 가장 큰 (세 자리 수)+(세 자리 수) 만들기

  $\boxed{1}\ \boxed{2}\ \boxed{3}$

- 가장 큰 세 자리 수: 321
  큰 수부터 차례대로
- 두 번째로 큰 세 자리 수: 312
- ⇨ 합이 가장 큰 덧셈식:
  $321+312=633$

○ 수 카드 3장을 한 번씩만 사용하여 세 자리 수를 만들었습니다. 합이 가장 큰 (세 자리 수)+(세 자리 수)를 만들고 계산해 보시오.

1 

덧셈식 : ___________________

4 $\boxed{4}\ \boxed{3}\ \boxed{7}$

덧셈식 : ___________________

2  $\boxed{3}\ \boxed{2}\ \boxed{6}$

덧셈식 : ___________________

5 $\boxed{3}\ \boxed{9}\ \boxed{5}$

덧셈식 : ___________________

3  $\boxed{6}\ \boxed{8}\ \boxed{2}$

덧셈식 : ___________________

6  $\boxed{5}\ \boxed{4}\ \boxed{6}$

덧셈식 : ___________________

⑦ | 7 | 8 | 4 |

덧셈식 : ________________

⑧ | 6 | 5 | 7 |

덧셈식 : ________________

⑨ | 5 | 9 | 7 |

덧셈식 : ________________

⑩ | 7 | 6 | 8 |

덧셈식 : ________________

⑪ | 8 | 7 | 9 |

덧셈식 : ________________

⑫ | 1 | 0 | 3 |

덧셈식 : ________________

⑬ | 0 | 8 | 2 |

덧셈식 : ________________

⑭ | 3 | 0 | 4 |

덧셈식 : ________________

⑮ | 4 | 9 | 0 |

덧셈식 : ________________

⑯ | 5 | 0 | 7 |

덧셈식 : ________________

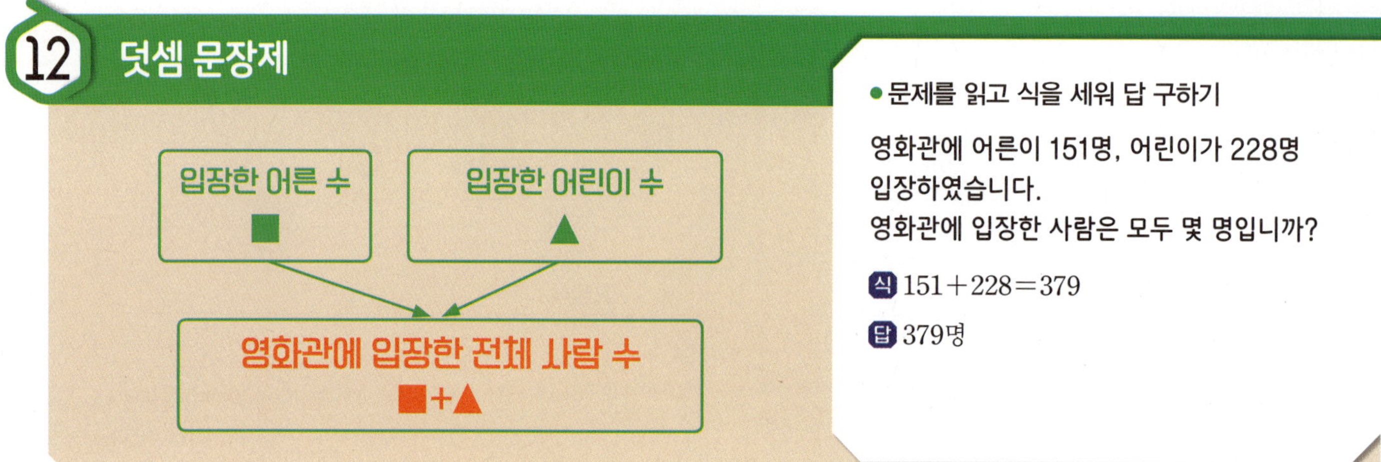

1 민서네 학교의 누리집 방문자가 어제는 361명, 오늘은 225명입니다.
어제와 오늘 이틀 동안의 누리집 방문자는 모두 몇 명입니까?

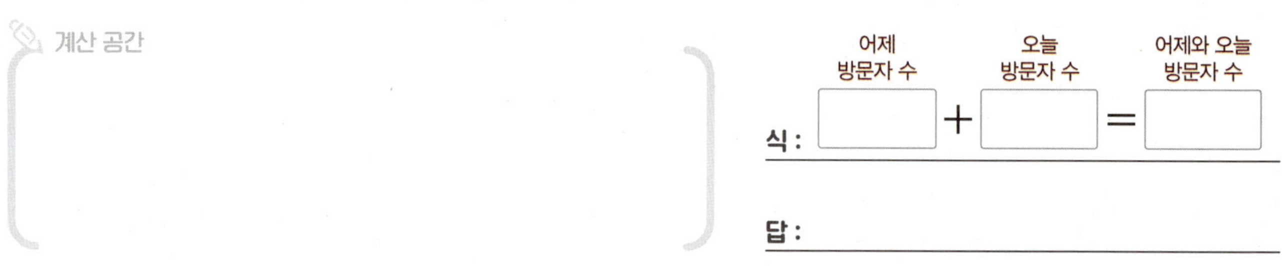

2 민호네 과수원에서 작년에는 사과를 508개 수확했고, 올해는 작년보다 154개 더 많이
수확했습니다. 민호네 과수원에서 올해 수확한 사과는 몇 개입니까?

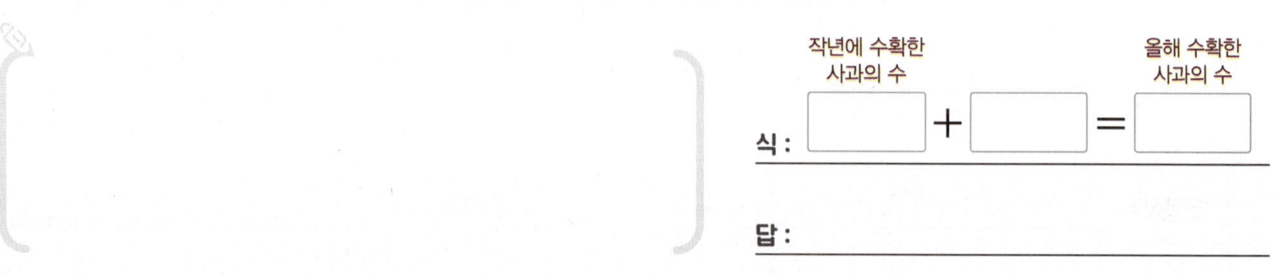

3 다현이가 줄넘기를 어제는 191번, 오늘은 287번 넘었습니다.
다현이가 어제와 오늘 넘은 줄넘기는 모두 몇 번입니까?

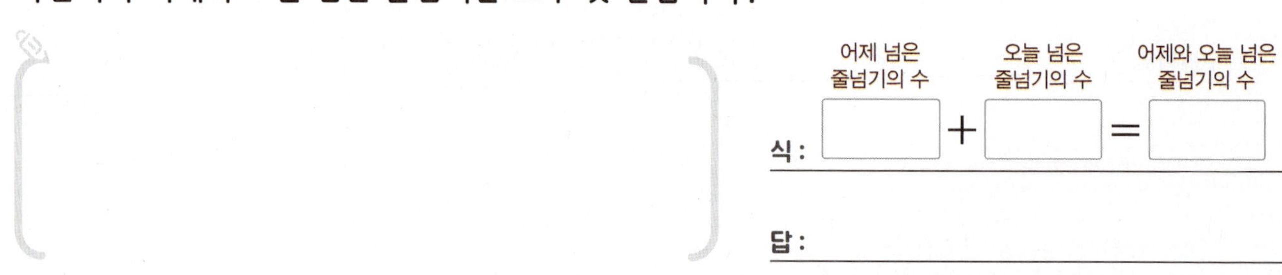

④ 윤우네 학교 2학년 학생은 187명, 3학년 학생은 226명입니다.
2학년과 3학년 학생은 모두 몇 명입니까?

식 : _______________________

답 : _______________________

⑤ 어린이 회장 선거에서 지호는 219표를 얻었고, 은주는 지호보다 197표 더 많이 얻었습니다.
은주가 얻은 표는 몇 표입니까?

식 : _______________________

답 : _______________________

⑥ 미술관에 어제 입장한 사람은 869명이고, 오늘은 어제보다 283명 더 많이 입장했습니다.
미술관에 오늘 입장한 사람은 몇 명입니까?

식 : _______________________

답 : _______________________

⑦ 온라인 서점에서 동화책이 735권 팔렸고, 위인전은 동화책보다 495권 더 많이 팔렸습니다.
위인전은 몇 권 팔렸습니까?

식 : _______________________

답 : _______________________

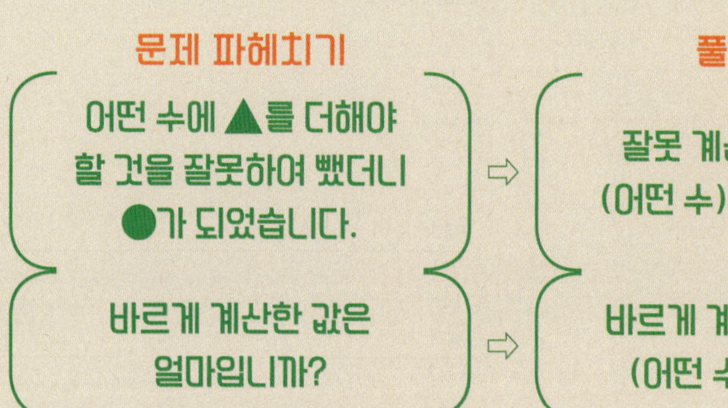

문제 파헤치기

어떤 수에 ▲를 더해야 할 것을 잘못하여 뺐더니 ●가 되었습니다.

⇨

풀이

잘못 계산한 식:
(어떤 수)−▲=●

바르게 계산한 값은 얼마입니까?

⇨

바르게 계산한 식:
(어떤 수)+▲

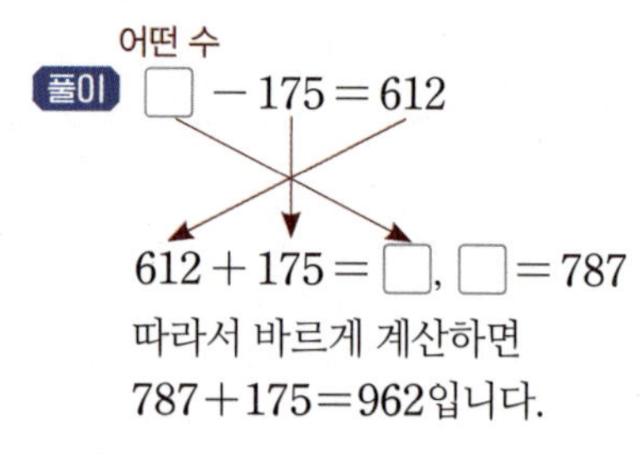

● 문제를 읽고 해결하기

어떤 수에 175를 더해야 할 것을 잘못하여 뺐더니 612가 되었습니다. 바르게 계산한 값은 얼마입니까?

어떤 수

풀이 $\square - 175 = 612$

$612 + 175 = \square$, $\square = 787$

따라서 바르게 계산하면
$787 + 175 = 962$입니다.

답 962

① 어떤 수에 154를 더해야 할 것을 잘못하여 뺐더니 242가 되었습니다. 바르게 계산한 값은 얼마입니까?

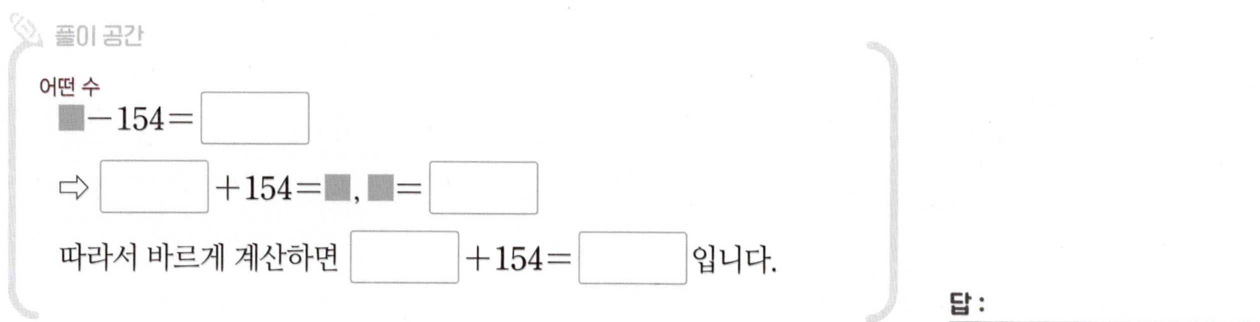

✎ 풀이 공간

어떤 수

$\blacksquare - 154 = \boxed{}$

⇨ $\boxed{} + 154 = \blacksquare$, $\blacksquare = \boxed{}$

따라서 바르게 계산하면 $\boxed{} + 154 = \boxed{}$ 입니다.

답 : _______________

② 어떤 수에 365를 더해야 할 것을 잘못하여 뺐더니 419가 되었습니다. 바르게 계산한 값은 얼마입니까?

어떤 수

$\blacksquare - 365 = \boxed{}$

⇨ $\boxed{} + 365 = \blacksquare$, $\blacksquare = \boxed{}$

따라서 바르게 계산하면 $\boxed{} + 365 = \boxed{}$ 입니다.

답 : _______________

3 어떤 수에 231을 더해야 할 것을 잘못하여 뺐더니 458이 되었습니다.
바르게 계산한 값은 얼마입니까?

답 : ___________________

4 어떤 수에 374를 더해야 할 것을 잘못하여 뺐더니 568이 되었습니다.
바르게 계산한 값은 얼마입니까?

답 : ___________________

5 어떤 수에 218을 더해야 할 것을 잘못하여 뺐더니 775가 되었습니다.
바르게 계산한 값은 얼마입니까?

답 : ___________________

각 자리의 숫자를 맞추어 적고
일 → 십 → 백의 자리 순서대로
같은 자리 수끼리 **빼!**

● 456−321의 계산

$$\begin{array}{r} 4\ 5\ 6 \\ -\ 3\ 2\ 1 \\ \hline 1\ 3\ 5 \end{array}$$

- 6−1=5
- 5−2=3
- 4−3=1

○ 계산해 보시오.

1
$$\begin{array}{r} 2\ 8\ 3 \\ -\ 1\ 3\ 0 \\ \hline \end{array}$$

2
$$\begin{array}{r} 3\ 4\ 3 \\ -\ 1\ 4\ 2 \\ \hline \end{array}$$

3
$$\begin{array}{r} 4\ 1\ 6 \\ -\ 2\ 0\ 3 \\ \hline \end{array}$$

4
$$\begin{array}{r} 5\ 4\ 8 \\ -\ 3\ 1\ 4 \\ \hline \end{array}$$

5
$$\begin{array}{r} 6\ 2\ 8 \\ -\ 2\ 1\ 3 \\ \hline \end{array}$$

6
$$\begin{array}{r} 6\ 9\ 5 \\ -\ 4\ 7\ 0 \\ \hline \end{array}$$

7
$$\begin{array}{r} 7\ 4\ 7 \\ -\ 3\ 2\ 6 \\ \hline \end{array}$$

8
$$\begin{array}{r} 7\ 8\ 4 \\ -\ 5\ 5\ 1 \\ \hline \end{array}$$

9
$$\begin{array}{r} 8\ 2\ 9 \\ -\ 1\ 1\ 7 \\ \hline \end{array}$$

10
$$\begin{array}{r} 8\ 6\ 2 \\ -\ 4\ 5\ 1 \\ \hline \end{array}$$

11
$$\begin{array}{r} 9\ 3\ 4 \\ -\ 2\ 2\ 2 \\ \hline \end{array}$$

12
$$\begin{array}{r} 9\ 5\ 5 \\ -\ 6\ 0\ 4 \\ \hline \end{array}$$

⑬ $238-126=$

⑭ $325-121=$

⑮ $355-143=$

⑯ $427-105=$

⑰ $449-217=$

⑱ $465-322=$

⑲ $545-134=$

⑳ $568-353=$

㉑ $592-410=$

㉒ $633-102=$

㉓ $648-217=$

㉔ $668-233=$

㉕ $736-214=$

㉖ $762-401=$

㉗ $784-572=$

㉘ $826-414=$

㉙ $839-702=$

㉚ $885-604=$

㉛ $925-213=$

㉜ $953-420=$

㉝ $976-324=$

같은 자리 수끼리 **뺄 수 없으면**
바로 윗자리에서 받아내려!

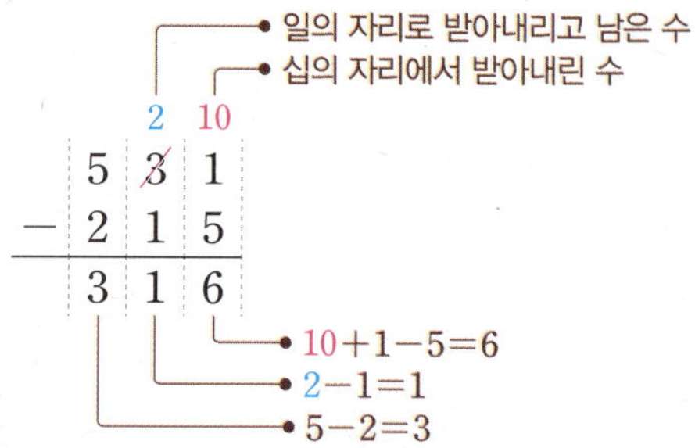

○ 계산해 보시오.

①
```
   3 4 5
 − 1 0 6
```

②
```
   3 6 1
 − 2 3 2
```

③
```
   4 5 3
 − 1 1 4
```

④
```
   5 3 2
 − 2 2 9
```

⑤
```
   6 2 9
 − 1 5 3
```

⑥
```
   6 3 5
 − 3 9 4
```

⑦
```
   7 3 8
 − 2 4 1
```

⑧
```
   7 5 4
 − 4 9 3
```

⑨
```
   8 2 1
 − 2 1 8
```

⑩
```
   8 6 0
 − 5 2 7
```

⑪
```
   9 5 2
 − 3 2 6
```

⑫
```
   9 8 3
 − 5 3 5
```

⑬ 282−147＝

⑭ 331−128＝

⑮ 344−127＝

⑯ 462−119＝

⑰ 472−256＝

⑱ 491−385＝

⑲ 556−228＝

⑳ 557−386＝

㉑ 568−474＝

㉒ 629−181＝

㉓ 654−292＝

㉔ 665−273＝

㉕ 739−268＝

㉖ 746−491＝

㉗ 775−528＝

㉘ 854−438＝

㉙ 860−715＝

㉚ 892−634＝

㉛ 945−219＝

㉜ 952−426＝

㉝ 981−317＝

각 자리에서
받아내림이 있으면
바로 윗자리에서 받아내려!

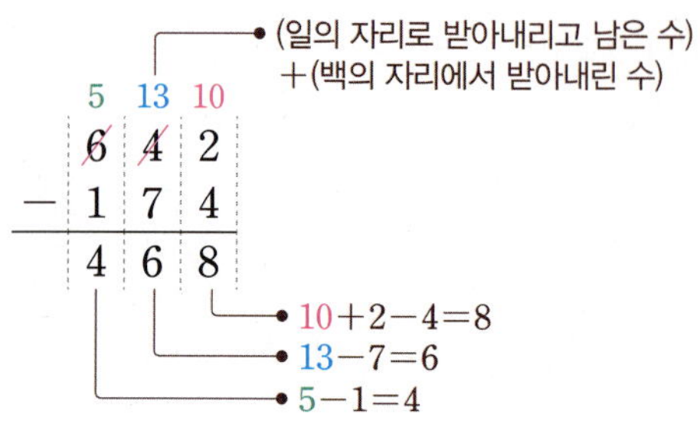

○ 계산해 보시오.

①
```
   3 2 0
 − 1 3 7
```

②
```
   3 4 1
 − 2 7 6
```

③
```
   4 5 2
 − 1 8 5
```

④
```
   5 2 5
 − 2 9 8
```

⑤
```
   6 3 8
 − 1 4 9
```

⑥
```
   6 5 3
 − 3 9 4
```

⑦
```
   7 4 2
 − 2 5 5
```

⑧
```
   7 6 4
 − 4 7 5
```

⑨
```
   8 0 5
 − 2 1 9
```

⑩
```
   8 2 0
 − 4 2 6
```

⑪
```
   9 0 0
 − 1 2 5
```

⑫
```
   9 1 6
 − 5 2 7
```

⑬ 231−145=

⑭ 320−127=

⑮ 362−195=

⑯ 405−217=

⑰ 463−294=

⑱ 481−392=

⑲ 500−386=

⑳ 536−178=

㉑ 545−399=

㉒ 618−279=

㉓ 645−386=

㉔ 662−475=

㉕ 711−232=

㉖ 776−398=

㉗ 785−586=

㉘ 815−438=

㉙ 820−535=

㉚ 841−396=

㉛ 934−537=

㉜ 962−398=

㉝ 971−473=

앞에서부터

두 수씩 **차례대로** 계산해!

- 128＋114－135의 계산

$$128＋114－135＝107$$
① 242
② 107

- 374－158＋142의 계산

$$374－158＋142＝358$$
① 216
② 358

○ 계산해 보시오.

1 213＋152－149＝

2 308＋271－286＝

3 406＋375－392＝

4 528＋193－254＝

5 615＋285－427＝

6 289－154＋273＝

7 466－250＋374＝

8 536－265＋429＝

9 638－349＋547＝

10 746－257＋398＝

⑪ $392+506-219=$

⑫ $420+248-175=$

⑬ $473+509-590=$

⑭ $514+292-307=$

⑮ $659+259-424=$

⑯ $714+267-683=$

⑰ $804+146-762=$

⑱ $376-163+497=$

⑲ $487-216+338=$

⑳ $513-182+589=$

㉑ $621-370+457=$

㉒ $713-554+663=$

㉓ $812-479+519=$

㉔ $933-756+758=$

화살표 방향에 따라 뺄셈식을 세워!

● 빈칸에 알맞은 수 구하기

356 − 124 = 232

356 − 203 = 153

○ 빈칸에 알맞은 수를 써넣으시오.

1 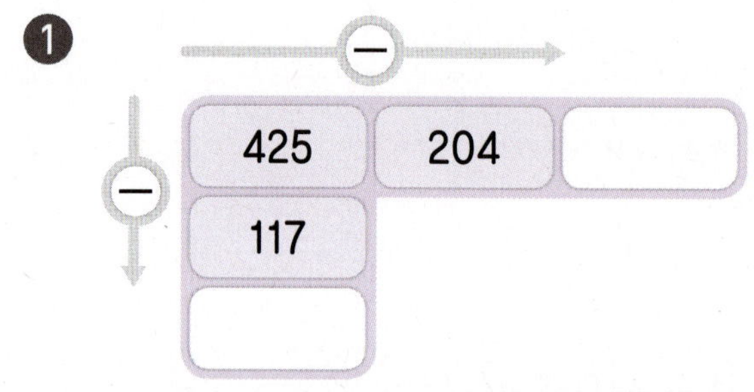

4 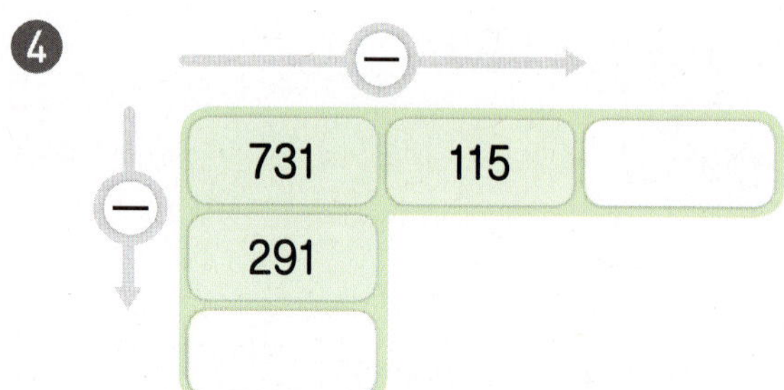

2 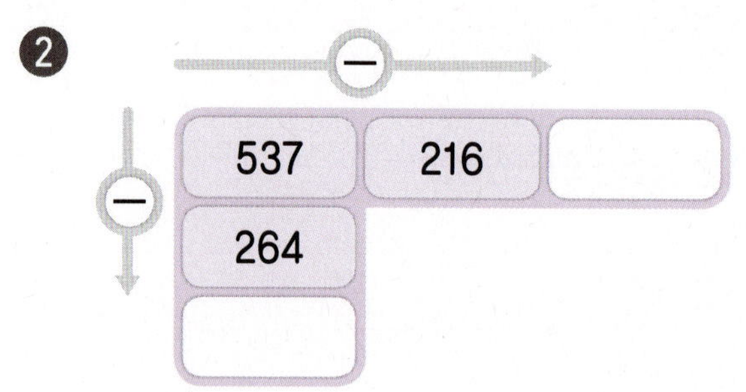

5 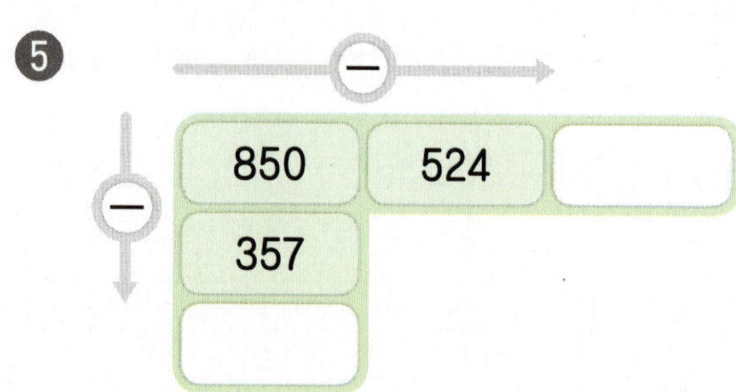

3 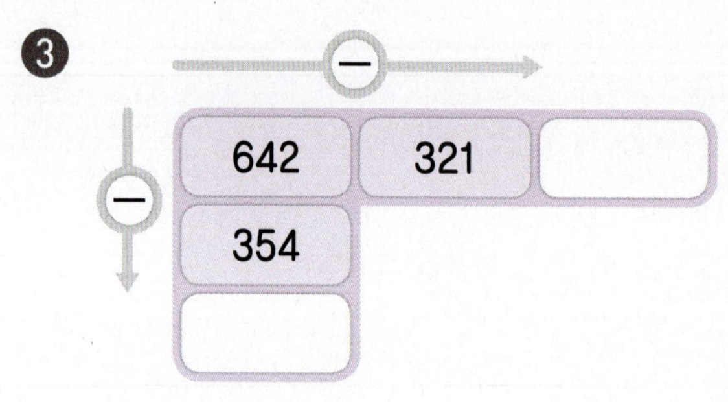

6 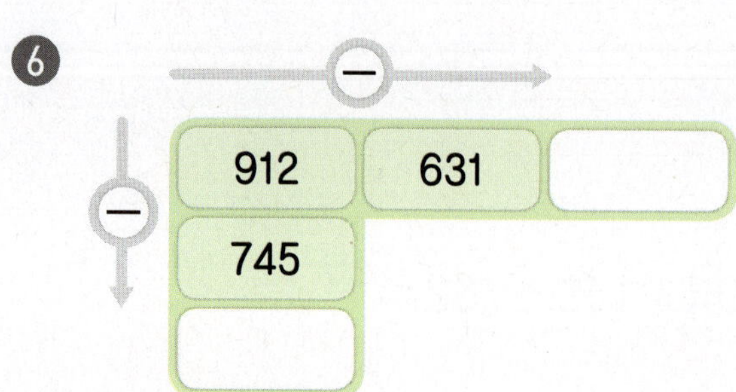

19 두 수의 차 구하기

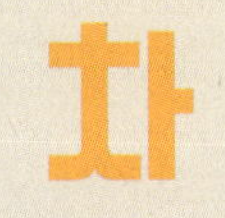

● 두 수의 차 구하기

○ 두 수의 차를 빈칸에 써넣으시오.

❼

238	
124	

⓫

635	
242	

❽

397	
265	

⓬

748	
591	

❾

495	
107	

⓭

850	
364	

❿

561	
328	

⓮

943	
759	

(몇백) − (세 자리 수)

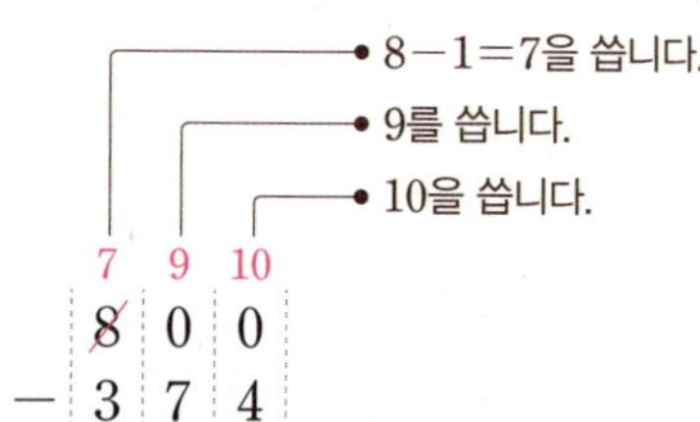

●800−374의 계산

- 8−1=7을 씁니다.
- 9를 씁니다.
- 10을 씁니다.

```
    7   9  10
    8   0   0
−   3   7   4
─────────────
    4   2   6
```

○ (몇백)−(세 자리 수)를 계산해 보시오.

❶
```
    2   9  10
    3   0   0
−   1   2   1
```

❷
```
    3   9  10
    4   0   0
−   1   3   5
```

❸
```
    4   9  10
    5   0   0
−   3   9   4
```

❹
```
    5   9  10
    6   0   0
−   1   1   6
```

❺
```
    6   9  10
    7   0   0
−   1   7   9
```

❻
```
    7   9  10
    8   0   0
−   2   7   3
```

⑦

$$\begin{array}{r} \boxed{}\ \ 9\ \ 10 \\ \cancel{2}\ \ 0\ \ 0 \\ -\ \ 1\ \ 4\ \ 1 \\ \hline \end{array}$$

⑧

$$\begin{array}{r} \boxed{}\ \ 9\ \ 10 \\ \cancel{3}\ \ 0\ \ 0 \\ -\ \ 1\ \ 5\ \ 3 \\ \hline \end{array}$$

⑨

$$\begin{array}{r} \boxed{}\ \ 9\ \ 10 \\ \cancel{4}\ \ 0\ \ 0 \\ -\ \ 2\ \ 5\ \ 8 \\ \hline \end{array}$$

⑩

$$\begin{array}{r} \boxed{}\ \ 9\ \ 10 \\ \cancel{5}\ \ 0\ \ 0 \\ -\ \ 2\ \ 8\ \ 9 \\ \hline \end{array}$$

⑪

$$\begin{array}{r} \boxed{}\ \ 9\ \ 10 \\ \cancel{6}\ \ 0\ \ 0 \\ -\ \ 2\ \ 5\ \ 2 \\ \hline \end{array}$$

⑫

$$\begin{array}{r} 6\ \ \boxed{}\ \ \boxed{} \\ \cancel{7}\ \ 0\ \ 0 \\ -\ \ 3\ \ 2\ \ 8 \\ \hline \end{array}$$

⑬

$$\begin{array}{r} 7\ \ \boxed{}\ \ \boxed{} \\ \cancel{8}\ \ 0\ \ 0 \\ -\ \ 4\ \ 2\ \ 7 \\ \hline \end{array}$$

⑭

$$\begin{array}{r} 7\ \ \boxed{}\ \ \boxed{} \\ \cancel{8}\ \ 0\ \ 0 \\ -\ \ 6\ \ 1\ \ 3 \\ \hline \end{array}$$

⑮

$$\begin{array}{r} 8\ \ \boxed{}\ \ \boxed{} \\ \cancel{9}\ \ 0\ \ 0 \\ -\ \ 3\ \ 3\ \ 5 \\ \hline \end{array}$$

⑯

$$\begin{array}{r} 8\ \ \boxed{}\ \ \boxed{} \\ \cancel{9}\ \ 0\ \ 0 \\ -\ \ 6\ \ 4\ \ 8 \\ \hline \end{array}$$

빼는 수를 **몇백**으로 만들기 위해
더한 수나 뺀 수만큼을
빼지는 수에 더하거나 빼도
계산 결과는 같아!

- **523−199의 계산**

523에 1을 더해 524를 만듭니다. 199에 1을 더해 200을 만듭니다.

$$523 - 199 = 324$$
$$\downarrow +1 \quad \downarrow +1 \quad \uparrow$$
$$524 - 200 = 324$$

참고 빼지는 수와 빼는 수가 1씩 커지면 계산 결과는 같습니다.

$$8-1=7$$
$$+1\downarrow \quad \downarrow +1 \quad \text{같습니다.}$$
$$9-2=7$$

○ 빼는 수를 몇백으로 만들어 계산해 보시오.

1
$$357 - 199 = \boxed{}$$
$$\downarrow +1 \quad \downarrow +1 \quad \uparrow$$
$$358 - \boxed{} = 158$$

2
$$481 - 198 = \boxed{}$$
$$\downarrow +2 \quad \downarrow +2 \quad \uparrow$$
$$483 - \boxed{} = 283$$

3
$$525 - 297 = \boxed{}$$
$$\downarrow +3 \quad \downarrow +3 \quad \uparrow$$
$$528 - \boxed{} = 228$$

4
$$608 - 299 = \boxed{}$$
$$\downarrow +1 \quad \downarrow +1 \quad \uparrow$$
$$609 - \boxed{} = \boxed{}$$

5
$$726 - 398 = \boxed{}$$
$$\downarrow +2 \quad \downarrow +2 \quad \uparrow$$
$$728 - \boxed{} = \boxed{}$$

6
$$843 - 497 = \boxed{}$$
$$\downarrow +3 \quad \downarrow +3 \quad \uparrow$$
$$846 - \boxed{} = \boxed{}$$

❼ $460 - 101 = \boxed{}$

   ↓ −1   ↓ −1   ↑

$459 - \boxed{} = 359$

⓫ $770 - 201 = \boxed{}$

   ↓ −1   ↓ −1   ↑

$769 - \boxed{} = \boxed{}$

❽ $521 - 202 = \boxed{}$

   ↓ −2   ↓ −2   ↑

$519 - \boxed{} = 319$

⓬ $830 - 302 = \boxed{}$

   ↓ −2   ↓ −2   ↑

$828 - \boxed{} = \boxed{}$

❾ $611 - 403 = \boxed{}$

   ↓ −3   ↓ −3   ↑

$608 - \boxed{} = 208$

⓭ $852 - 503 = \boxed{}$

   ↓ −3   ↓ −3   ↑

$849 - \boxed{} = \boxed{}$

❿ $682 - 504 = \boxed{}$

   ↓ −4   ↓ −4   ↑

$678 - \boxed{} = 178$

⓮ $911 - 604 = \boxed{}$

   ↓ −4   ↓ −4   ↑

$907 - \boxed{} = \boxed{}$

덧셈과 뺄셈의 관계를 이용해!

$$\blacksquare + \blacktriangle = \bullet \ \rightarrow\ \begin{cases} \bullet - \blacktriangle = \blacksquare \\ \bullet - \blacksquare = \blacktriangle \end{cases}$$

- $\square + 137 = 569$에서 $\square$의 값 구하기

  $\square + 137 = 569$

  ⇨ 덧셈과 뺄셈의 관계를 이용하면

  $569 - 137 = \square,\ \square = 432$

- $432 + \square = 569$에서 $\square$의 값 구하기

  $432 + \square = 569$

  ⇨ 덧셈과 뺄셈의 관계를 이용하면

  $569 - 432 = \square,\ \square = 137$

○ 어떤 수($\square$)를 구해 보시오.

1 $\square + 135 = 296$

2 $\square + 128 = 342$

3 $\square + 571 = 946$

4 $\square + 225 = 611$

5 $\square + 287 = 724$

6 $105 + \square = 455$

7 $255 + \square = 564$

8 $383 + \square = 839$

9 $437 + \square = 815$

10 $518 + \square = 907$

23 뺄셈식에서 어떤 수 구하기

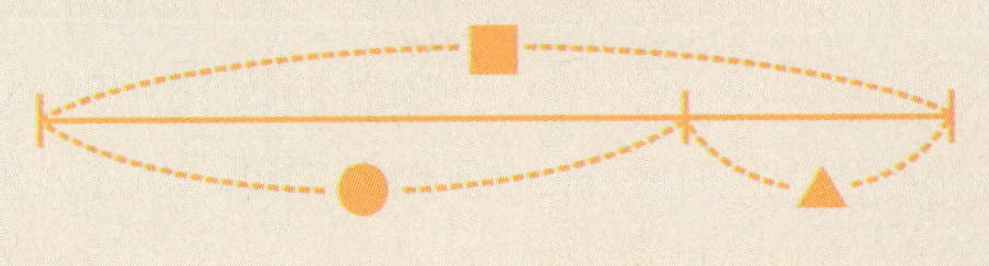

● $542 - \square = 121$에서 $\square$의 값 구하기

$542 - \square = 121$

⇨ $542 - 121 = \square$, $\square = 421$

○ 어떤 수($\square$)를 구해 보시오.

⑪ $372 - \boxed{} = 251$

⑫ $578 - \boxed{} = 373$

⑬ $657 - \boxed{} = 138$

⑭ $794 - \boxed{} = 526$

⑮ $883 - \boxed{} = 435$

⑯ $419 - \boxed{} = 185$

⑰ $525 - \boxed{} = 294$

⑱ $724 - \boxed{} = 376$

⑲ $831 - \boxed{} = 459$

⑳ $952 - \boxed{} = 693$

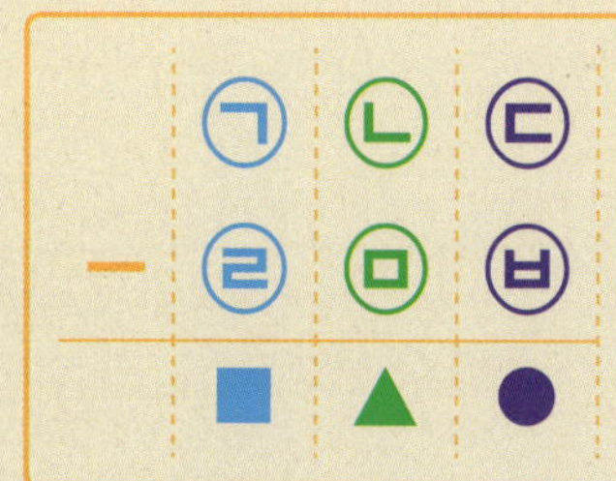

받아내림에 주의해!

• ㉢이 ● 보다 작거나,
  [illegible]+● 가 100이거나
  10보다 클 때!
• ㉡이 ▲ 보다 작거나,
  ㉱+▲ 가 100이거나
  10보다 클 때!

• 3□5−12□=259에서 □의 값
  구하기

$$
\begin{array}{ccc}
 & 3 & ㉠ & 5 \\
- & 1 & 2 & ㉡ \\
\hline
 & 2 & 5 & 9
\end{array}
$$

5가 9보다 작으므로 받아내림이 있습니다.

└ 십의 자리에서 받아내린 수
• 일의 자리 $10+5-㉡=9$, $㉡=6$
• 십의 자리 $㉠-1-2=5$, $㉠=8$
  └ 일의 자리로 받아내림한 수

○ 뺄셈식을 완성해 보시오.

❶
$$
\begin{array}{ccc}
 & \square & 6 & 9 \\
- & 1 & 5 & \square \\
\hline
 & 3 & 1 & 2
\end{array}
$$

❷
$$
\begin{array}{ccc}
 & \square & 2 & 5 \\
- & 2 & \square & 1 \\
\hline
 & 3 & 2 & 4
\end{array}
$$

❸
$$
\begin{array}{ccc}
 & 6 & 8 & \square \\
- & 3 & \square & 1 \\
\hline
 & 3 & 2 & 1
\end{array}
$$

❹
$$
\begin{array}{ccc}
 & \square & 4 & 2 \\
- & 1 & 2 & \square \\
\hline
 & 1 & 1 & 7
\end{array}
$$

❺
$$
\begin{array}{ccc}
 & 4 & \square & 4 \\
- & 2 & 5 & \square \\
\hline
 & 2 & 1 & 6
\end{array}
$$

❻
$$
\begin{array}{ccc}
 & 5 & 4 & \square \\
- & 1 & \square & 2 \\
\hline
 & 4 & 1 & 9
\end{array}
$$

7

```
    □   2   5
  −   1   8   □
    1   4   5
```

8

```
    □   4   3
  −   3   □   2
    1   7   1
```

9

```
    8   7   □
  −   □   8   3
    5   9   2
```

10

```
    9   □   6
  −   □   5   3
    4   6   3
```

11

```
    □   5   6
  −   2   7   □
    1   7   8
```

12

```
    □   7   2
  −   4   □   6
    1   7   6
```

13

```
    8   0   □
  −   □   5   5
    1   4   7
```

14

```
    9   □   3
  −   □   6   9
    4   3   4
```

(차가 가장 큰 뺄셈식)
=(가장 큰 수)
−(가장 작은 수)

- 수 카드 3장을 한 번씩만 사용하여 세 자리 수를 만들 때, 차가 가장 큰 (세 자리 수)−(세 자리 수) 만들기

  | 1 | 4 | 5 |

- 가장 큰 세 자리 수: 541
  큰 수부터 차례대로
- 가장 작은 세 자리 수: 145
  작은 수부터 차례대로

⇨ 차가 가장 큰 뺄셈식:
  $541-145=396$

○ 수 카드 3장을 한 번씩만 사용하여 세 자리 수를 만들었습니다. 차가 가장 큰 (세 자리 수)−(세 자리 수)를 만들고 계산해 보시오.

1 | 2 | 1 | 9 |

뺄셈식 : ______________________

2 | 1 | 4 | 3 |

뺄셈식 : ______________________

3 | 3 | 2 | 6 |

뺄셈식 : ______________________

4 | 4 | 3 | 8 |

뺄셈식 : ______________________

5 | 3 | 9 | 6 |

뺄셈식 : ______________________

6 | 5 | 4 | 7 |

뺄셈식 : ______________________

⑦ 6 5 9

뺄셈식 : _______________________

⑧ 5 8 7

뺄셈식 : _______________________

⑨ 7 6 8

뺄셈식 : _______________________

⑩ 6 9 7

뺄셈식 : _______________________

⑪ 7 9 8

뺄셈식 : _______________________

⑫ 2 0 3

뺄셈식 : _______________________

⑬ 0 7 3

뺄셈식 : _______________________

⑭ 4 0 8

뺄셈식 : _______________________

⑮ 5 6 0

뺄셈식 : _______________________

⑯ 6 0 9

뺄셈식 : _______________________

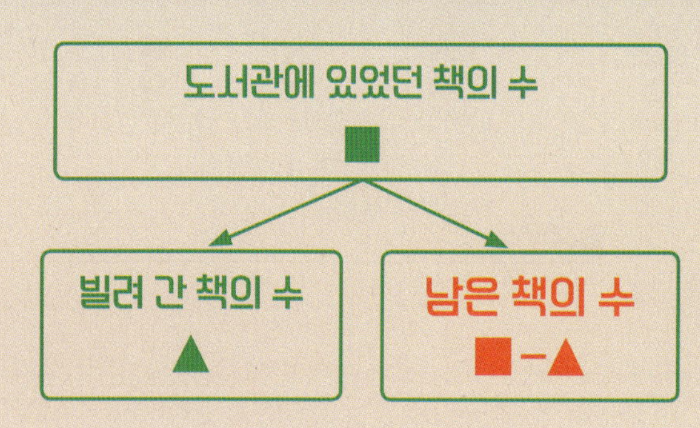

1 길이가 425 cm인 종이띠 중에서 113 cm를 사용했습니다. 남은 종이띠는 몇 cm입니까?

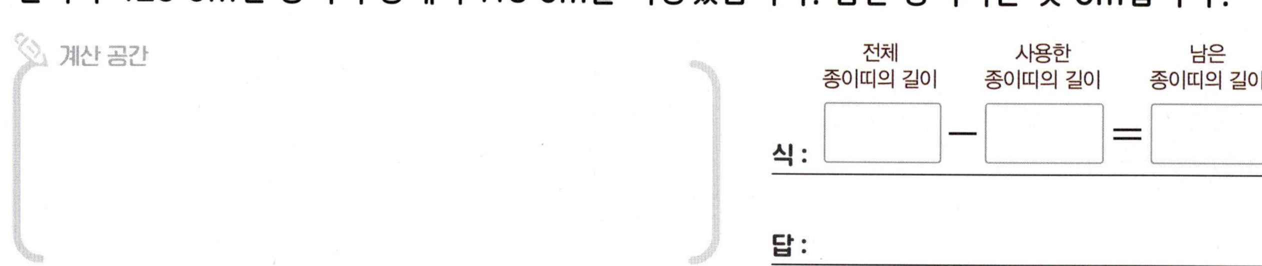

2 민준이는 훌라후프를 578번 했고, 아인이는 민준이보다 126번 더 적게 했습니다.
아인이는 훌라후프를 몇 번 했습니까?

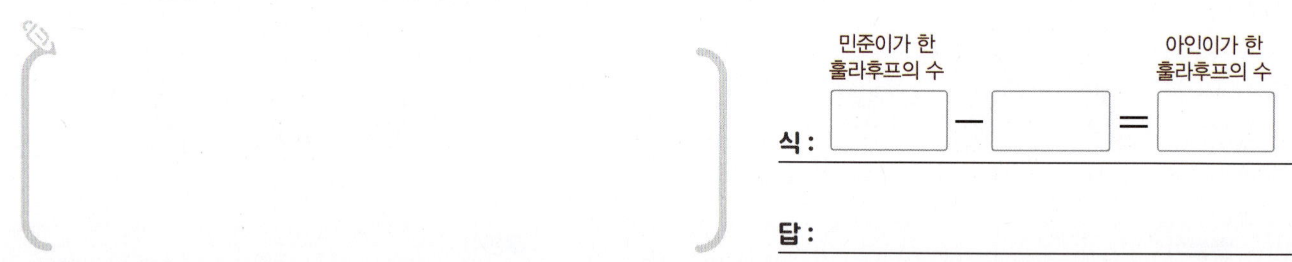

3 강릉에서 울릉도로 가는 배에 608명이 타기로 했습니다.
지금 341명이 탔다면 몇 명이 더 타야 합니까?

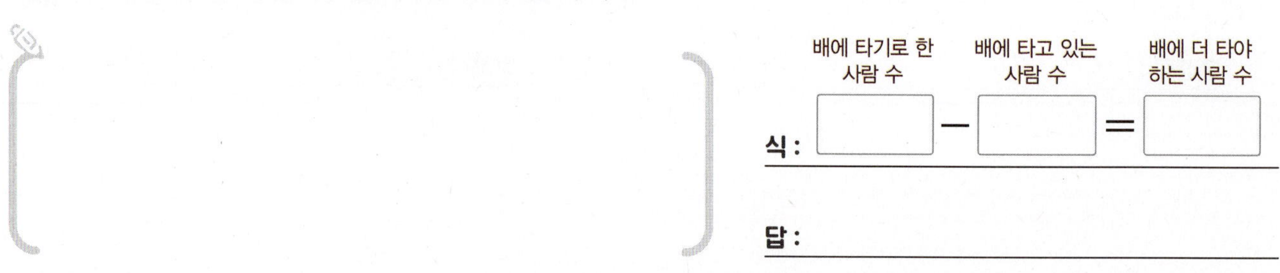

④ 서울에서 제주도로 가는 비행기에 어른이 278명, 어린이가 169명 탔습니다.
어른은 어린이보다 몇 명 더 많이 탔습니까?

식 : ________________

답 : ________________

⑤ 지우의 키는 135 cm이고, 윤아의 키는 141 cm입니다.
윤아의 키는 지우의 키보다 몇 cm 더 큽니까?

식 : ________________

답 : ________________

⑥ 놀이공원에 입장한 남자는 726명이고, 여자는 남자보다 167명 더 적게 입장했습니다.
놀이공원에 입장한 여자는 몇 명입니까?

식 : ________________

답 : ________________

⑦ 어느 과수원에 사과나무가 804그루, 배나무가 547그루 있습니다.
사과나무는 배나무보다 몇 그루 더 많습니까?

식 : ________________

답 : ________________

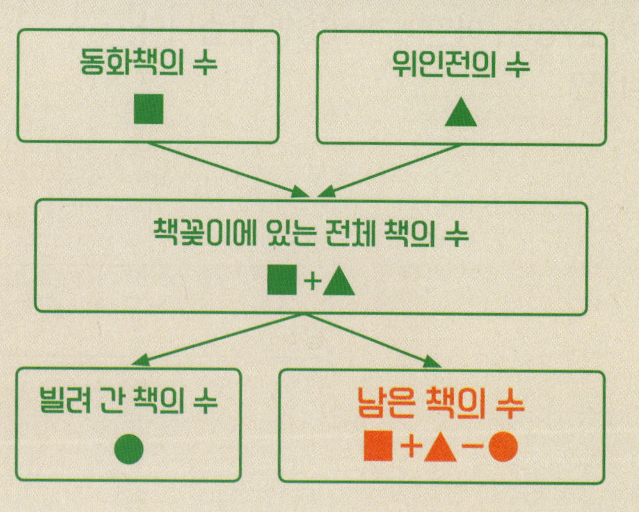

● 문제를 읽고 식을 세워 답 구하기

책꽂이에 동화책이 245권,
위인전이 273권 있습니다.
그중에서 209권을 빌려 갔다면
책꽂이에 남은 책은 몇 권입니까?

식 245＋273－209＝309

답 309권

1 농장에서 포도를 어제는 359송이, 오늘은 472송이 땄습니다.
그중에서 695송이를 팔았습니다.
남은 포도는 몇 송이입니까?

계산 공간

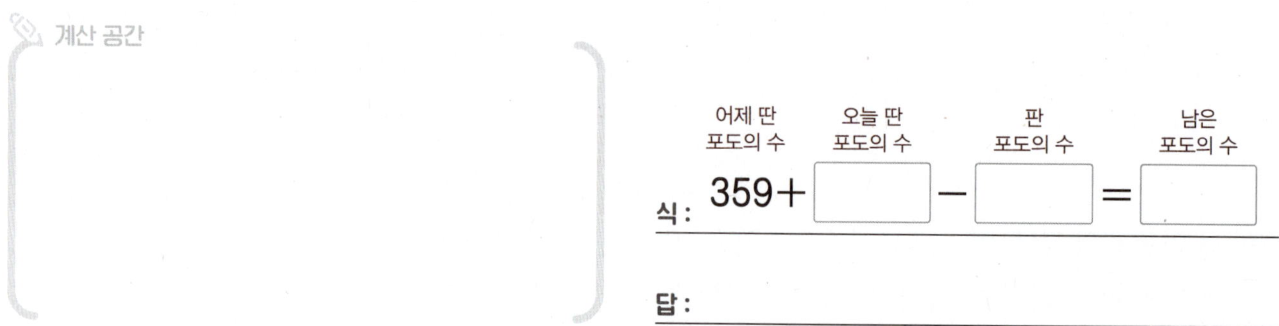

2 기차에 535명이 타고 있었습니다. 이번 역에서 258명이 내리고 376명이 더 탔습니다.
지금 기차에 타고 있는 사람은 몇 명입니까?

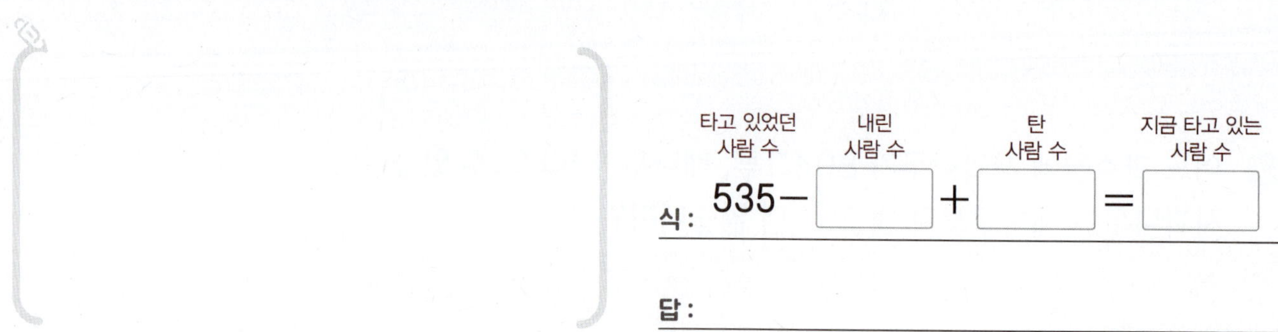

3 지호는 초록색 구슬 537개, 노란색 구슬 168개를 가지고 있습니다.
그중에서 친구에게 219개를 주었습니다.
지호에게 남은 구슬은 몇 개입니까?

식 : ______________________________

답 : ______________________________

4 공원에 새가 728마리 있었습니다. 159마리가 날아가고 245마리가 새로 날아왔습니다.
지금 공원에 있는 새는 몇 마리입니까?

식 : ______________________________

답 : ______________________________

5 주차장에 자동차가 854대 있었습니다. 375대가 빠져나가고 428대가 더 들어왔습니다.
지금 주차장에 있는 자동차는 몇 대입니까?

식 : ______________________________

답 : ______________________________

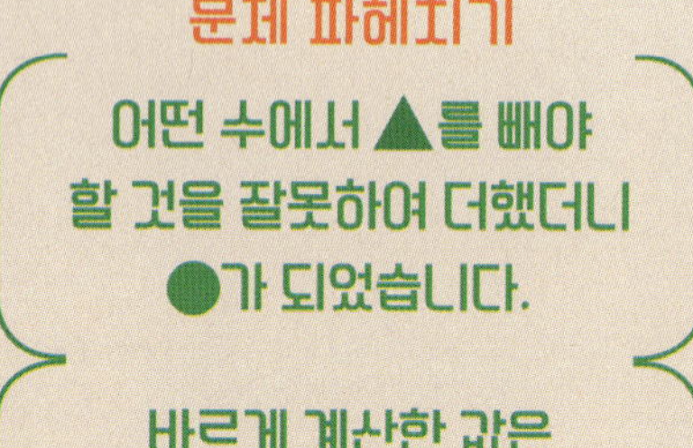

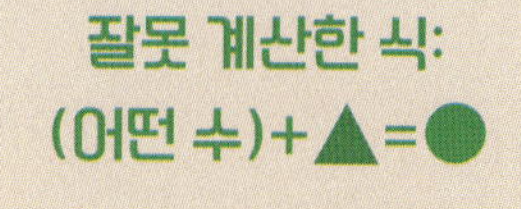

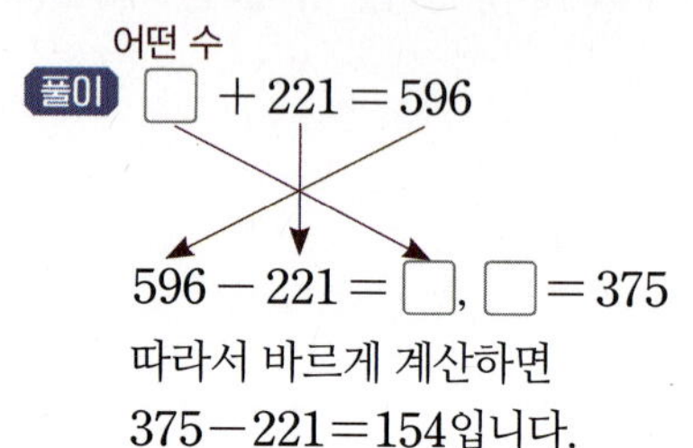

1 어떤 수에서 334를 빼야 할 것을 잘못하여 더했더니 782가 되었습니다.
바르게 계산한 값은 얼마입니까?

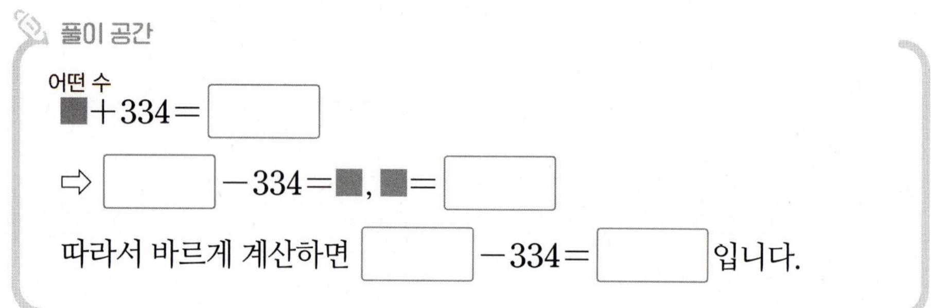

답 :

2 258에서 어떤 수를 빼야 할 것을 잘못하여 더했더니 447이 되었습니다.
바르게 계산한 값은 얼마입니까?

답 :

❸ 어떤 수에서 161을 빼야 할 것을 잘못하여 더했더니 789가 되었습니다.
바르게 계산한 값은 얼마입니까?

답 : ____________________

❹ 어떤 수에서 357을 빼야 할 것을 잘못하여 더했더니 872가 되었습니다.
바르게 계산한 값은 얼마입니까?

답 : ____________________

❺ 534에서 어떤 수를 빼야 할 것을 잘못하여 더했더니 943이 되었습니다.
바르게 계산한 값은 얼마입니까?

답 : ____________________

○ 계산해 보시오.

1
$$\begin{array}{r} 1\ 3\ 6 \\ +\ 7\ 2\ 3 \\ \hline \end{array}$$

2
$$\begin{array}{r} 2\ 1\ 5 \\ +\ 3\ 4\ 5 \\ \hline \end{array}$$

3
$$\begin{array}{r} 3\ 5\ 4 \\ +\ 4\ 6\ 9 \\ \hline \end{array}$$

4
$$\begin{array}{r} 4\ 5\ 8 \\ -\ 2\ 1\ 6 \\ \hline \end{array}$$

5
$$\begin{array}{r} 5\ 5\ 3 \\ -\ 2\ 2\ 9 \\ \hline \end{array}$$

6
$$\begin{array}{r} 6\ 2\ 4 \\ -\ 3\ 7\ 6 \\ \hline \end{array}$$

7 $259+420=$

8 $523+284=$

9 $673+189=$

10 $759+782=$

11 $524-312=$

12 $648-274=$

13 $702-363=$

14 $814-156+257=$

15 박물관에 어른이 547명, 어린이가 268명 입장하였습니다. 박물관에 입장한 사람은 모두 몇 명입니까?

식 ______________________

답 ______________________

16 과일 가게에서 사과가 239개 팔렸고, 귤이 506개 팔렸습니다. 귤은 사과보다 몇 개 더 많이 팔렸습니까?

식 ______________________

답 ______________________

17 농장에서 딸기를 아버지는 298개 땄고, 어머니는 312개 땄습니다. 그중 335개를 이웃집에 드렸습니다. 남은 딸기는 몇 개 입니까?

식 ______________________

답 ______________________

18 어떤 수에 586을 더해야 할 것을 잘못하여 뺐더니 231이 되었습니다. 바르게 계산한 값은 얼마입니까?

(   )

19 어떤 수에서 137을 빼야 할 것을 잘못하여 더했더니 625가 되었습니다. 바르게 계산한 값은 얼마입니까?

(   )

20 수 카드 3장을 한 번씩만 사용하여 세 자리 수를 만들었습니다. 차가 가장 큰 (세 자리 수)−(세 자리 수)를 만들고 계산 해 보시오.

| 4 | 5 | 3 |

식 ______________________

2

평면도형

학습 내용	일 차	맞힌 개수	걸린 시간
① 선분, 반직선, 직선	1일 차	/13개	/7분
② 각	2일 차	/7개	/4분
③ 직각, 직각삼각형	3일 차	/10개	/4분
④ 직사각형	4일 차	/11개	/6분
⑤ 정사각형	5일 차	/11개	/6분

학습 내용	일 차	맞힌 개수	걸린 시간
⑥ 정사각형의 한 변의 길이 구하기	6일 차	/12개	/15분
⑦ 직사각형의 세로 구하기			
⑧ 크고 작은 각의 수 구하기	7일 차	/14개	/13분
⑨ 크고 작은 도형의 수 구하기	8일 차	/14개	/18분
평가 2. 평면도형	9일 차	/18개	/20분

두 점을 곧게 이은 선 ➡ 선분

선분을 **양쪽**으로
끝없이 늘인 곧은 선 ➡ 직선

한 점에서 시작하여 **한쪽**으로
끝없이 늘인 곧은 선 ➡ 반직선

● 선분, 직선, 반직선
- **선분**: 두 점을 곧게 이은 선

  ⇨ 선분 ㄱㄴ 또는 선분 ㄴㄱ
- **직선**: 선분을 양쪽으로 끝없이 늘인 곧은 선

  ⇨ 직선 ㄱㄴ 또는 직선 ㄴㄱ
- **반직선**: 한 점에서 시작하여 한쪽으로 끝없이 늘인 곧은 선
  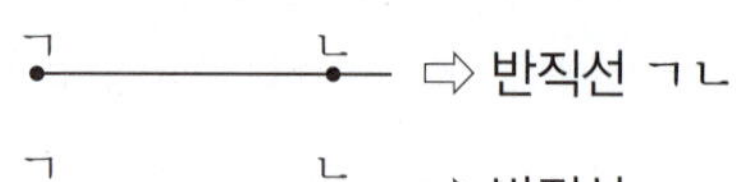
  ⇨ 반직선 ㄱㄴ
  ⇨ 반직선 ㄴㄱ

○ 선분, 직선, 반직선을 각각 찾아보시오.

①
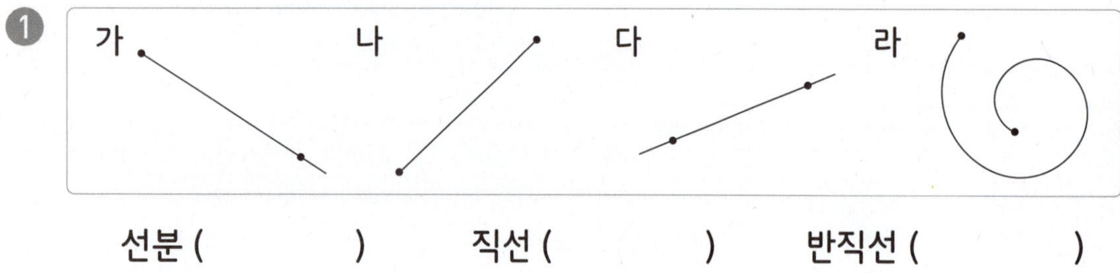

선분 (　　　　) 　　직선 (　　　　) 　　반직선 (　　　　)

②
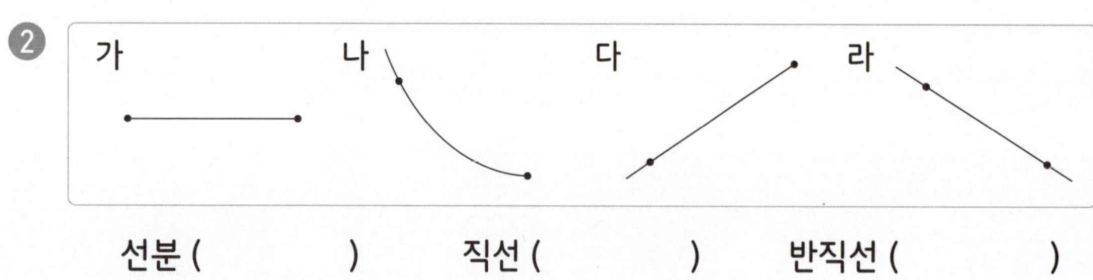

선분 (　　　　) 　　직선 (　　　　) 　　반직선 (　　　　)

③
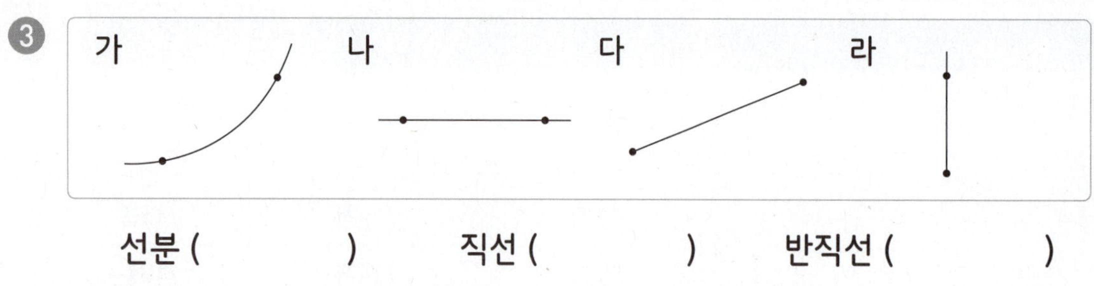

선분 (　　　　) 　　직선 (　　　　) 　　반직선 (　　　　)

○ 도형의 이름을 써 보시오.

4 

( )

5 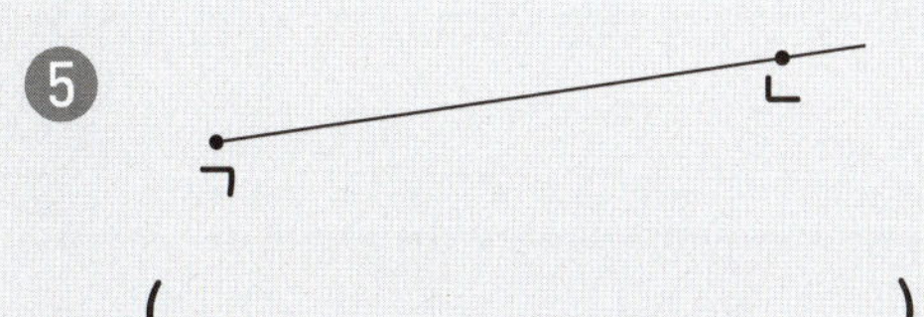

( )

6 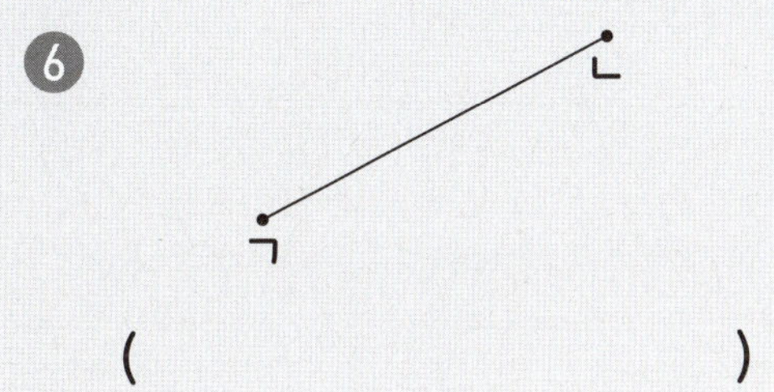

( )

7 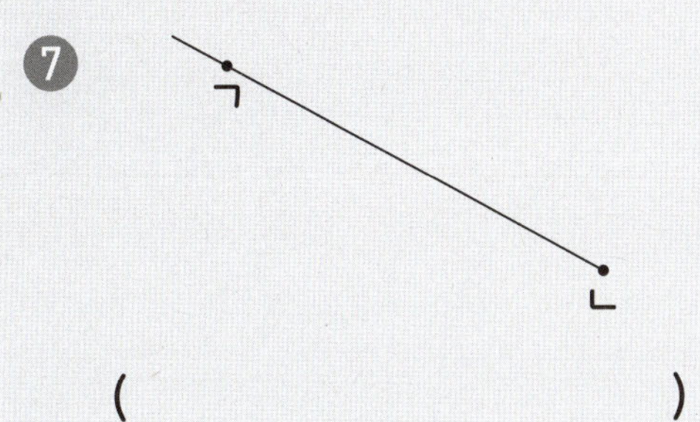

( )

8 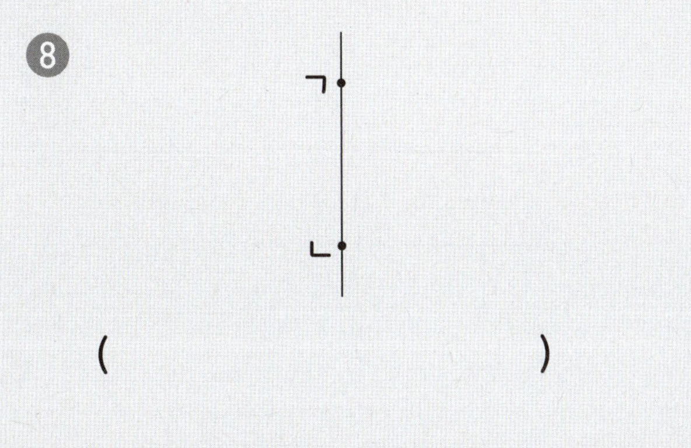

( )

9 

( )

10 

( )

11 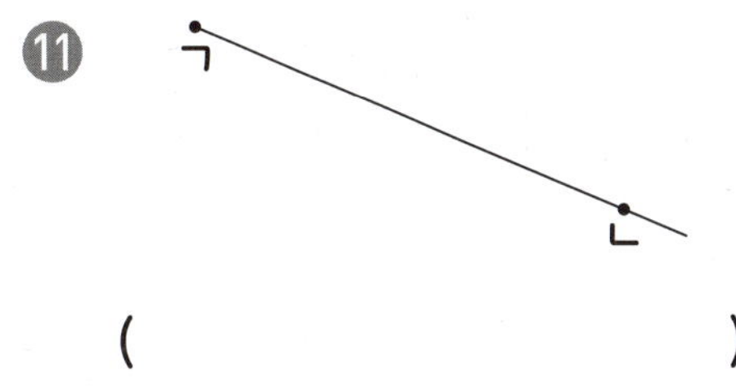

( )

12 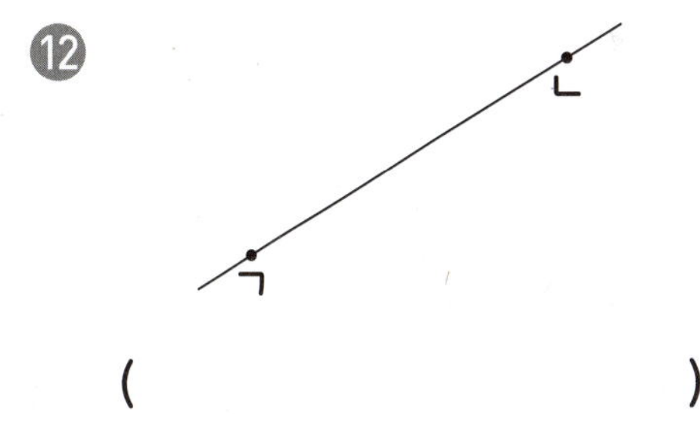

( )

13 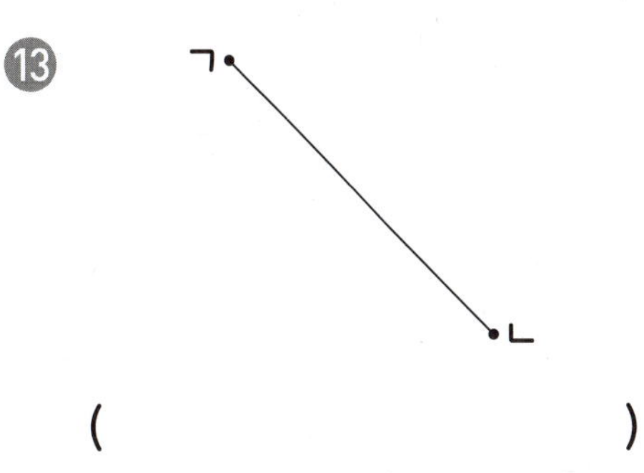

( )

한 점에서 그은
두 반직선으로
이루어진 **도형**
→ 각

● **각**

각: 한 점에서 그은 두 반직선으로 이루어진 도형

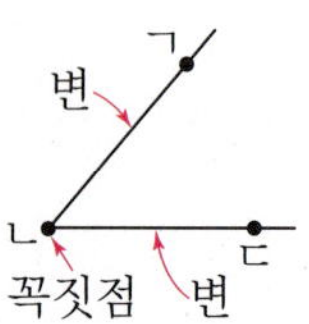

⇨ ┌ 각의 꼭짓점: 점 ㄴ
　├ 각의 변: 변 ㄴㄱ, 변 ㄴㄷ
　└ 각 읽기: 각 ㄱㄴㄷ 또는 각 ㄷㄴㄱ

○ 각을 모두 찾아 ○표 하시오.

❶ 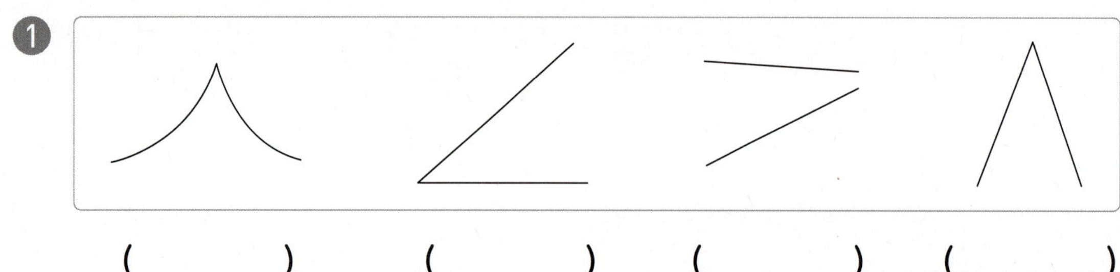

  (　　　) (　　　) (　　　) (　　　)

❷ 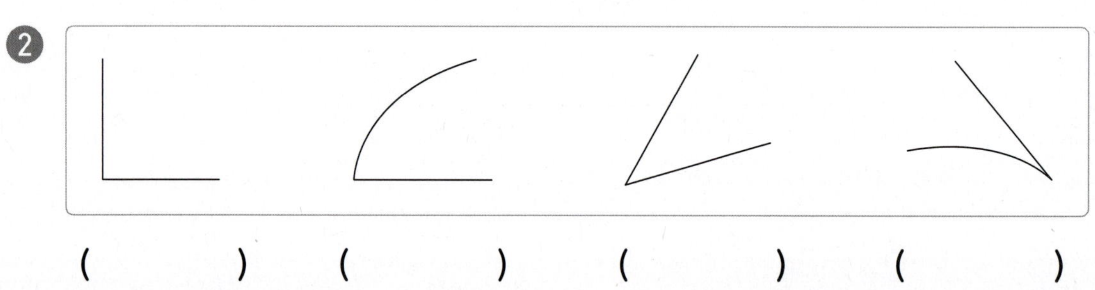

  (　　　) (　　　) (　　　) (　　　)

❸ 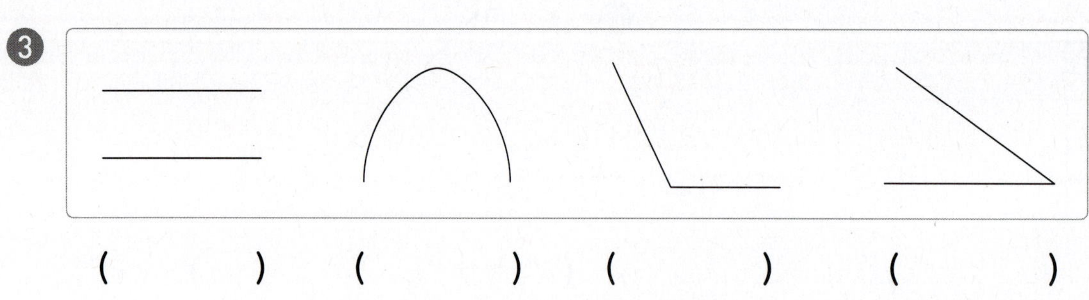

  (　　　) (　　　) (　　　) (　　　)

○ 주어진 각을 완성하고, 각의 꼭짓점과 변을 써 보시오.

❹ 각 ㄴㄷㄹ

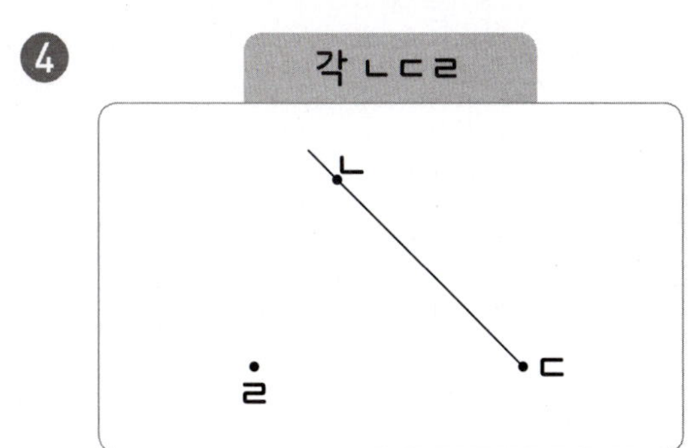

각의 꼭짓점 (　　　　　　　　)
각의 변 (　　　　　　　　)

❺ 각 ㄷㄹㅁ

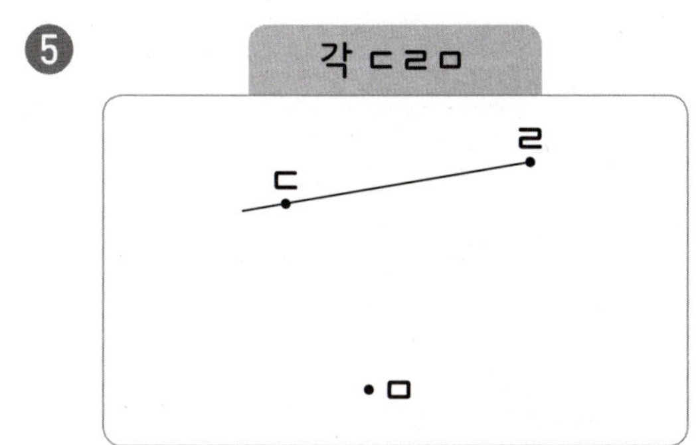

각의 꼭짓점 (　　　　　　　　)
각의 변 (　　　　　　　　)

❻ 각 ㄹㅁㅂ

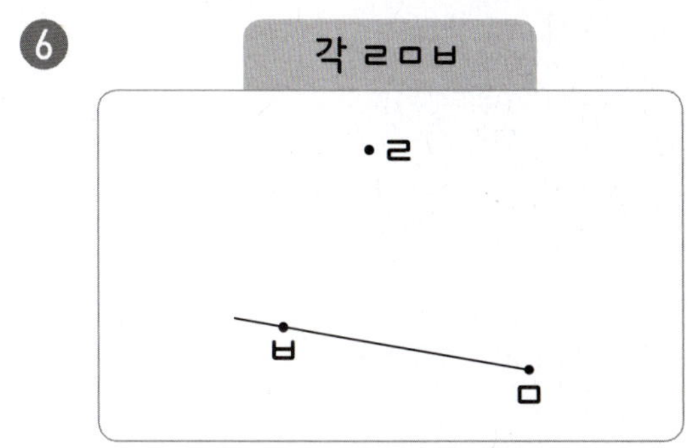

각의 꼭짓점 (　　　　　　　　)
각의 변 (　　　　　　　　)

❼ 각 ㅁㅂㅅ

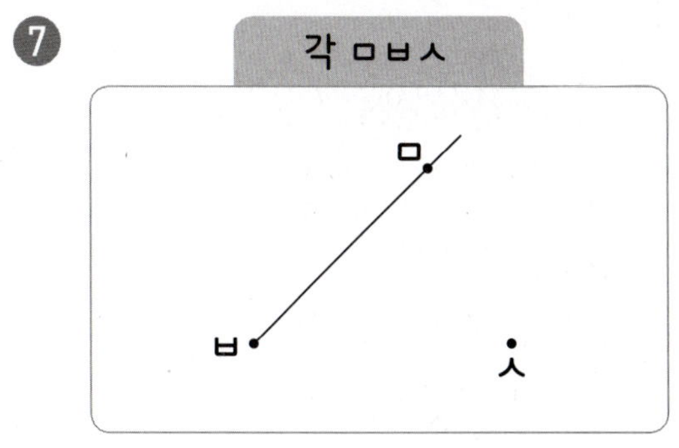

각의 꼭짓점 (　　　　　　　　)
각의 변 (　　　　　　　　)

 → **직각**

한 각이 직각인 삼각형
→ **직각삼각형**

● 직각

직각: 종이를 반듯하게 두 번 접었을 때 생기는 각

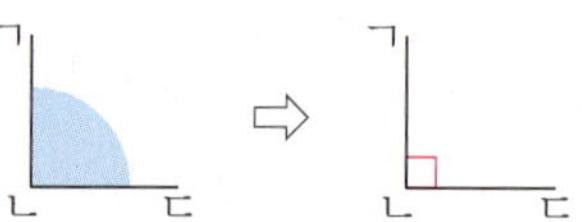

직각 ㄱㄴㄷ을 나타낼 때에는 꼭짓점 ㄴ에 ⌐ 표시를 합니다.

● 직각삼각형

직각삼각형: 한 각이 직각인 삼각형

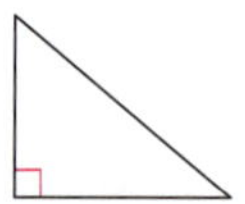 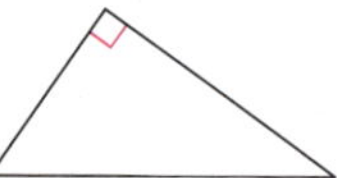

○ 도형에서 직각을 모두 찾아 ⌐ 로 표시해 보시오.

1 

4 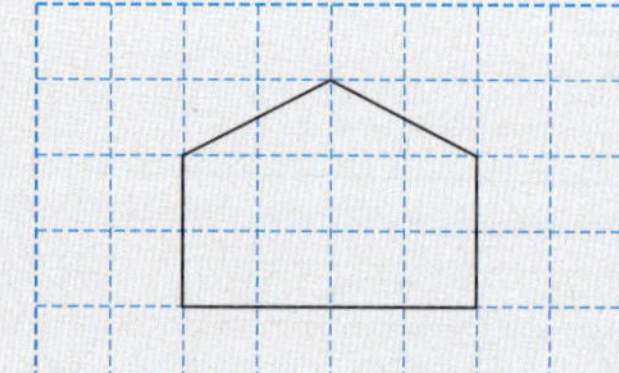

2 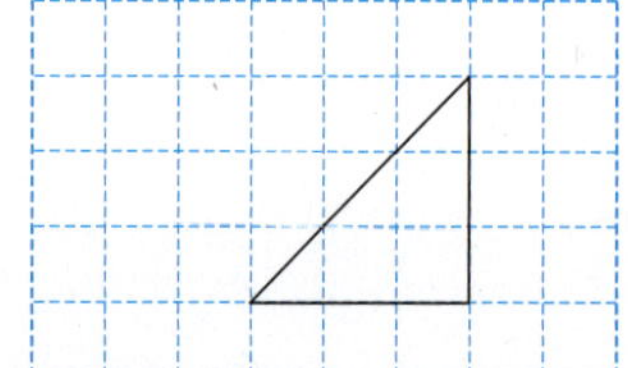

5 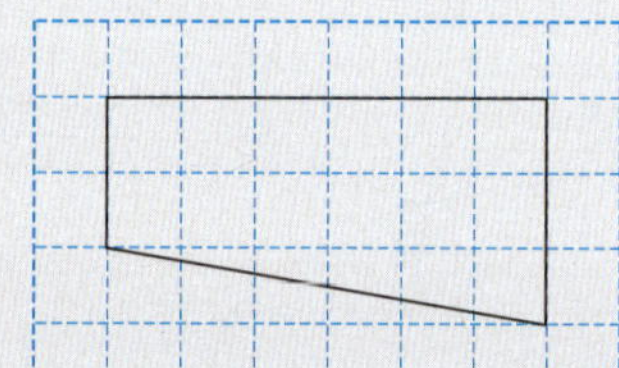

3 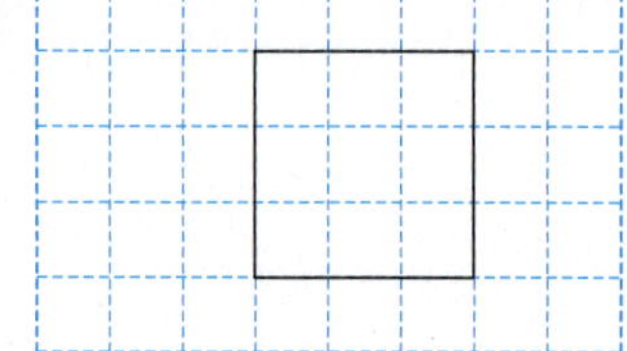

6

○ 직각삼각형을 모두 찾아 ◯표 하시오.

❼ 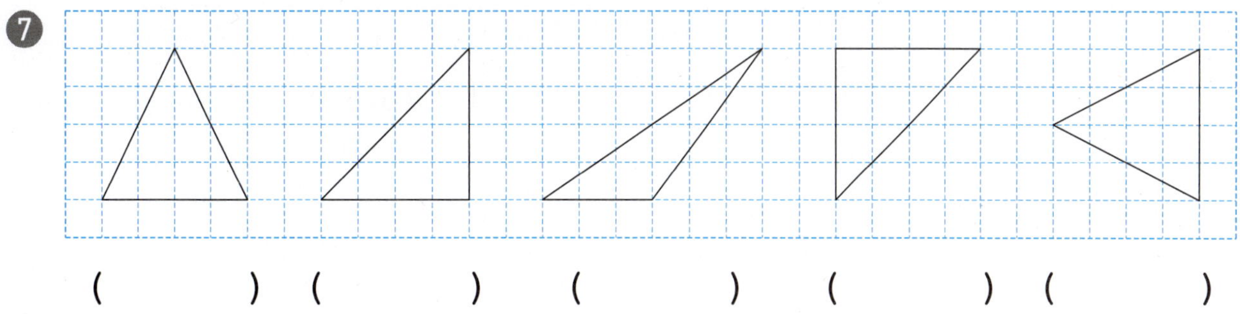

(   ) (   ) (   ) (   ) (   )

❽ 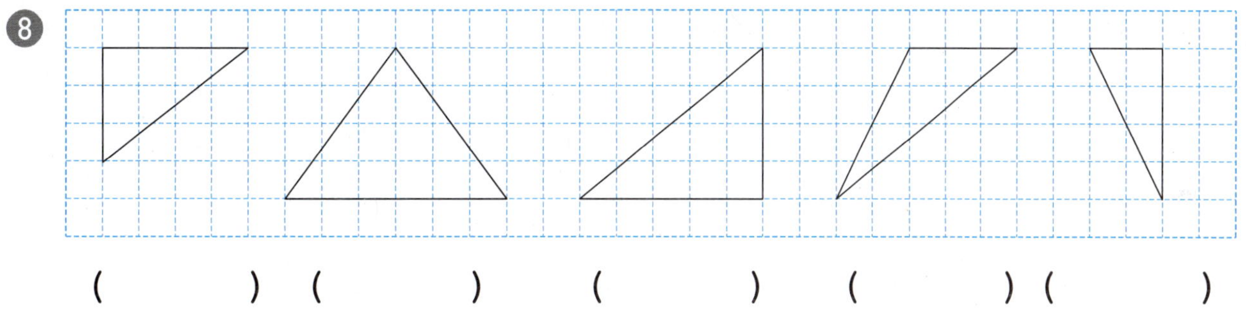

(   ) (   ) (   ) (   ) (   )

❾ 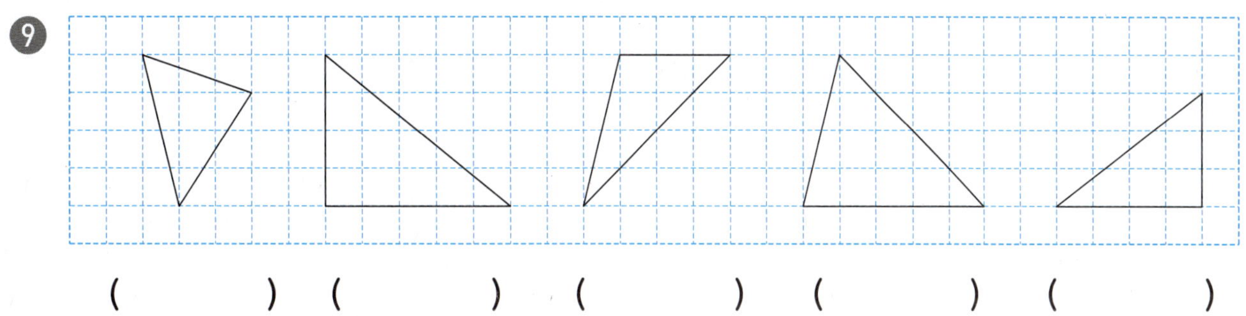

(   ) (   ) (   ) (   ) (   )

❿ 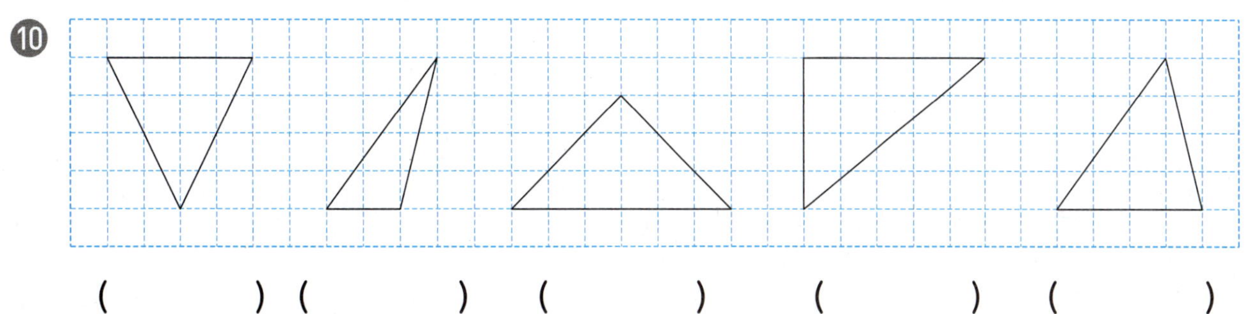

(   ) (   ) (   ) (   ) (   )

네 각이 모두 직각인 사각형 → 직사각형

- **직사각형**
- **직사각형**: 네 각이 모두 직각인 사각형

 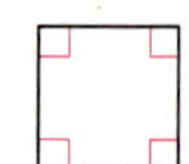

- 직사각형은 마주 보는 두 변의 길이가 같습니다.

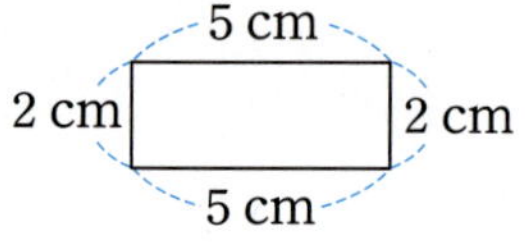

○ 직사각형을 모두 찾아 ◯표 하시오.

①

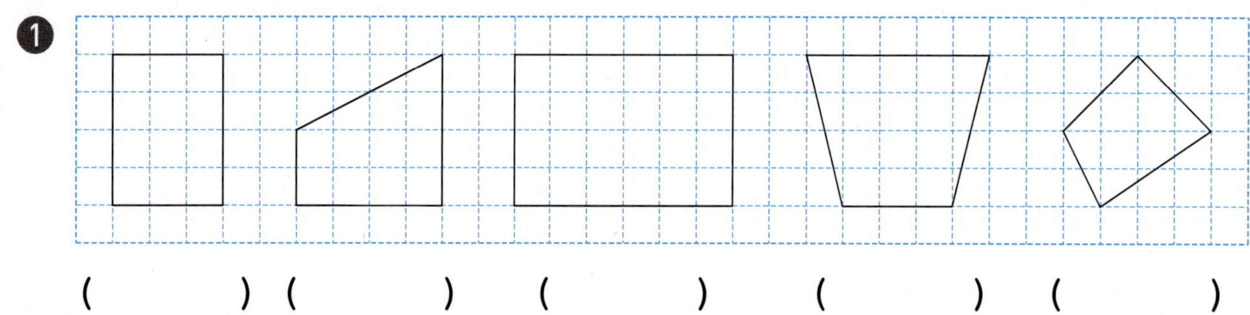

(　　　) (　　　) (　　　) (　　　) (　　　)

②

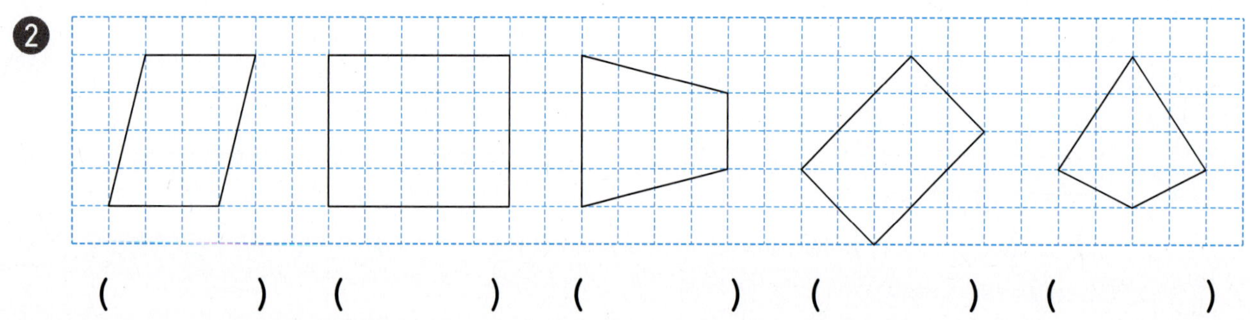

(　　　) (　　　) (　　　) (　　　) (　　　)

③

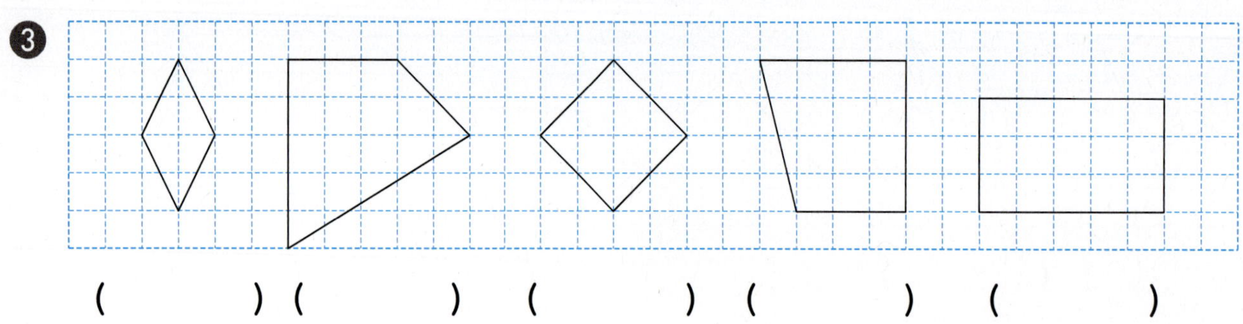

(　　　) (　　　) (　　　) (　　　) (　　　)

○ 도형은 직사각형입니다. ☐ 안에 알맞은 수를 써넣으시오.

④
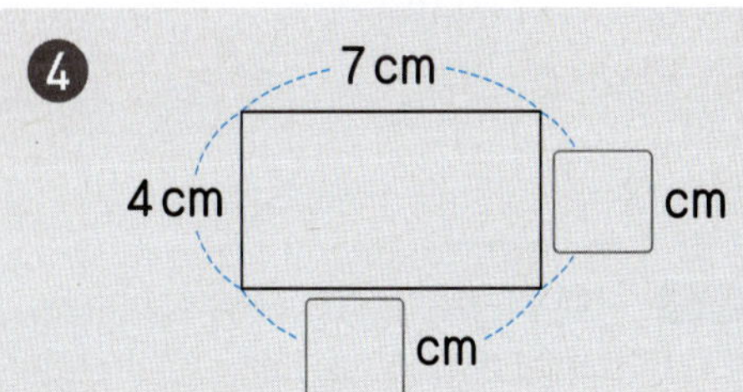

⑧
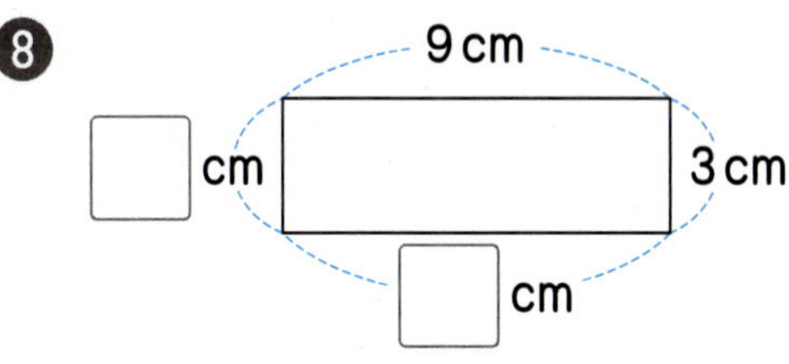

⑤
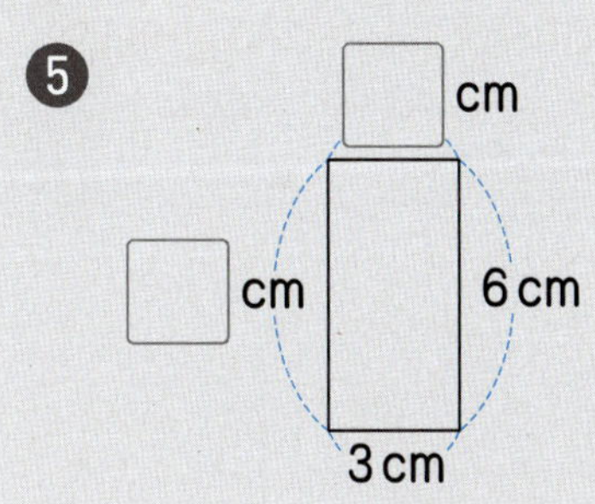

⑨
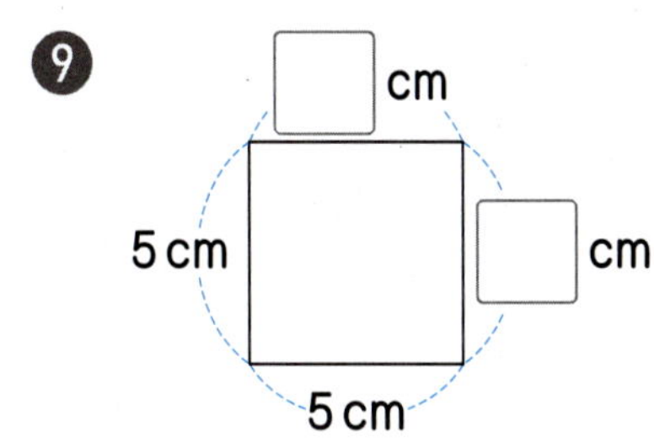

⑥
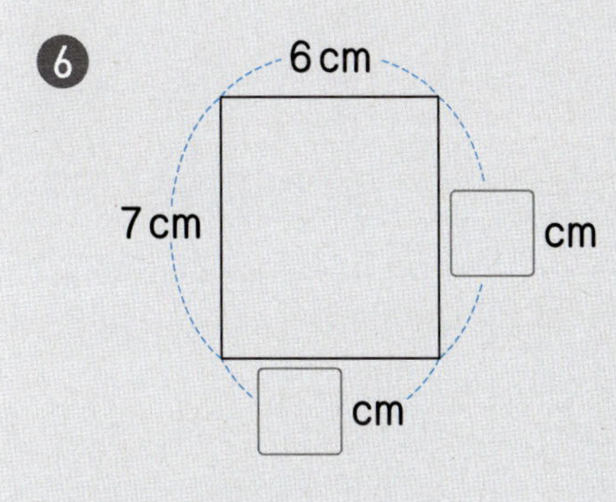

⑩
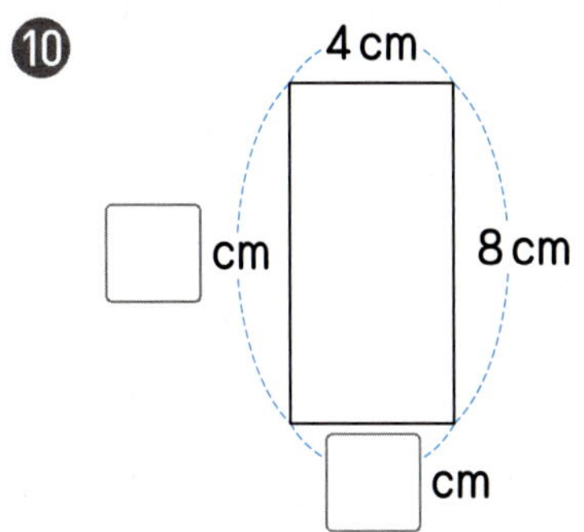

⑦
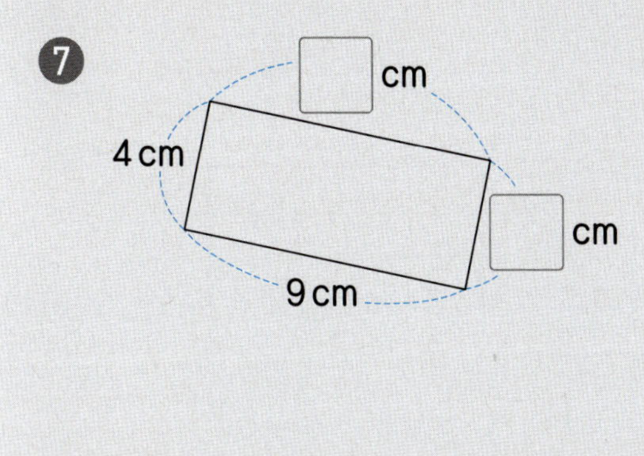

⑪
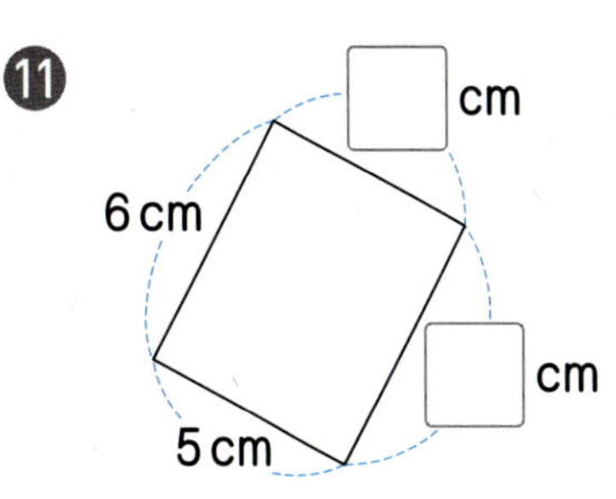

네 **각**이 모두 **직각**이고
네 **변**의 **길이가** 모두 **같은**
사각형
→ **정사각형**

● 정사각형

정사각형: 네 각이 모두 직각이고 네 변의
길이가 모두 같은 사각형

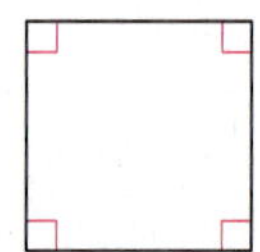 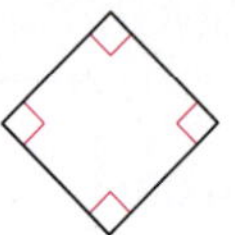

참고 • 정사각형은 네 각이 모두 직각이므로
직각형이라고 할 수 있습니다.
• 직사각형은 네 변의 길이가 모두 같지 않은 것이
있으므로 정사각형이라고 할 수 없습니다.

○ 정사각형을 모두 찾아 ○표 하시오.

①

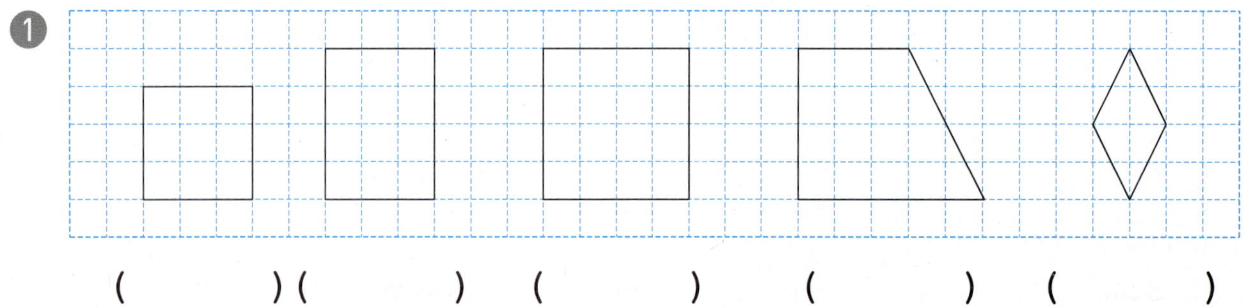

(   ) (   ) (   ) (   ) (   )

②

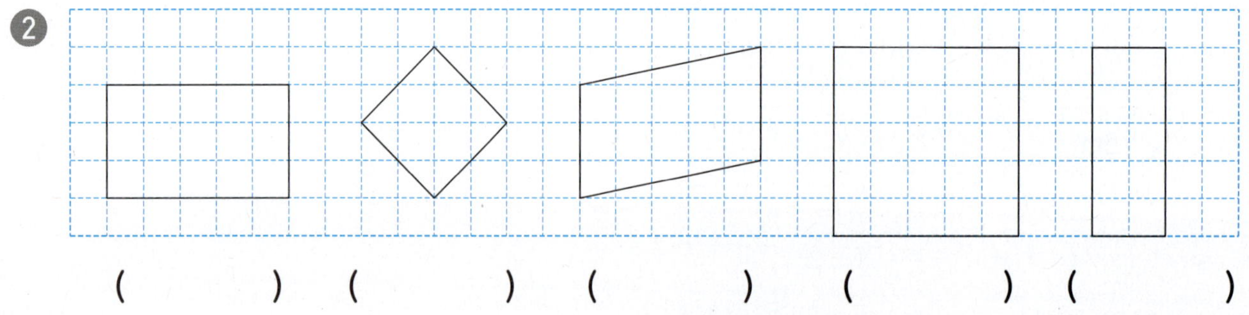

(   ) (   ) (   ) (   ) (   )

③

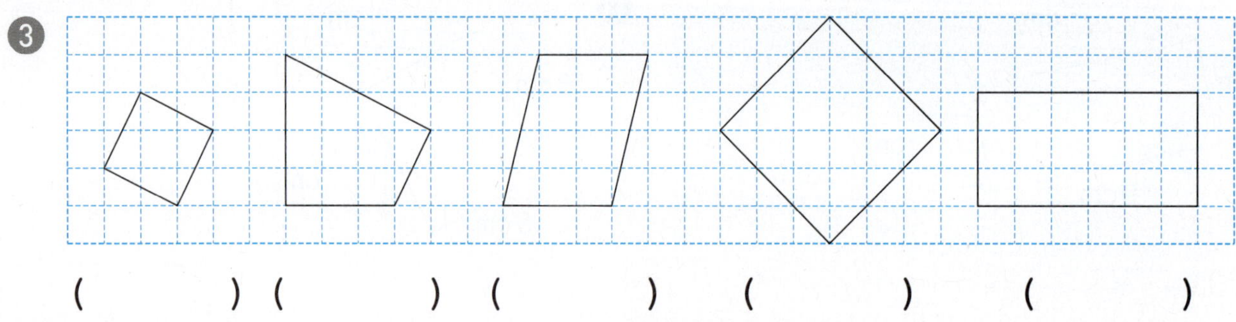

(   ) (   ) (   ) (   ) (   )

○ 도형은 정사각형입니다. ☐ 안에 알맞은 수를 써넣으시오.

4 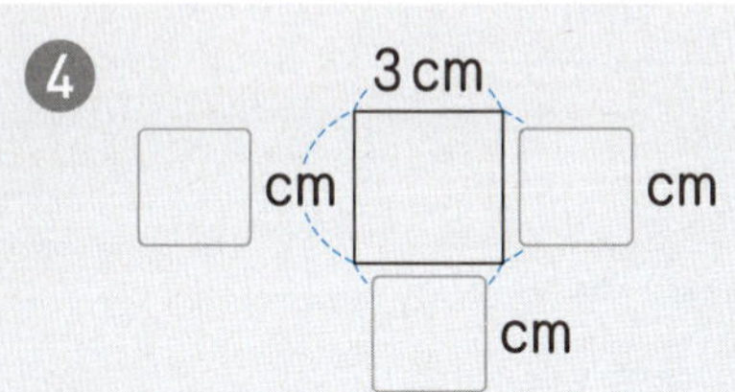

8 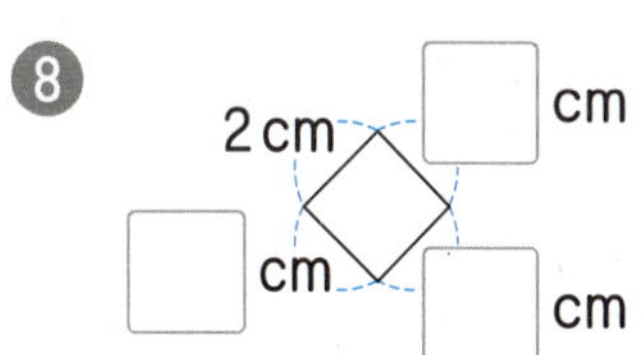

5 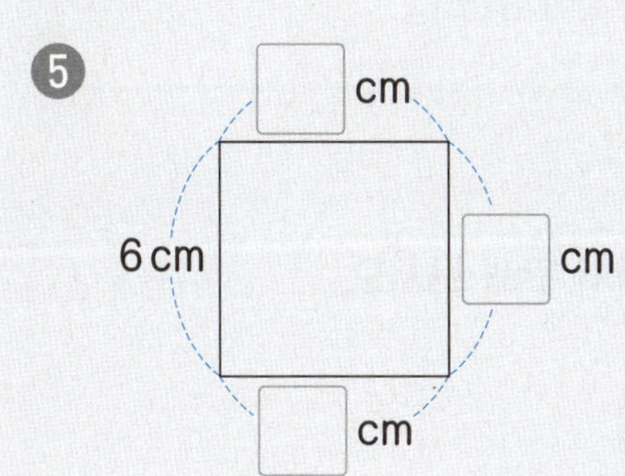

9 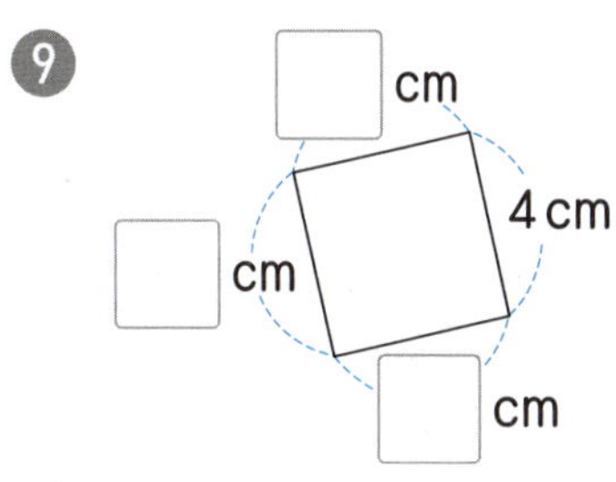

6 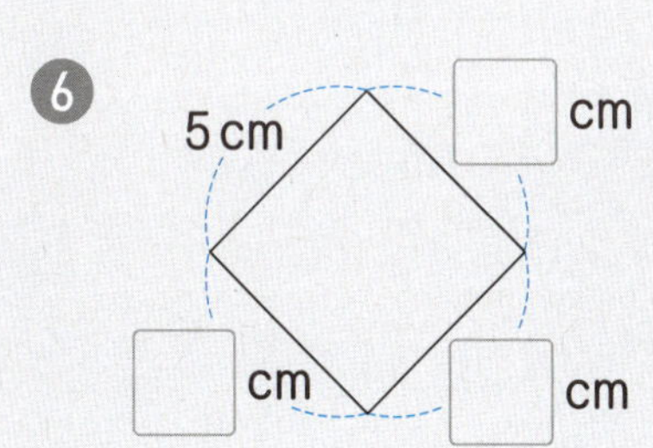

10 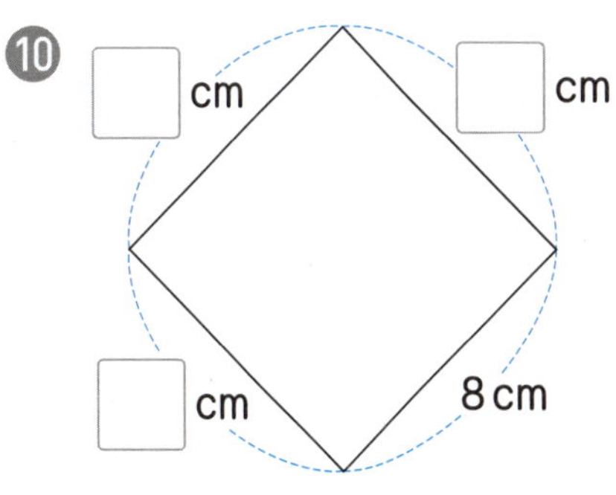

7 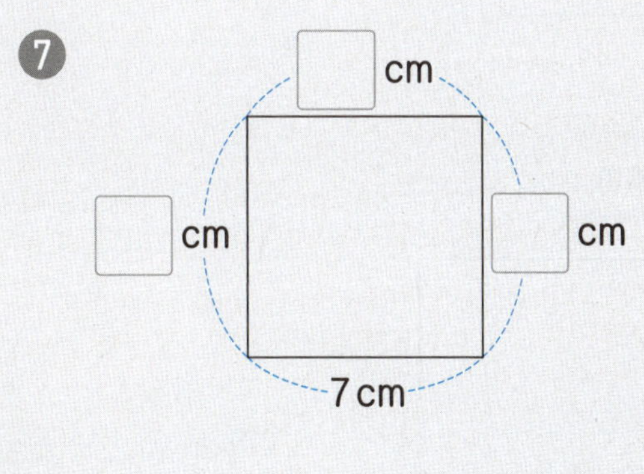

11 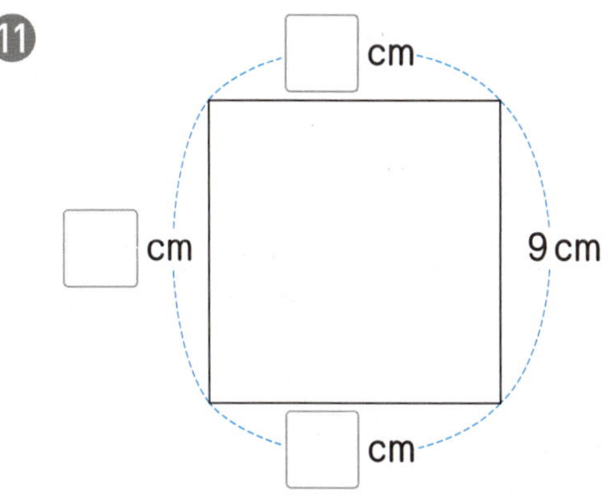

정사각형은
네 변의 길이가
모두 같아!

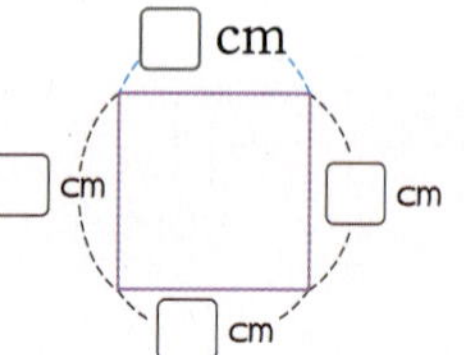

- 네 변의 길이의 합이 12 cm인 정사각형의 한 변의 길이 구하기

정사각형은 네 변의 길이가 모두 같습니다.
□+□+□+□=12,
3+3+3+3=12이므로 □=3
⇨ 정사각형의 한 변의 길이: 3 cm

○ 정사각형의 네 변의 길이의 합이 다음과 같을 때, 한 변의 길이는 몇 cm인지 구해 보시오.

❶ 16 cm

cm

❹ 20 cm

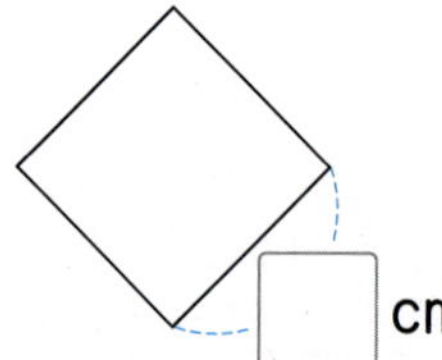
cm

❷ 32 cm

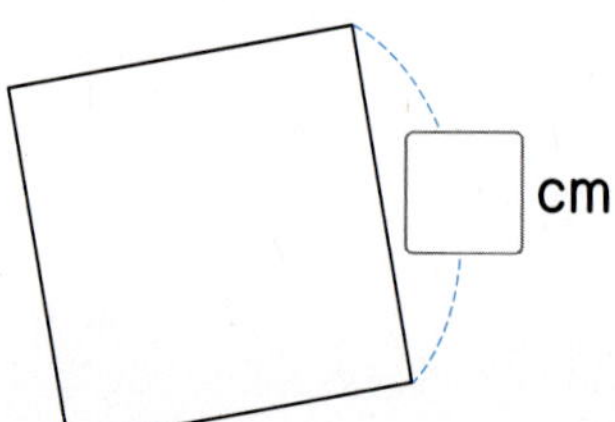
cm

❺ 36 cm

cm

❸ 40 cm

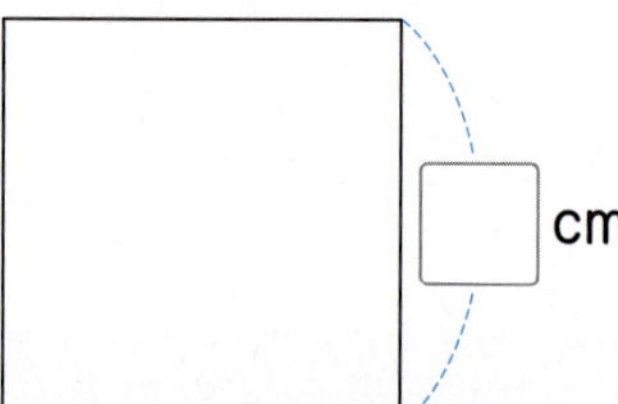
cm

❻ 48 cm

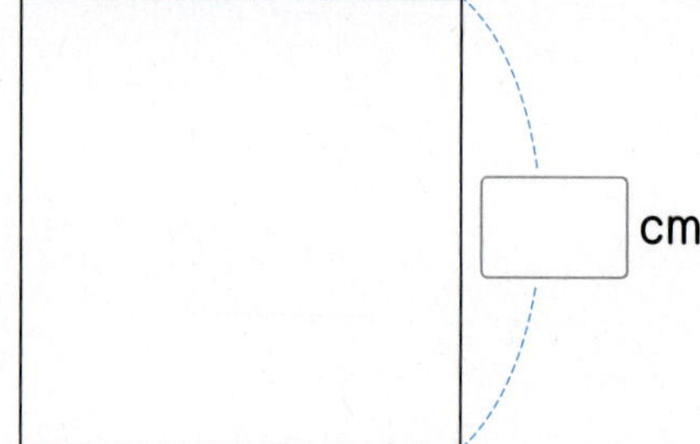
cm

7 직사각형의 세로 구하기

직사각형은
마주 보는
두 변의 길이가 같아!

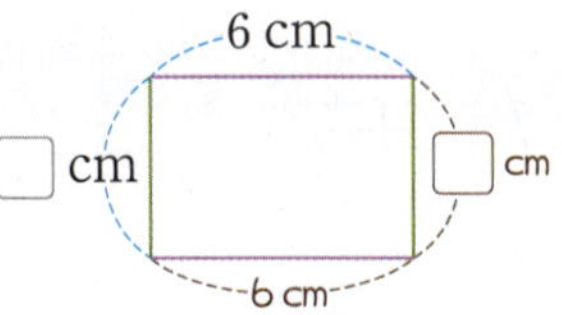

- 가로가 **6 cm**이고 네 변의 길이의 합이 **20 cm**인 직사각형의 세로 구하기

직사각형은 마주 보는 두 변의 길이가 같습니다.
$6+\square+6+\square=20$, $\square+\square=8$,
$4+4=8$이므로 $\square=4$
⇨ 직사각형의 세로: 4 cm

 직사각형의 가로와 네 변의 길이의 합이 다음과 같을 때, 세로는 몇 cm인지 구해 보시오.

⑦ 22 cm

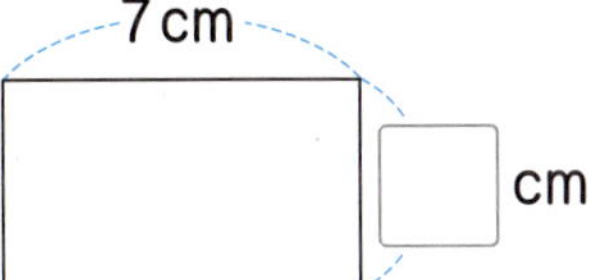

⑩ 28 cm

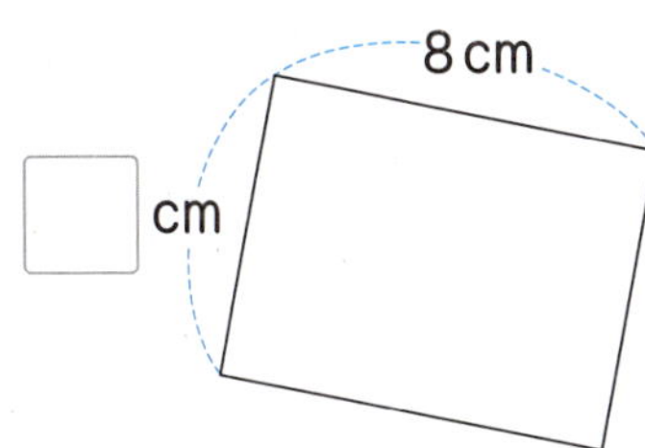

⑧ 24 cm

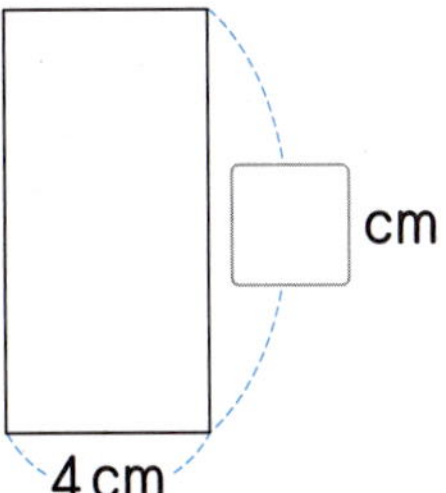

⑪ 30 cm

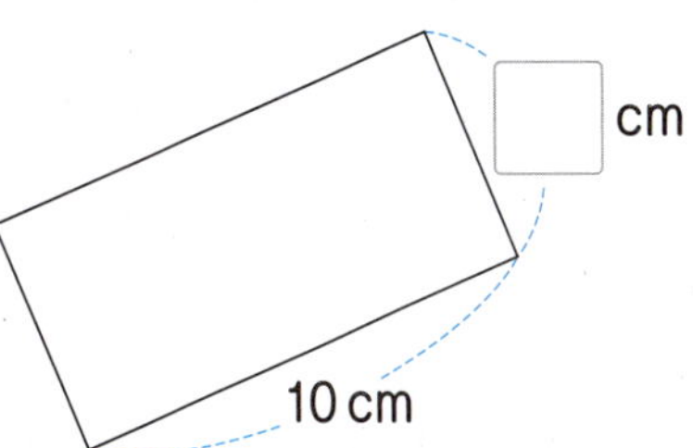

⑨ 26 cm

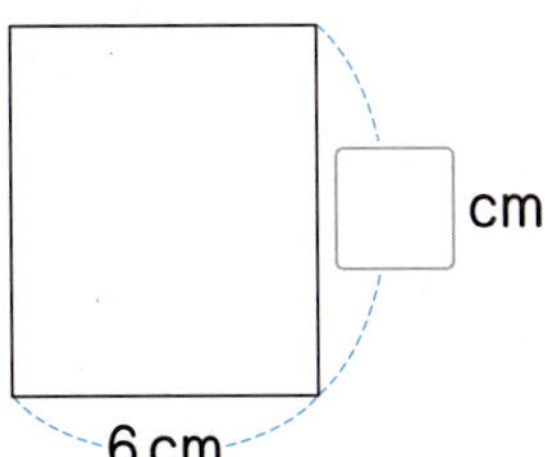

⑫ 32 cm

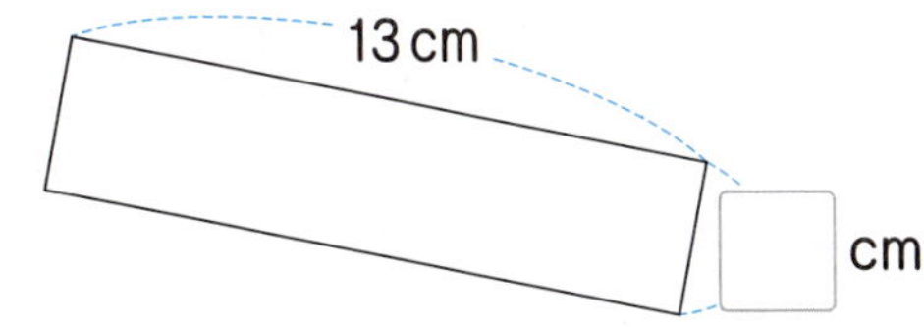

작은 각 여러 개가 모여 큰 각이 되는지 확인해!

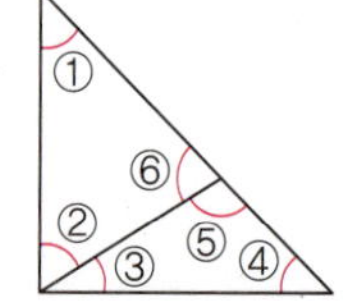

● 도형에서 찾을 수 있는 크고 작은 각은 모두 몇 개인지 구해 보시오.

1 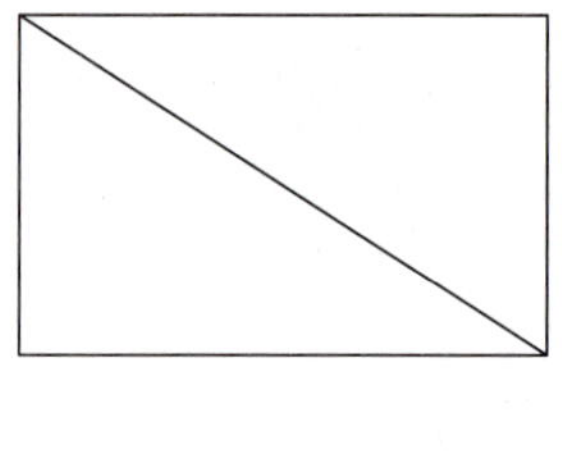

(   )

4 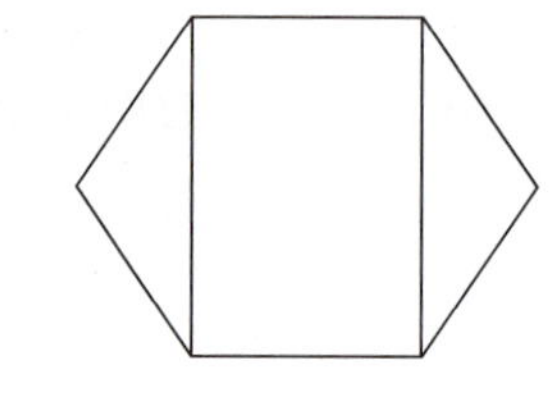

(   )

2 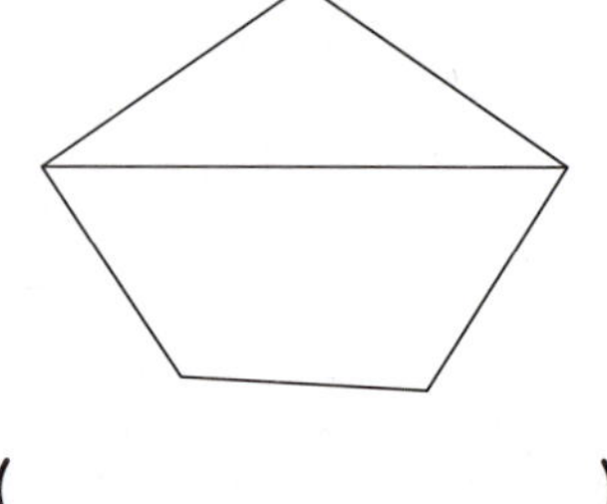

(   )

5 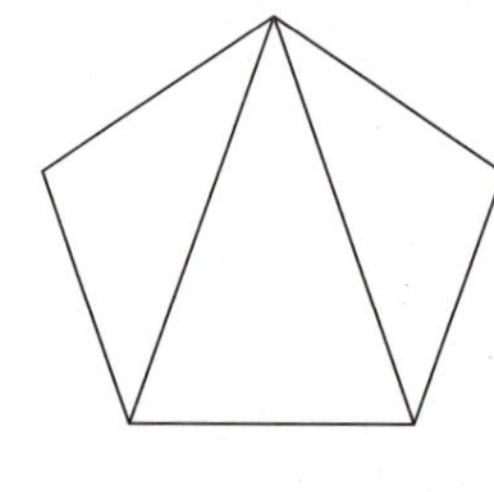

(   )

3 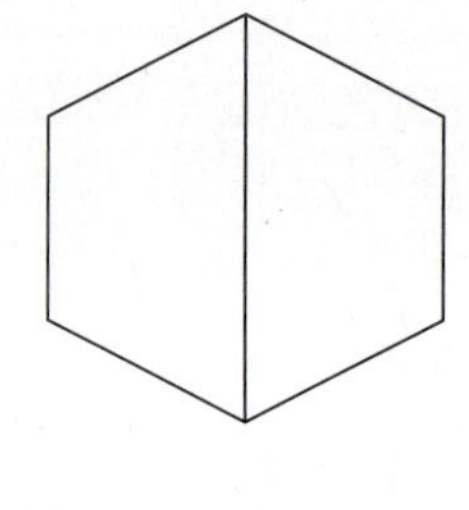

(   )

6 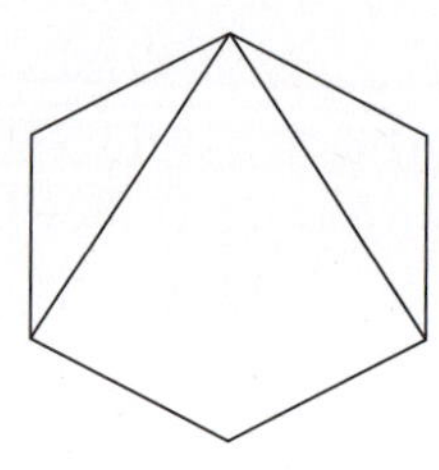

(   )

○ 도형에서 찾을 수 있는 직각은 모두 몇 개인지 구해 보시오.

❼ 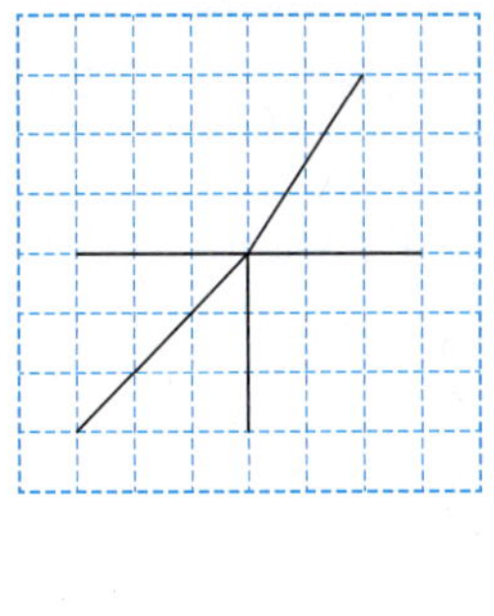

(　　　　　)

⓫ 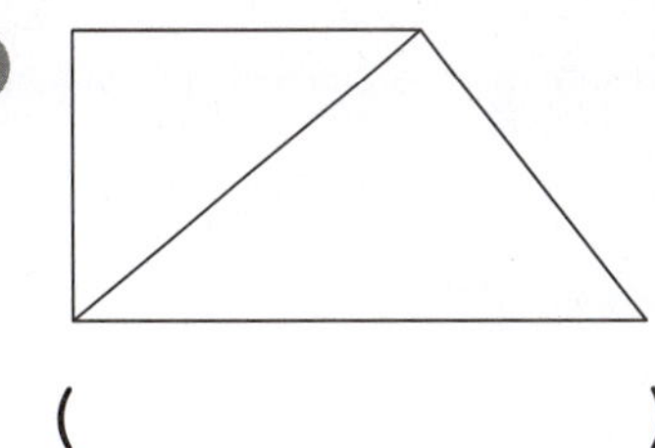

(　　　　　)

❽ 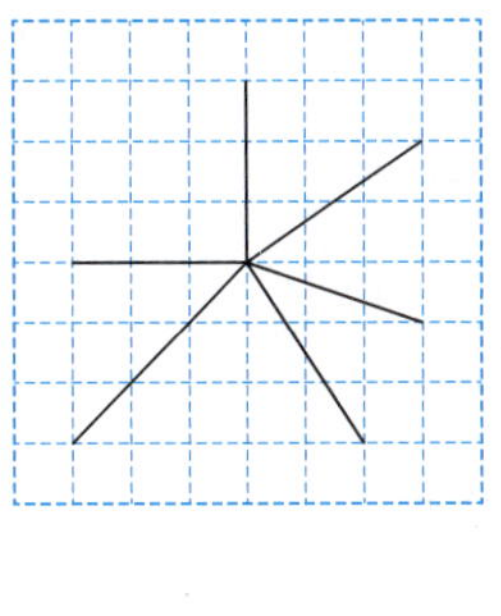

(　　　　　)

⓬ 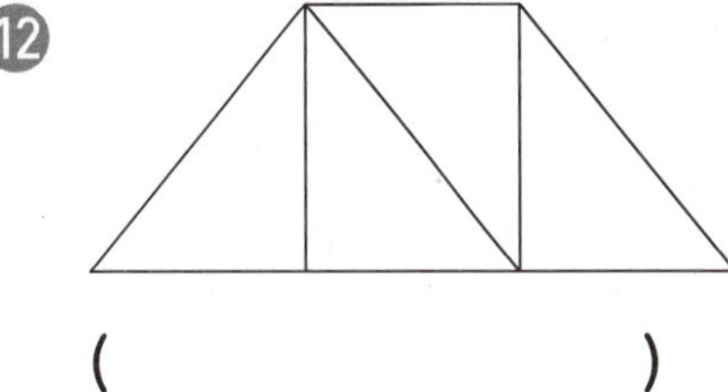

(　　　　　)

❾ 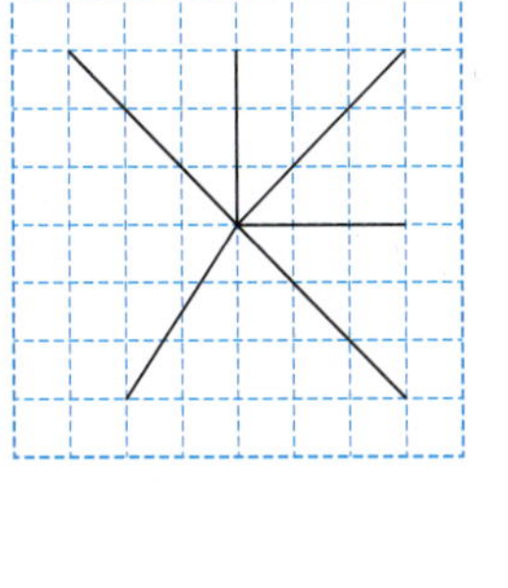

(　　　　　)

⓭ 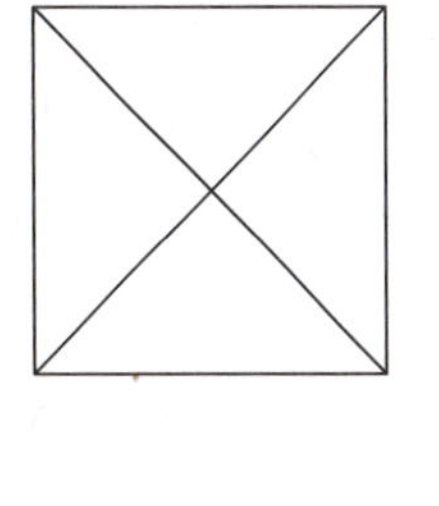

(　　　　　)

❿ 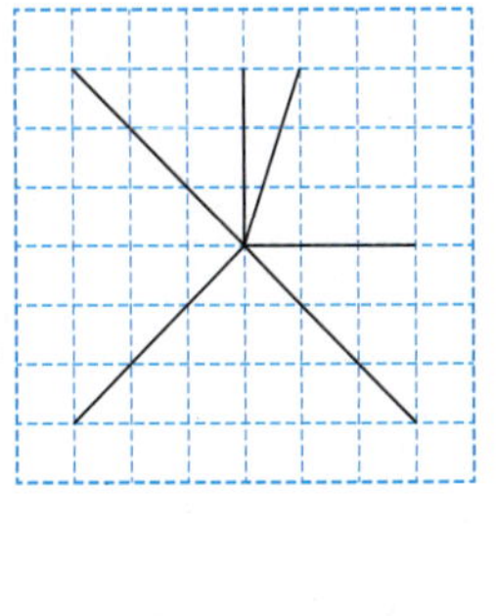

(　　　　　)

⓮ 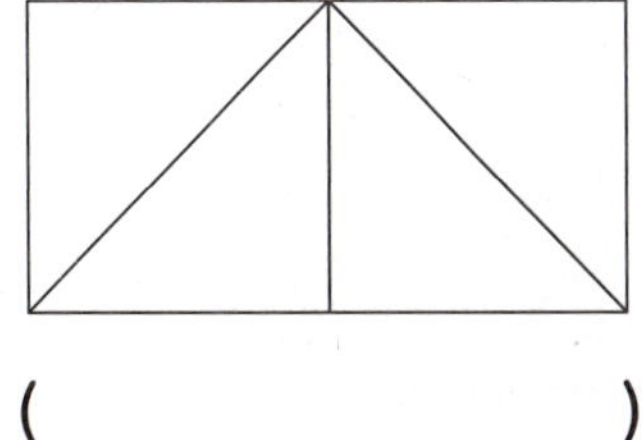

(　　　　　)

작은 도형 여러 개가 모여
큰 도형이 되는지 확인해!

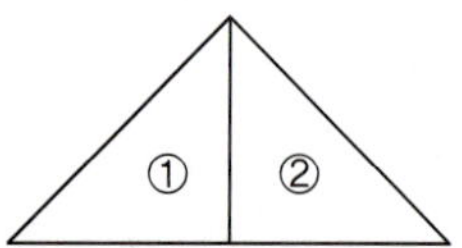

○ 도형에서 찾을 수 있는 크고 작은 직각삼각형은 모두 몇 개인지 구해 보시오.

1

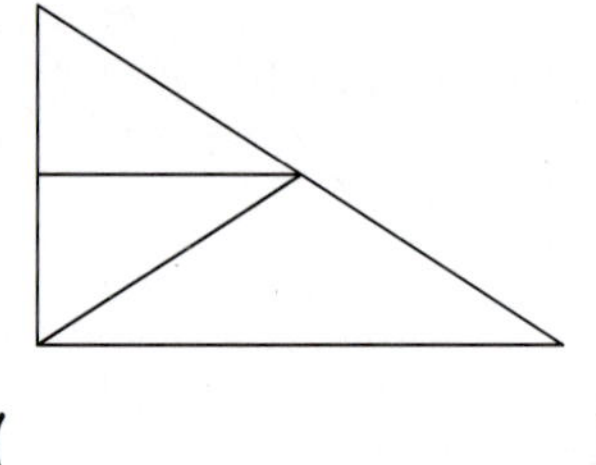

(   )

2

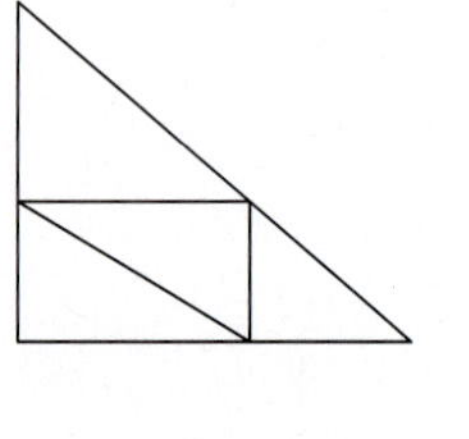

(   )

3

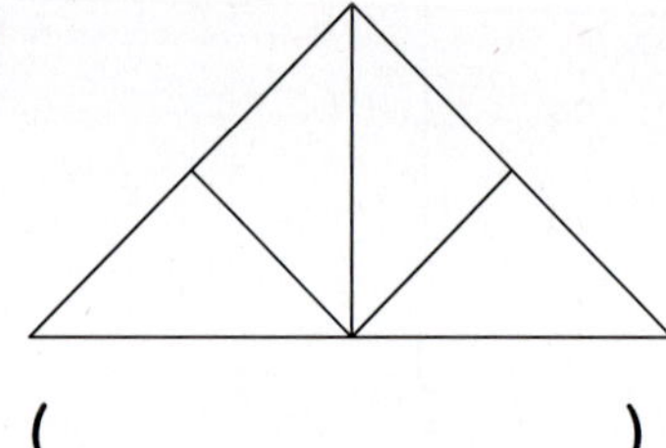

(   )

4

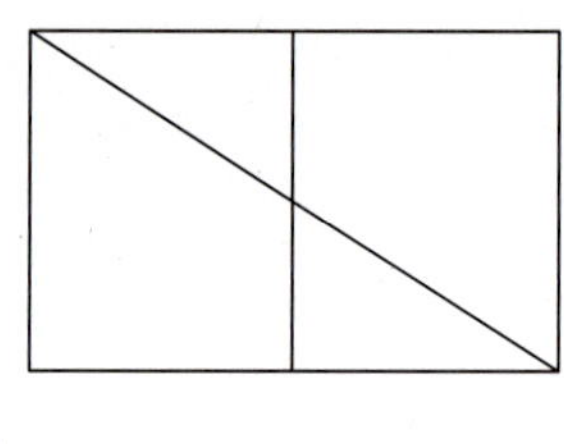

(   )

5

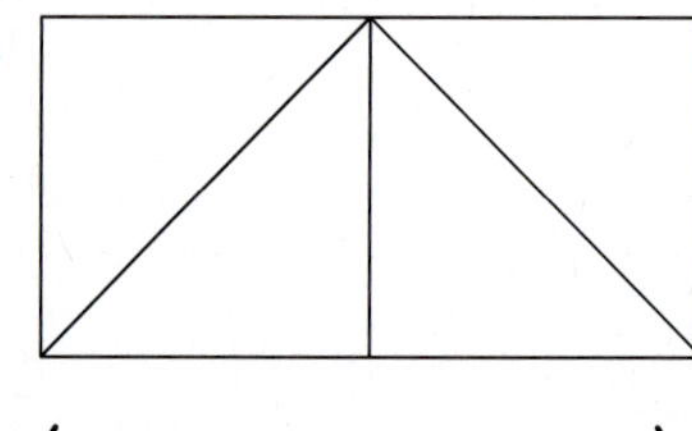

(   )

6

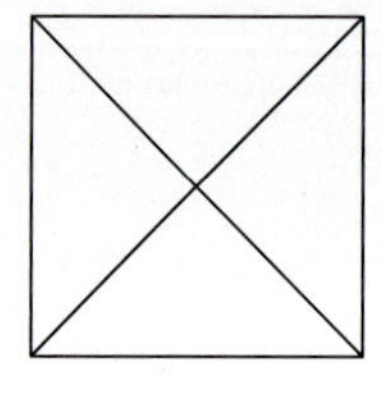

(   )

○ 도형에서 찾을 수 있는 크고 작은 직사각형은 모두 몇 개인지 구해 보시오.

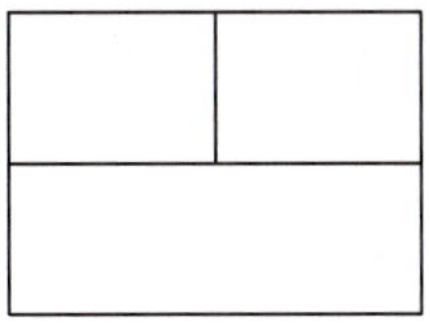

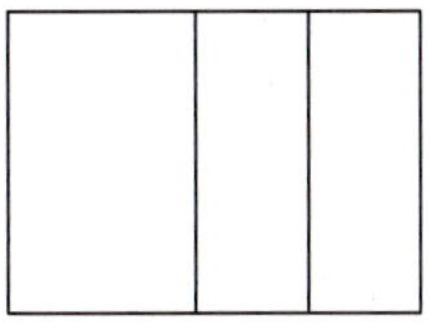

❼

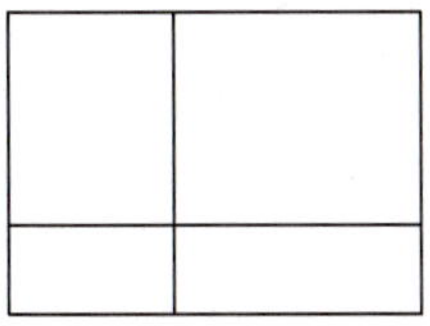

(   )

❽

(   )

❾

(   )

❿

(   )

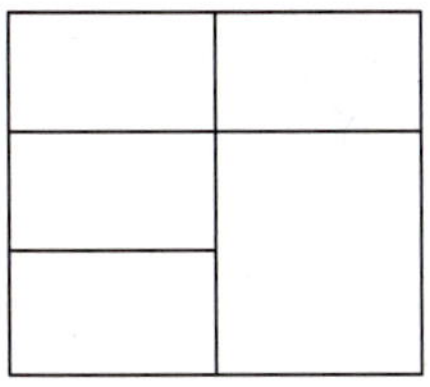

○ 도형에서 찾을 수 있는 크고 작은 정사각형은 모두 몇 개인지 구해 보시오.

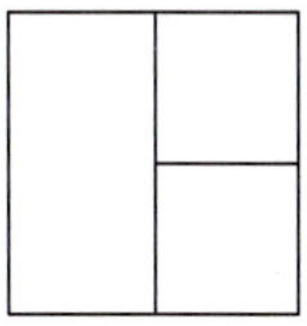

⓫

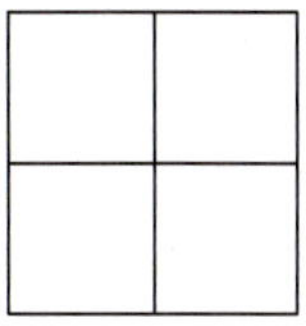

(   )

⓬

(   )

⓭

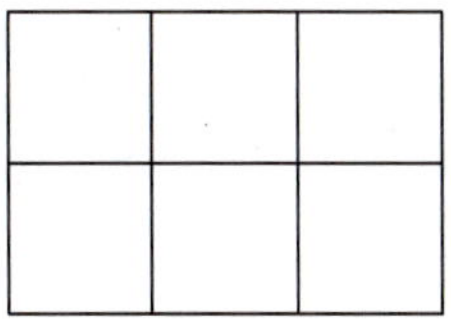

(   )

⓮

(   )

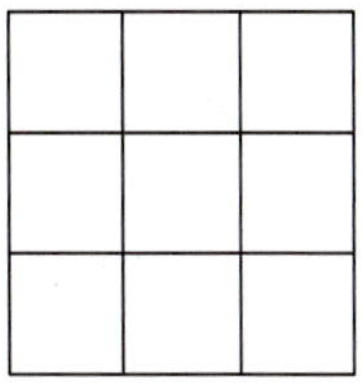

1 직선을 찾아보시오.

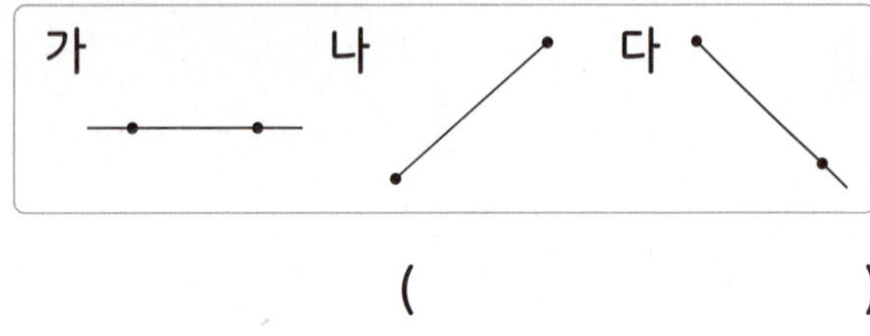

( )

2 도형의 이름을 써 보시오.

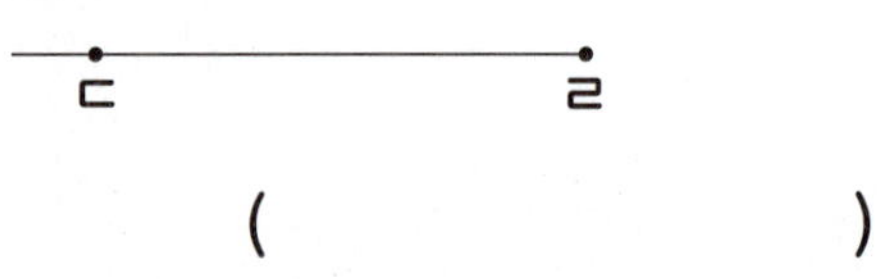

( )

3 각을 찾아 ○표 하시오.

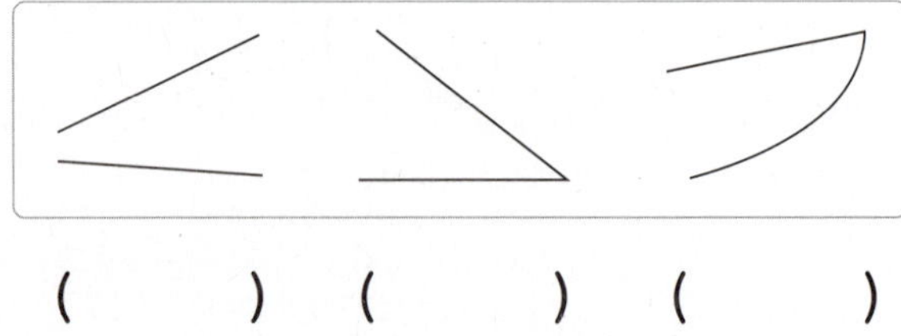

( ) ( ) ( )

4 각 ㄱㄷㄴ을 완성하고, 각의 꼭짓점과 변을 써 보시오.

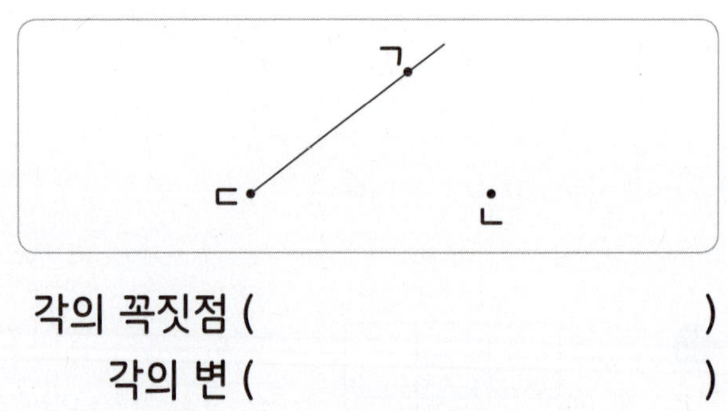

각의 꼭짓점 ( )

각의 변 ( )

5 도형에서 직각을 모두 찾아 ∟로 표시해 보시오.

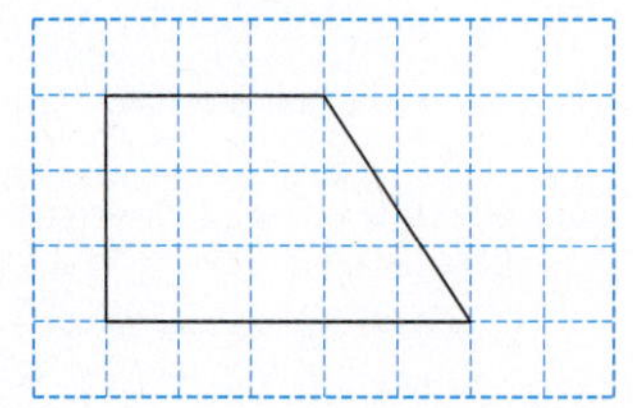

6 직각삼각형에 ○표 하시오.

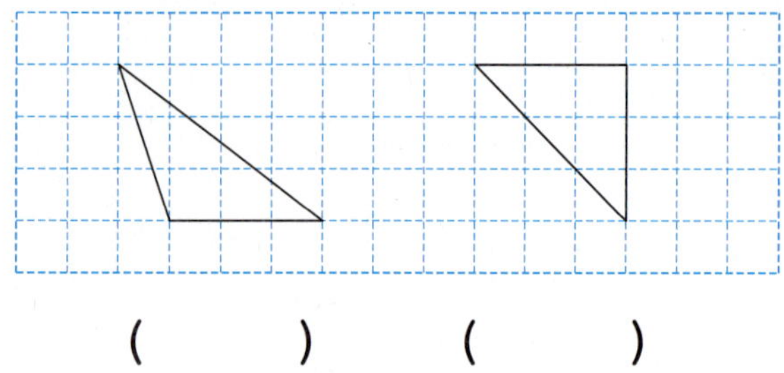

( ) ( )

7 직사각형에 ○표 하시오.

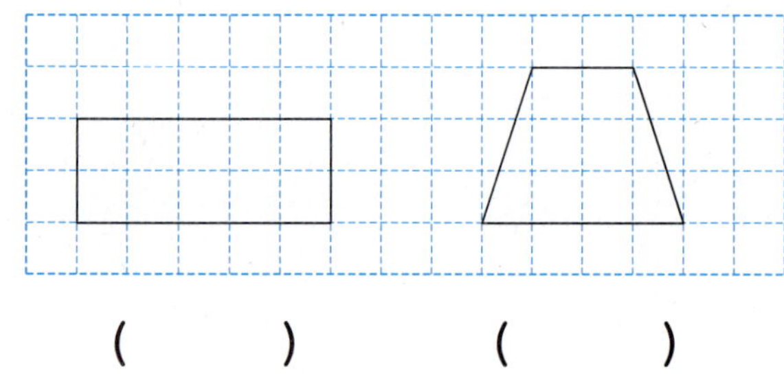

( ) ( )

8 정사각형에 ○표 하시오.

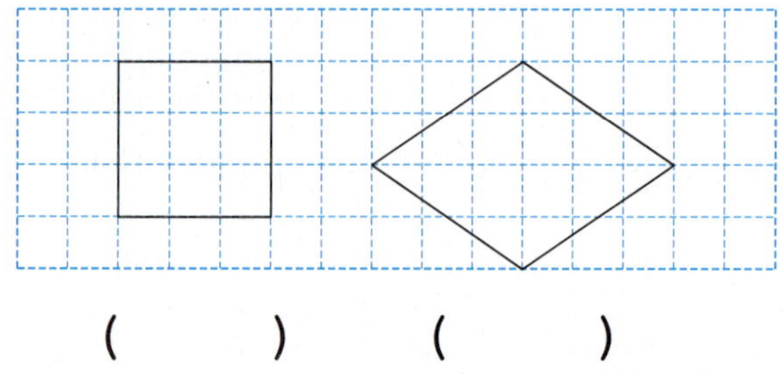

( ) ( )

9 도형은 직사각형입니다. ☐ 안에 알맞은 수를 써넣으시오.

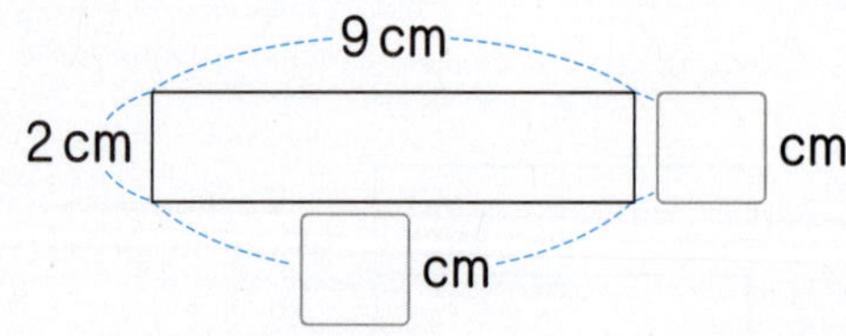

10 도형은 정사각형입니다. ☐ 안에 알맞은 수를 써넣으시오.

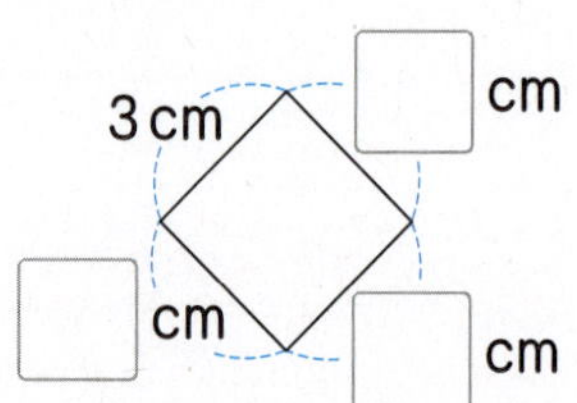

 정사각형의 네 변의 길이의 합이 다음과 같을 때, 한 변의 길이는 몇 cm인지 구해 보시오.

11 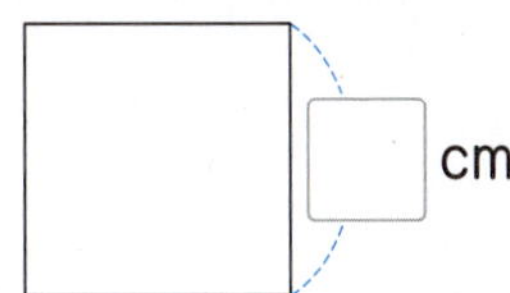 24 cm

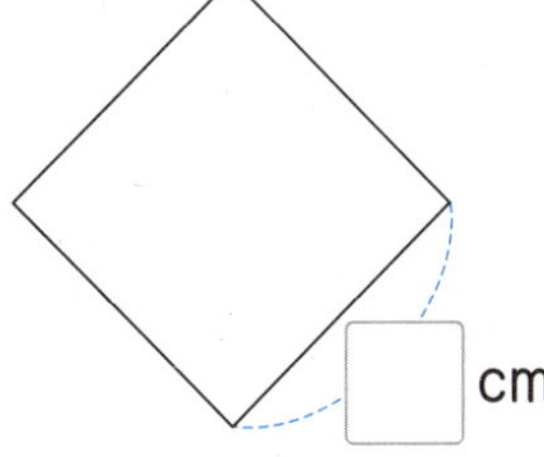

12 28 cm

15 도형에서 찾을 수 있는 크고 작은 각은 모두 몇 개입니까?

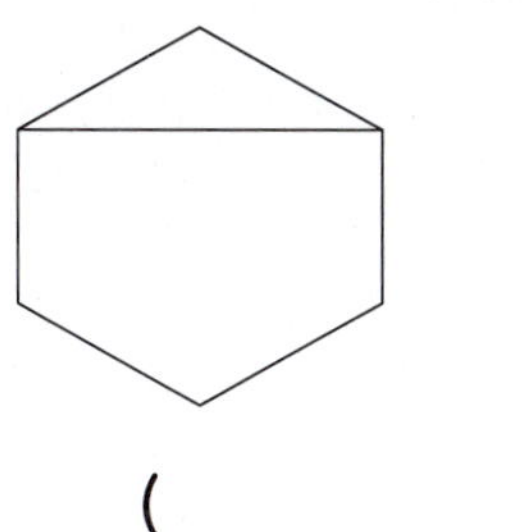

(　　　　　　)

16 도형에서 찾을 수 있는 직각은 모두 몇 개입니까?

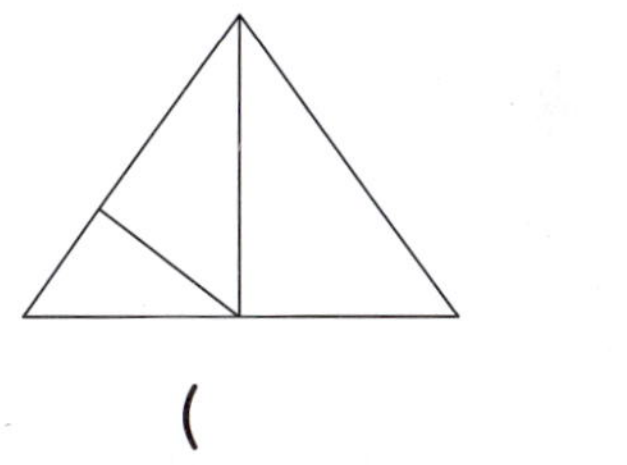

(　　　　　　)

 직사각형의 가로와 네 변의 길이의 합이 다음과 같을 때, 세로는 몇 cm인지 구해 보시오.

13 16 cm

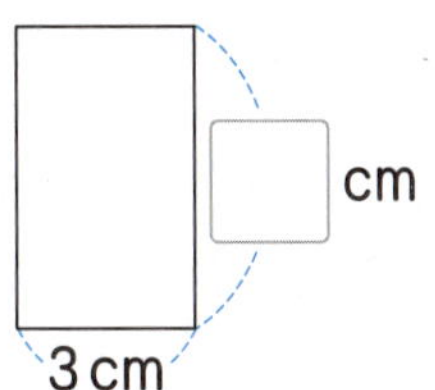

3 cm

17 도형에서 찾을 수 있는 크고 작은 직각삼각형은 모두 몇 개입니까?

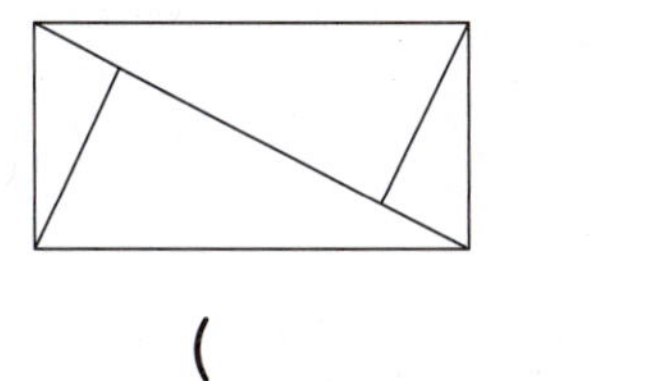

(　　　　　　)

14 18 cm

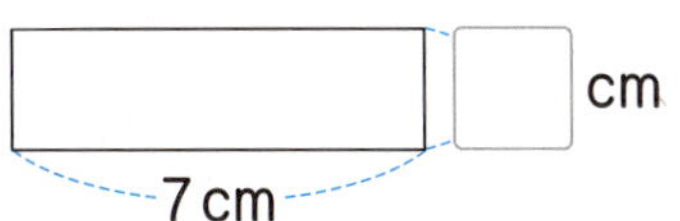

7 cm

18 도형에서 찾을 수 있는 크고 작은 직사각형은 모두 몇 개입니까?

(　　　　　　)

3

나눗셈

학습 내용	일 차	맞힌 개수	걸린 시간
① 똑같이 나누어 주는 나눗셈	1일 차	/7개	/4분
② 같은 양이 몇 번 들어 있는 나눗셈	2일 차	/8개	/4분
③ 곱셈과 나눗셈의 관계	3일 차	/20개	/8분
④ 나눗셈의 몫을 곱셈식으로 구하기	4일 차	/31개	/14분
⑤ 그림에서 두 수의 나눗셈하기	5일 차	/14개	/10분
⑥ 큰 수를 작은 수로 나눈 몫 구하기			

학습 내용	일 차	맞힌 개수	걸린 시간
⑦ 나눗셈식에서 어떤 수 구하기	6일 차	/22개	/17분
⑧ 나눗셈 문장제	7일 차	/7개	/6분
⑨ 곱셈과 나눗셈 문장제	8일 차	/5개	/7분
⑩ 바르게 계산한 값 구하기	9일 차	/5개	/10분
평가 3. 나눗셈	10일 차	/16개	/19분

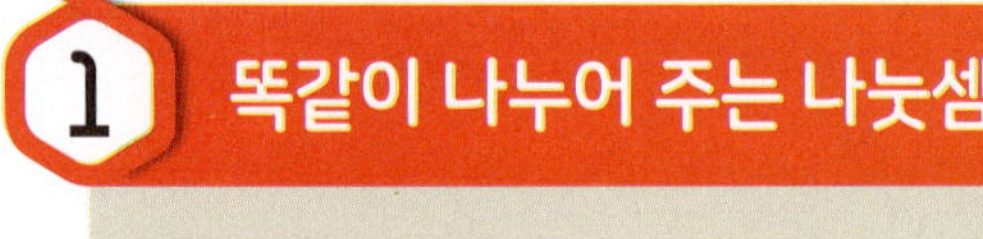

① 똑같이 나누어 주는 나눗셈

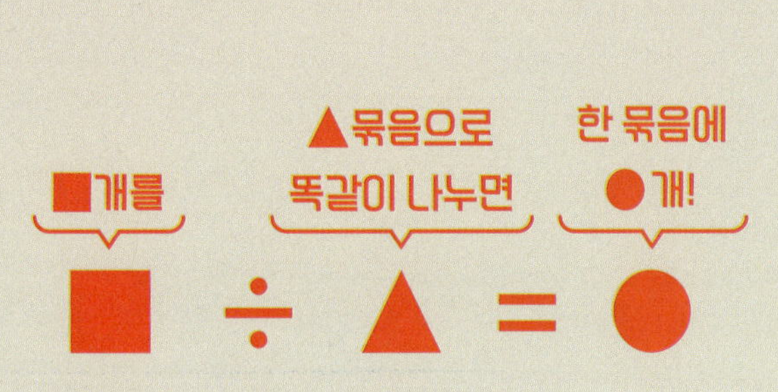

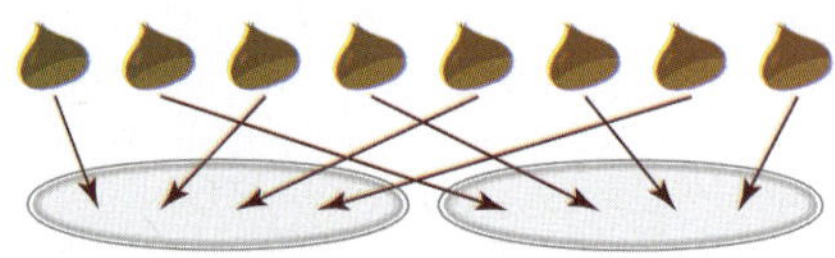

● 밤 8개를 접시 2개에 똑같이 나누어 놓기

밤 8개를 접시 2개에 똑같이 나누어 놓으면 한 접시에 4개씩 놓입니다.

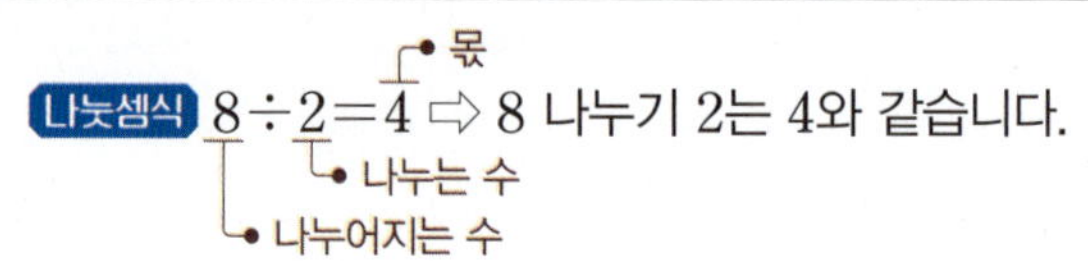

○ 과일을 접시 3개에 똑같이 나누어 놓으려고 합니다.
한 접시에 과일을 몇 개씩 놓을 수 있는지 ◯를 그려 보고, ☐ 안에 알맞은 수를 써넣으시오.

①

접시 한 개에 사과를 ☐ 개씩 놓을 수 있습니다. ⇨ 9÷3=☐

②

접시 한 개에 감을 ☐ 개씩 놓을 수 있습니다. ⇨ 12÷3=☐

③

접시 한 개에 키위를 ☐ 개씩 놓을 수 있습니다. ⇨ 18÷3=☐

○ 빵을 5명이 똑같이 나누어 먹으려고 합니다.
　한 명이 빵을 몇 개씩 먹을 수 있는지 나눗셈식으로 나타내어 보시오.

④ 

$$10 \div 5 = \boxed{}$$

⑤ 

$$20 \div \boxed{} = \boxed{}$$

⑥ 

$$30 \div \boxed{} = \boxed{}$$

⑦ 

$$\boxed{} \div \boxed{} = \boxed{}$$

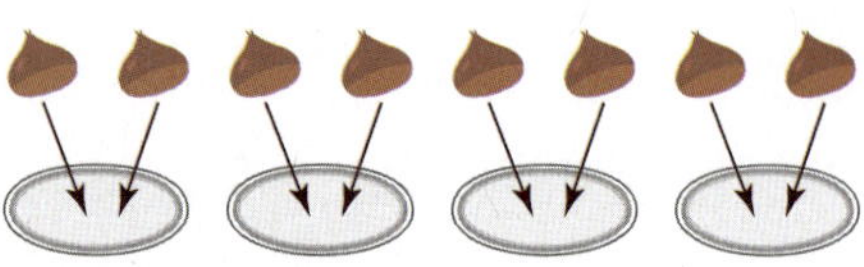

밤을 한 접시에 2개씩 놓으려면 접시가 4개 필요합니다.

$$8-2-2-2-2=0 \Rightarrow \text{나눗셈식} \ 8\div2=4$$

한 묶음에 ▲개씩
똑같이 나누면

■개를

묶음은
●개!

$$\blacksquare \div \blacktriangle = \bullet$$

○ 악기를 한 상자에 4개씩 나누어 담으려고 합니다.

악기를 4개씩 묶어 보고, 악기를 모두 담으려면 상자는 몇 상자 필요한지 ☐ 안에 알맞은 수를 써넣으시오.

❶

실로폰을 모두 담으려면 ☐상자 필요합니다. ⇨ $8\div4=$ ☐

❷

북을 모두 담으려면 ☐상자 필요합니다. ⇨ $16\div4=$ ☐

❸

리코더를 모두 담으려면 ☐상자 필요합니다. ⇨ $20\div4=$ ☐

❹

나팔을 모두 담으려면 ☐상자 필요합니다. ⇨ $28\div4=$ ☐

○ 장난감을 한 명에게 6개씩 주려고 합니다. 몇 명에게 나누어 줄 수 있는지 나눗셈식으로 나타내어 보시오.

❺ 

$$18 \div 6 = \boxed{}$$

❻ 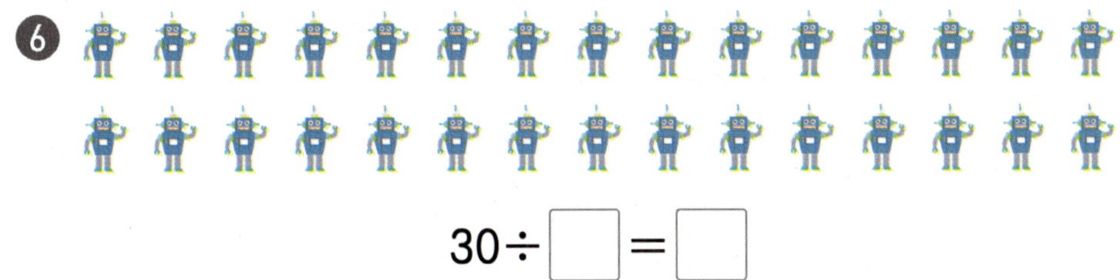

$$30 \div \boxed{} = \boxed{}$$

❼ 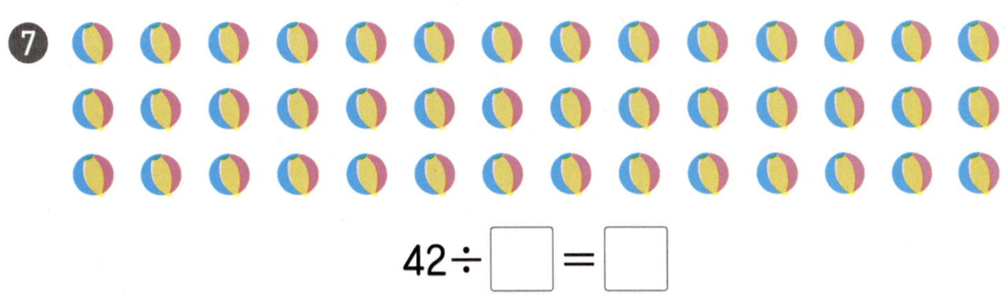

$$42 \div \boxed{} = \boxed{}$$

❽ 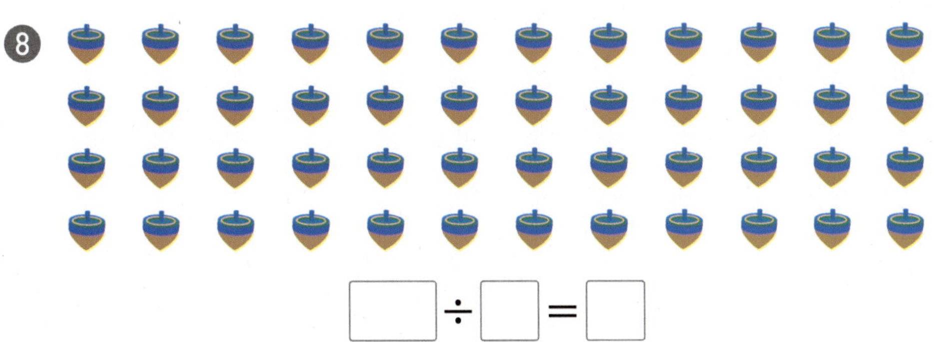

$$\boxed{} \div \boxed{} = \boxed{}$$

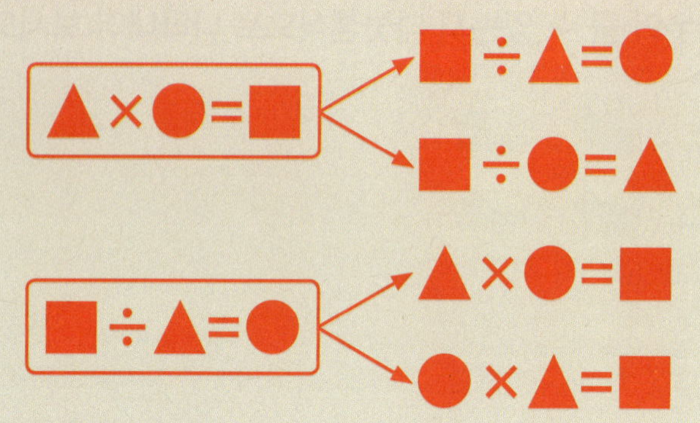

● 곱셈식을 나눗셈식으로, 나눗셈식을 곱셈식으로 나타내기

• 곱셈식을 2개의 나눗셈식으로 나타내기

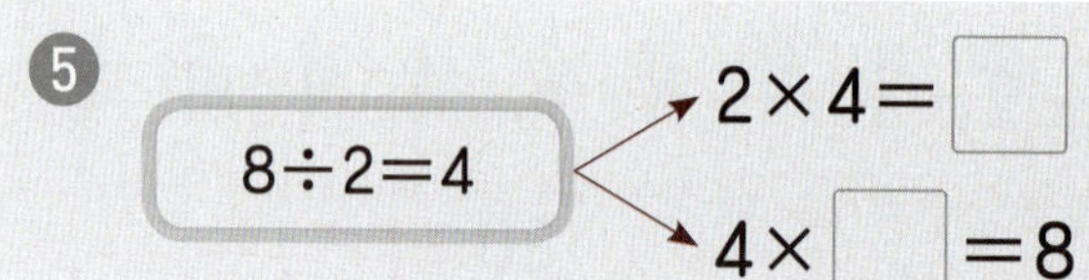

$$2 \times 3 = 6 \quad \begin{array}{l} 6 \div 2 = 3 \\ 6 \div 3 = 2 \end{array}$$

• 나눗셈식을 2개의 곱셈식으로 나타내기

$$6 \div 2 = 3 \quad \begin{array}{l} 2 \times 3 = 6 \\ 3 \times 2 = 6 \end{array}$$

○ 곱셈식을 나눗셈식으로, 나눗셈식을 곱셈식으로 나타내어 보시오.

1 $2 \times 5 = 10$

$$10 \div 2 = \square$$
$$10 \div \square = 2$$

2 $3 \times 6 = 18$

$$18 \div \square = 6$$
$$18 \div \square = 3$$

3 $4 \times 8 = 32$

$$32 \div 4 = \square$$
$$32 \div \square = \square$$

4 $7 \times 9 = 63$

$$63 \div \square = 9$$
$$63 \div \square = \square$$

5 $8 \div 2 = 4$

$$2 \times 4 = \square$$
$$4 \times \square = 8$$

6 $12 \div 6 = 2$

$$6 \times \square = 12$$
$$2 \times \square = 12$$

7 $15 \div 3 = 5$

$$3 \times 5 = \square$$
$$5 \times \square = \square$$

8 $21 \div 7 = 3$

$$7 \times \square = 21$$
$$3 \times \square = \square$$

9 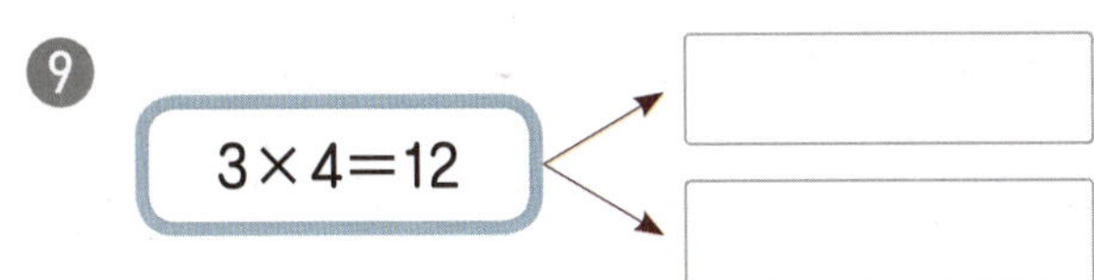

$3 \times 4 = 12$

15 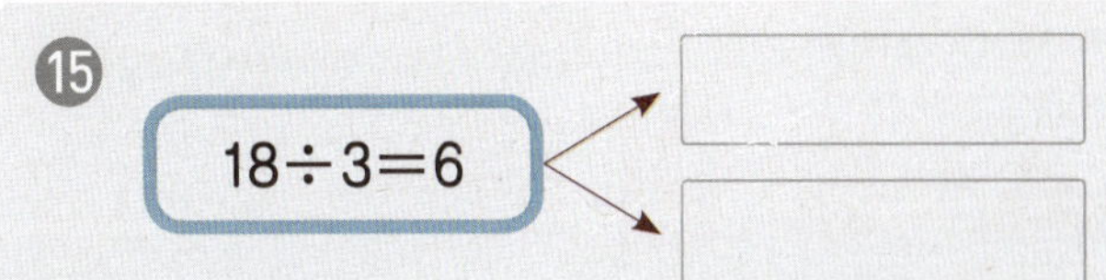

$18 \div 3 = 6$

10 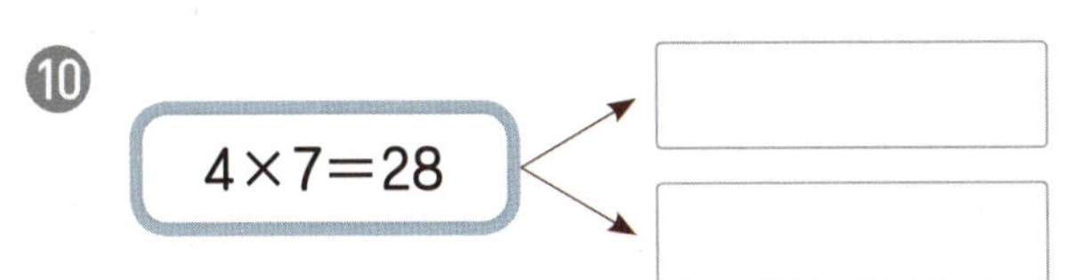

$4 \times 7 = 28$

16 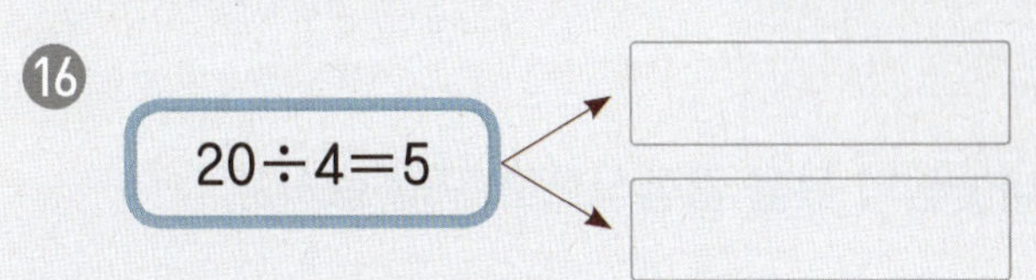

$20 \div 4 = 5$

11 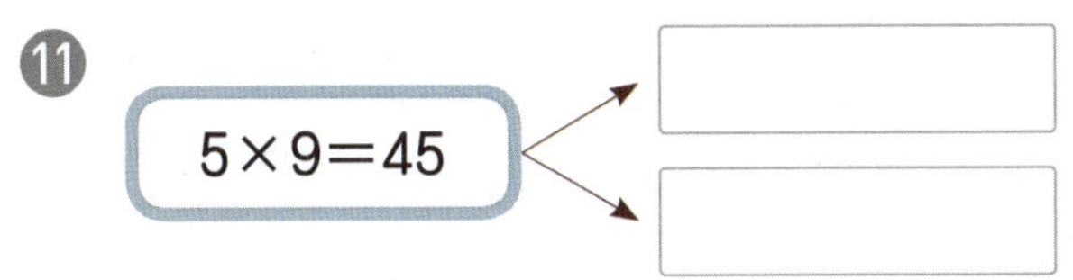

$5 \times 9 = 45$

17 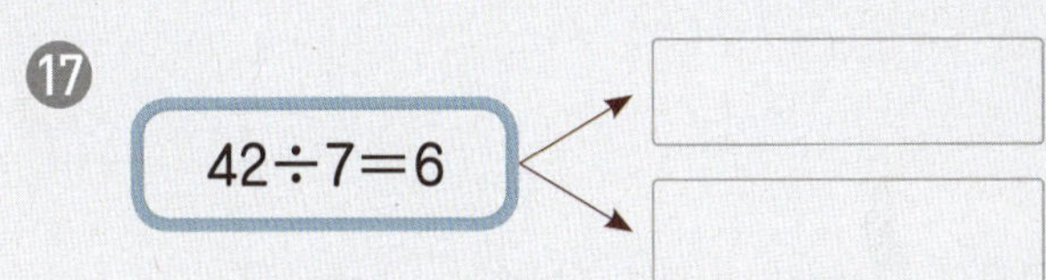

$42 \div 7 = 6$

12 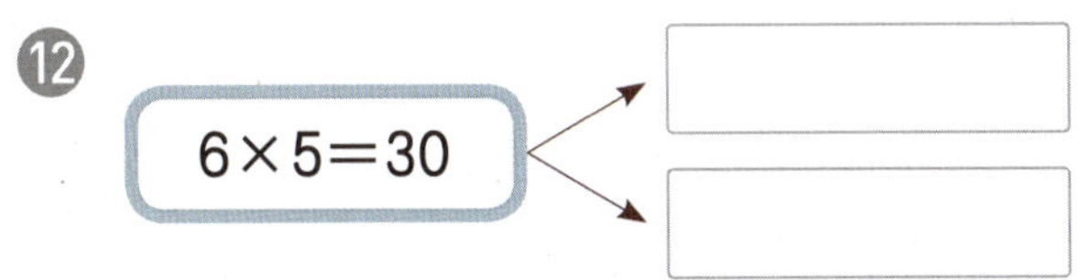

$6 \times 5 = 30$

18 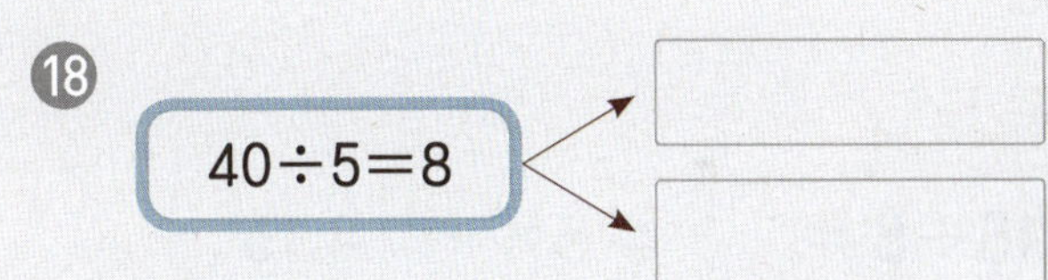

$40 \div 5 = 8$

13 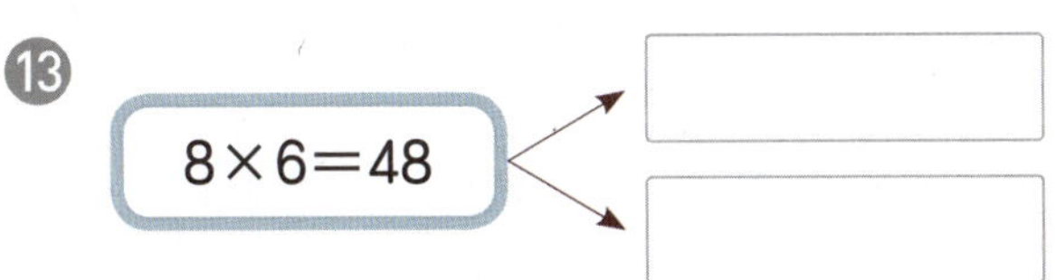

$8 \times 6 = 48$

19

$36 \div 9 = 4$

14 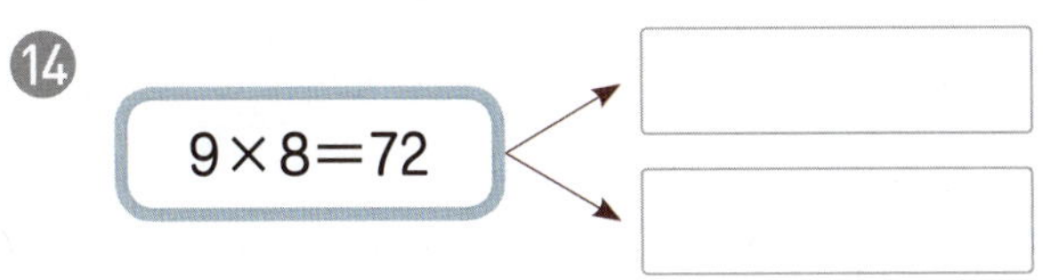

$9 \times 8 = 72$

20 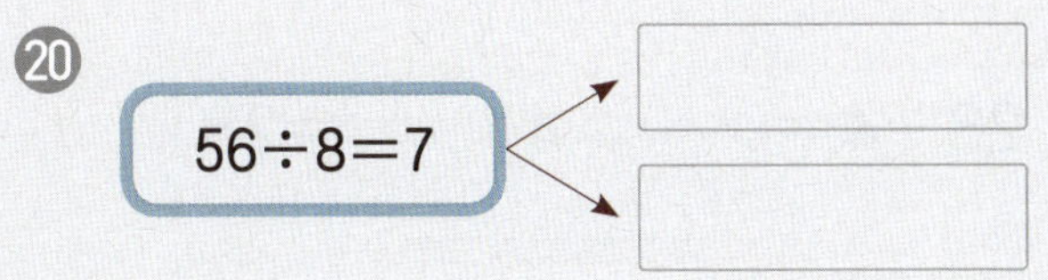

$56 \div 8 = 7$

△÷●의 몫은
●의 단 곱셈구구를 이용해!

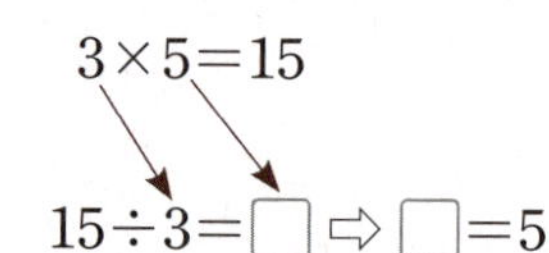

○ 나눗셈의 몫을 곱셈식으로 구해 보시오.

1 6÷2=☐ ⇨ 2×☐=6

2 12÷3=☐ ⇨ 3×☐=12

3 15÷5=☐ ⇨ 5×☐=15

4 18÷2=☐ ⇨ 2×☐=18

5 28÷4=☐ ⇨ 4×☐=28

6 36÷6=☐ ⇨ 6×☐=36

7 40÷8=☐ ⇨ 8×☐=40

8 45÷9=☐ ⇨ 9×☐=45

9 49÷7=☐ ⇨ 7×☐=49

10 64÷8=☐ ⇨ 8×☐=64

○ 나눗셈의 몫을 구해 보시오.

⑪ $8 \div 2 =$

⑫ $9 \div 3 =$

⑬ $14 \div 2 =$

⑭ $16 \div 4 =$

⑮ $18 \div 3 =$

⑯ $21 \div 7 =$

⑰ $24 \div 6 =$

⑱ $25 \div 5 =$

⑲ $27 \div 3 =$

⑳ $30 \div 6 =$

㉑ $32 \div 4 =$

㉒ $35 \div 5 =$

㉓ $36 \div 9 =$

㉔ $42 \div 7 =$

㉕ $45 \div 5 =$

㉖ $48 \div 8 =$

㉗ $54 \div 6 =$

㉘ $56 \div 7 =$

㉙ $63 \div 9 =$

㉚ $72 \div 8 =$

㉛ $81 \div 9 =$

화살표 방향에 따라 나눗셈식을 세워!

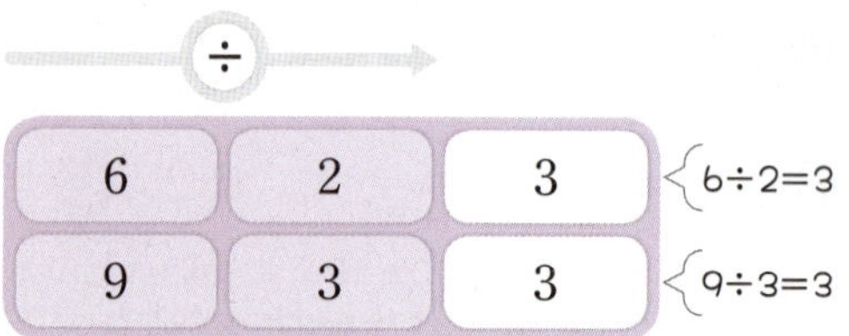

○ 빈칸에 알맞은 수를 써넣으시오.

1
÷
| 10 | 2 | |
| 15 | 3 | |

4
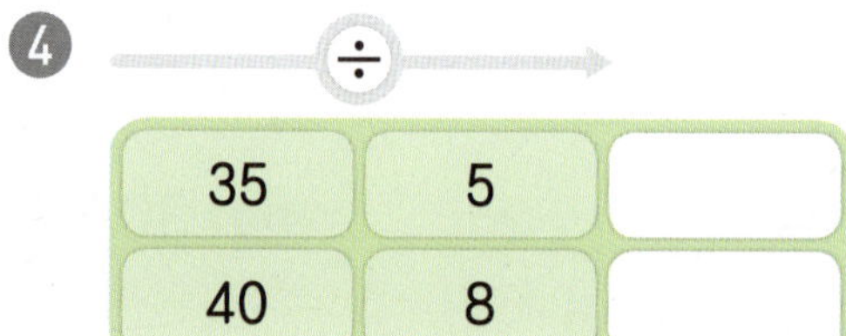

2
÷
| 16 | 4 | |
| 21 | 7 | |

5
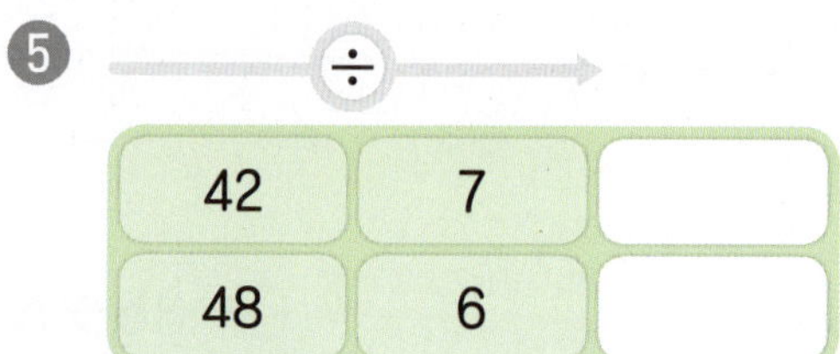

3
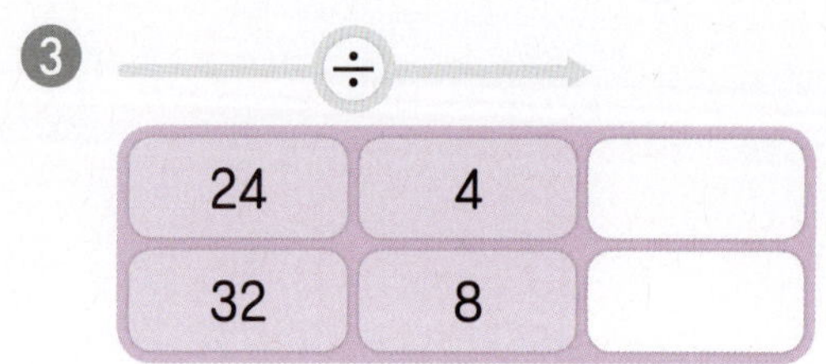

6

6 큰 수를 작은 수로 나눈 몫 구하기

몫
→ **나눗셈식**을 이용해!

● 큰 수를 작은 수로 나눈 몫 구하기

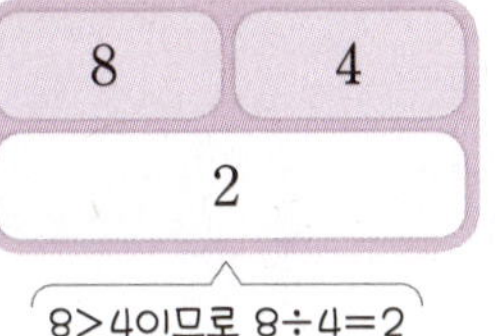

8	4
2	

8>4이므로 8÷4=2

○ 큰 수를 작은 수로 나눈 몫을 빈칸에 써넣으시오.

7

12	2

11

45	5

8

18	3

12

56	7

9

24	6

13

64	8

10

36	4

14

72	9

● 큰 수를 작은 수로 나눈 몫 구하기

곱셈과 나눗셈의 관계를 이용해!

$$\blacksquare \div \blacktriangle = \bullet \rightarrow \blacktriangle \times \bullet = \blacksquare$$

- $\square \div 2 = 6$에서 $\square$의 값 구하기

$\square \div 2 = 6$

⇨ 곱셈과 나눗셈의 관계를 이용하면
$2 \times 6 = \square$, $\square = 12$

- $12 \div \square = 6$에서 $\square$의 값 구하기

$12 \div \square = 6$

⇨ 곱셈과 나눗셈의 관계를 이용하면
$\square \times 6 = 12$에서 $\boxed{2} \times 6 = 12$이므로
$\square = 2$

○ 어떤 수($\square$)를 구해 보시오.

❶ $\square \div 2 = 7$

❷ $\square \div 4 = 6$

❸ $\square \div 6 = 7$

❹ $\square \div 8 = 5$

❺ $\square \div 9 = 6$

❻ $18 \div \square = 6$

❼ $35 \div \square = 7$

❽ $56 \div \square = 8$

❾ $63 \div \square = 7$

❿ $72 \div \square = 9$

⑪ $\boxed{} \div 3 = 4$

⑰ $16 \div \boxed{} = 8$

⑫ $\boxed{} \div 4 = 5$

⑱ $24 \div \boxed{} = 3$

⑬ $\boxed{} \div 5 = 5$

⑲ $32 \div \boxed{} = 8$

⑭ $\boxed{} \div 9 = 4$

⑳ $49 \div \boxed{} = 7$

⑮ $\boxed{} \div 6 = 8$

㉑ $54 \div \boxed{} = 6$

⑯ $\boxed{} \div 8 = 8$

㉒ $81 \div \boxed{} = 9$

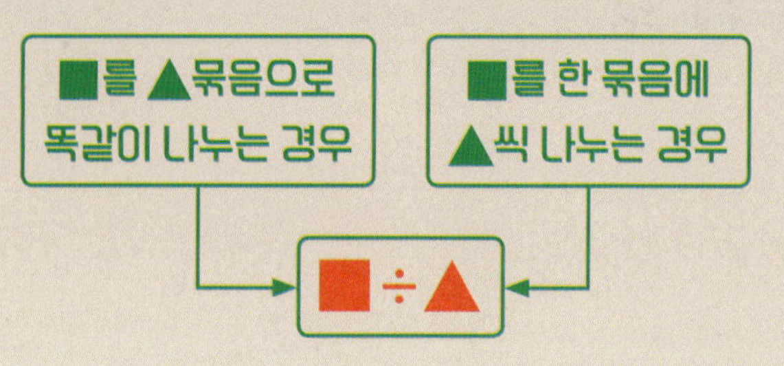

● 문제를 읽고 식을 세워 답 구하기

사탕 12개를 4명이 똑같이 나누어 가지려고 합니다.
한 명이 사탕을 몇 개씩 가질 수 있습니까?

식 $12 \div 4 = 3$

답 3개

---

1 색종이 20장을 5명이 똑같이 나누어 가지려고 합니다.
한 명이 색종이를 몇 장씩 가질 수 있습니까?

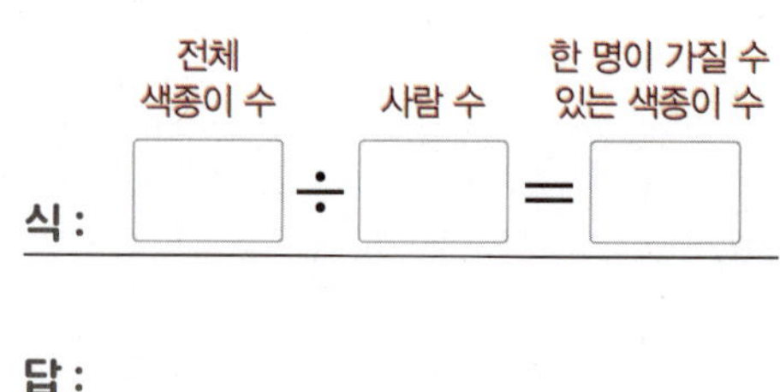

---

2 아이스크림 21개를 한 명에게 3개씩 주려고 합니다.
몇 명에게 나누어 줄 수 있습니까?

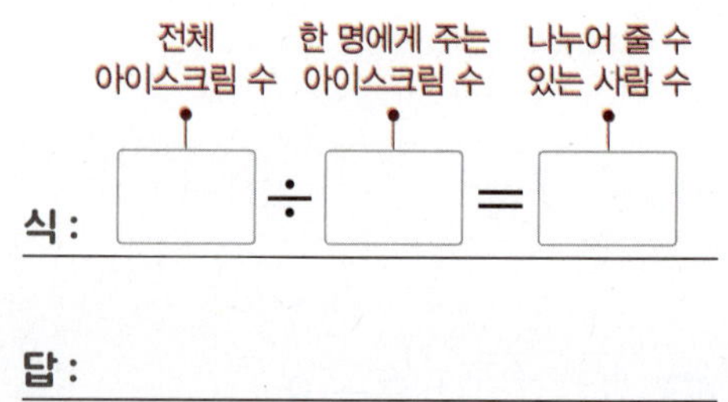

---

3 장미꽃 32송이를 한 꽃병에 4송이씩 꽂으려고 합니다.
꽃병은 몇 개 필요합니까?

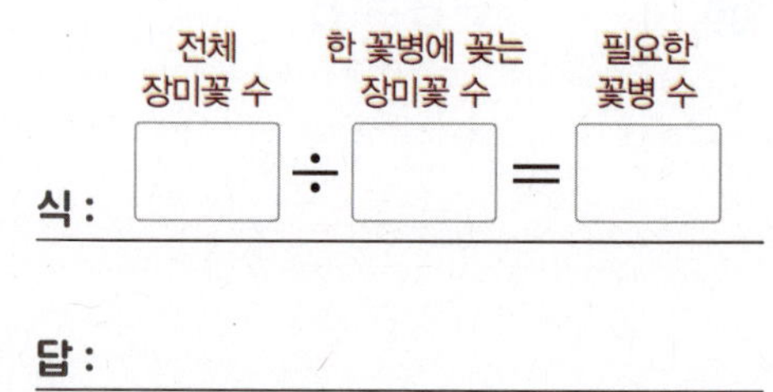

④ 고구마 35개를 7접시에 똑같이 나누어 담으려고 합니다.
한 접시에 고구마를 몇 개씩 담을 수 있습니까?

식 : _______________________

답 : _______________________

⑤ 훌라후프 36개를 6모둠에 똑같이 나누어 주려고 합니다.
한 모둠이 훌라후프를 몇 개씩 가질 수 있습니까?

식 : _______________________

답 : _______________________

⑥ 공깃돌 48개를 한 봉지에 8개씩 담으려고 합니다.
봉지는 몇 봉지 필요합니까?

식 : _______________________

답 : _______________________

⑦ 63쪽짜리 책을 하루에 9쪽씩 매일 읽으려고 합니다.
이 책을 모두 읽으려면 며칠이 걸립니까?

식 : _______________________

답 : _______________________

문제 파헤치기

구슬이 한 봉지에
■개씩 ▲봉지 있습니다.

이 구슬을 ★명이 똑같이
나누어 가지려고 합니다.
한 명이 구슬을 몇 개씩
가질 수 있습니까?

⇨

풀이

전체 구슬 수:
■ × ▲ = ●

한 명이 가질 수
있는 구슬 수:
● ÷ ★

● 문제를 읽고 해결하기

구슬이 한 봉지에 8개씩 2봉지 있습니다.
이 구슬을 4명이 똑같이 나누어 가지려고 합니다.
한 명이 구슬을 몇 개씩 가질 수 있습니까?

풀이 (전체 구슬 수)$=8 \times 2 = 16$(개)
⇨ (한 명이 가질 수 있는 구슬 수)
$=16 \div 4 = 4$(개)

답 4개

---

① 쿠키가 한 접시에 4개씩 3접시 있습니다.
이 쿠키를 6명이 똑같이 나누어 먹으려고 합니다.
한 명이 쿠키를 몇 개씩 먹을 수 있습니까?

 풀이 공간

(전체 쿠키 수)$=4 \times 3 =$ ☐ (개)
⇨ (한 명이 먹을 수 있는 쿠키 수)
$=$ ☐ $\div 6 =$ ☐ (개)

답 : ________________

---

② 연필이 한 묶음에 9자루씩 2묶음 있습니다.
이 연필을 한 명에게 3자루씩 주려고 합니다.
몇 명에게 나누어 줄 수 있습니까?

(전체 연필 수)$=9 \times 2 =$ ☐ (자루)
⇨ (나누어 줄 수 있는 사람 수)
$=$ ☐ $\div 3 =$ ☐ (명)

답 : ________________

❸ 금붕어가 한 봉지에 4마리씩 4봉지 있습니다.
이 금붕어를 어항 2개에 똑같이 나누어 넣으려고 합니다.
한 어항에 금붕어를 몇 마리씩 넣을 수 있습니까?

답 : ___________________

❹ 오렌지가 한 상자에 8개씩 3상자 있습니다.
이 오렌지를 한 바구니에 6개씩 담으려고 합니다.
바구니는 몇 개가 필요합니까?

답 : ___________________

❺ 학생들이 한 줄에 6명씩 6줄로 서 있습니다.
이 학생들이 한 줄에 4명씩 다시 서려고 합니다.
학생들은 몇 줄로 서야 합니까?

답 : ___________________

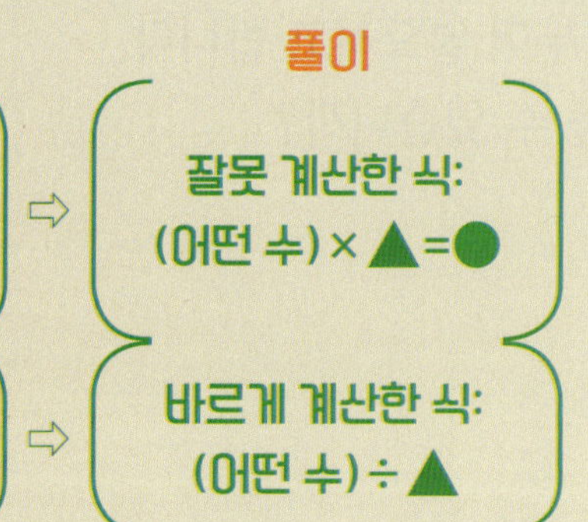

문제 파헤치기

어떤 수를 ▲ 로 나누어야 할 것을 잘못하여 곱했더니 ●가 되었습니다.

바르게 계산하면 몫은 얼마입니까?

풀이

잘못 계산한 식:
(어떤 수) × ▲ = ●

바르게 계산한 식:
(어떤 수) ÷ ▲

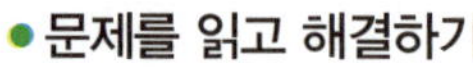
● 문제를 읽고 해결하기

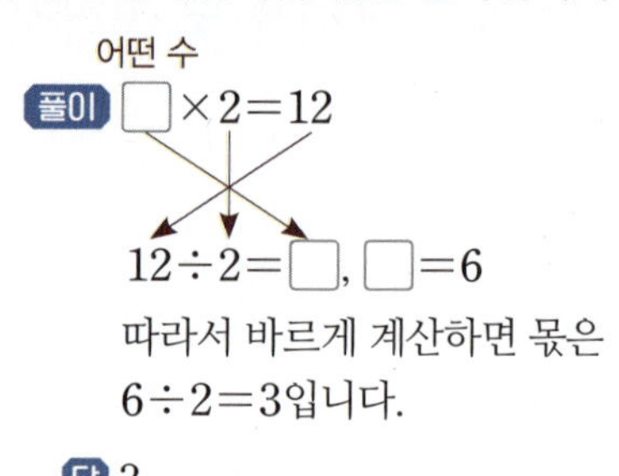

어떤 수를 2로 나누어야 할 것을 잘못하여 곱했더니 12가 되었습니다.
바르게 계산하면 몫은 얼마입니까?

어떤 수
풀이 □ × 2 = 12

12 ÷ 2 = □ , □ = 6
따라서 바르게 계산하면 몫은
6 ÷ 2 = 3입니다.

답 3

---

1 어떤 수를 2로 나누어야 할 것을 잘못하여 곱했더니 16이 되었습니다.
바르게 계산하면 몫은 얼마입니까?

✏️ 풀이 공간

어떤 수
■ × 2 = [ ]

⇨ [ ] ÷ 2 = ■ , ■ = [ ]

따라서 바르게 계산하면 몫은 [ ] ÷ 2 = [ ] 입니다.

답 : ______________

---

2 어떤 수를 4로 나누어야 할 것을 잘못하여 3으로 나누었더니 몫이 8이 되었습니다.
바르게 계산하면 몫은 얼마입니까?

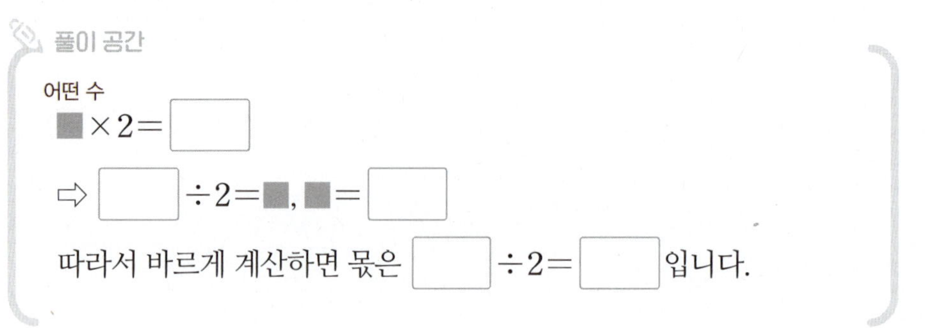

어떤 수
■ ÷ 3 = [ ]

⇨ 3 × [ ] = ■ , ■ = [ ]

따라서 바르게 계산하면 몫은 [ ] ÷ 4 = [ ] 입니다.

답 : ______________

❸ 어떤 수를 3으로 나누어야 할 것을 잘못하여 곱했더니 27이 되었습니다.
바르게 계산하면 몫은 얼마입니까?

답 : ____________________

❹ 어떤 수를 4로 나누어야 할 것을 잘못하여 곱했더니 32가 되었습니다.
바르게 계산하면 몫은 얼마입니까?

답 : ____________________

❺ 어떤 수를 9로 나누어야 할 것을 잘못하여 6으로 나누었더니 몫이 6이 되었습니다.
바르게 계산하면 몫은 얼마입니까?

답 : ____________________

○ 채소를 바구니 4개에 똑같이 나누어 담으려고 합니다. 한 바구니에 채소를 몇 개씩 담을 수 있는지 나눗셈식으로 나타내어 보시오.

1 

$$8 \div 4 = \boxed{}$$

2 

$$12 \div \boxed{} = \boxed{}$$

○ 학용품을 한 명에게 5개씩 주려고 합니다. 몇 명에게 나누어 줄 수 있는지 나눗셈식으로 나타내어 보시오.

3 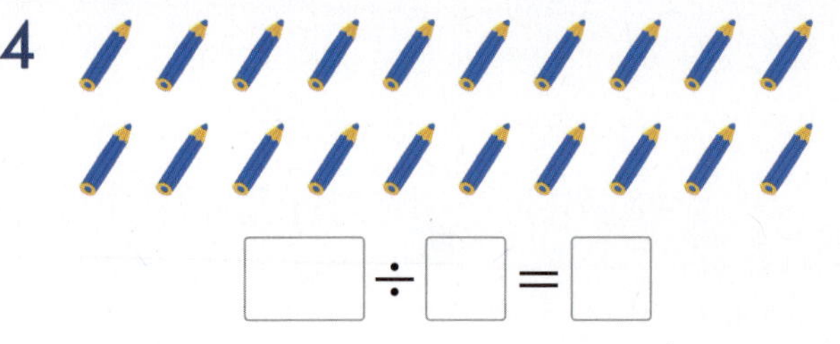

$$15 \div 5 = \boxed{}$$

4

$$\boxed{} \div \boxed{} = \boxed{}$$

○ 곱셈식을 나눗셈식으로, 나눗셈식을 곱셈식으로 나타내어 보시오.

5 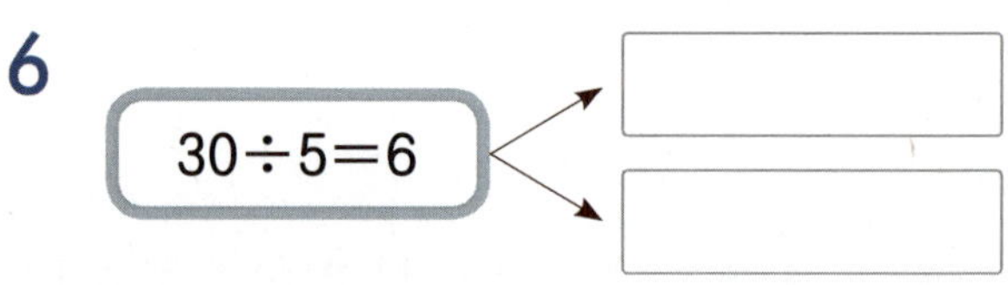

$$2 \times 8 = 16$$

6

$$30 \div 5 = 6$$

○ 나눗셈의 몫을 구해 보시오.

7 $10 \div 2 = \boxed{} \Rightarrow 2 \times \boxed{} = 10$

8 $24 \div 4 = \boxed{} \Rightarrow 4 \times \boxed{} = 24$

9 $42 \div 6 =$

10 $63 \div 7 =$

11 초콜릿 27개를 9명이 똑같이 나누어 먹으려고 합니다. 한 명이 초콜릿을 몇 개씩 먹을 수 있습니까?

식 ________________

답 ________________

12 옥수수 40개를 한 봉지에 5개씩 담으려고 합니다. 봉지는 몇 봉지 필요합니까?

식 ________________

답 ________________

13 우유가 한 줄에 6개씩 4줄 있습니다. 이 우유를 상자 3개에 똑같이 나누어 담으려고 합니다. 한 상자에 우유를 몇 개씩 담을 수 있습니까?

(   )

14 딱지가 9장씩 4묶음 있습니다. 이 딱지를 한 모둠에 6장씩 주려고 합니다. 몇 모둠에게 나누어 줄 수 있습니까?

(   )

15 어떤 수를 3으로 나누어야 할 것을 잘못하여 곱했더니 18이 되었습니다. 바르게 계산하면 몫은 얼마입니까?

(   )

16 어떤 수를 8로 나누어야 할 것을 잘못하여 4로 나누었더니 몫이 6이 되었습니다. 바르게 계산하면 몫은 얼마입니까?

(   )

곱셈

학습 내용	일 차	맞힌 개수	걸린 시간
① (몇십) × (몇)	1일 차	/33개	/9분
② 올림이 없는 (몇십몇) × (몇)	2일 차	/33개	/9분
③ 십의 자리에서 올림이 있는 (몇십몇) × (몇)	3일 차	/33개	/11분
④ 일의 자리에서 올림이 있는 (몇십몇) × (몇)	4일 차	/33개	/11분
⑤ 십, 일의 자리에서 올림이 있는 (몇십몇) × (몇)	5일 차	/33개	/11분
⑥ 그림에서 두 수의 곱셈하기	6일 차	/14개	/10분
⑦ 두 수의 곱 구하기			

(몇)×(몇)을 계산한 값에
0을 1개 붙여!

- **30×2의 계산**

$3×2=6$에 0을 1개 붙입니다.

$$\begin{array}{r} 3\ 0 \\ \times\ \ \ 2 \\ \hline 6\ 0 \end{array}$$

0을 1개 붙입니다.

$3×2=6$

0을 1개 붙입니다.

$30×2=60$

$3×2=6$

○ 계산해 보시오.

1
$$\begin{array}{r} 1\ 0 \\ \times\ \ \ 4 \\ \hline \end{array}$$

2
$$\begin{array}{r} 2\ 0 \\ \times\ \ \ 3 \\ \hline \end{array}$$

3
$$\begin{array}{r} 2\ 0 \\ \times\ \ \ 7 \\ \hline \end{array}$$

4
$$\begin{array}{r} 3\ 0 \\ \times\ \ \ 5 \\ \hline \end{array}$$

5
$$\begin{array}{r} 4\ 0 \\ \times\ \ \ 6 \\ \hline \end{array}$$

6
$$\begin{array}{r} 5\ 0 \\ \times\ \ \ 2 \\ \hline \end{array}$$

7
$$\begin{array}{r} 5\ 0 \\ \times\ \ \ 8 \\ \hline \end{array}$$

8
$$\begin{array}{r} 6\ 0 \\ \times\ \ \ 5 \\ \hline \end{array}$$

9
$$\begin{array}{r} 7\ 0 \\ \times\ \ \ 3 \\ \hline \end{array}$$

10
$$\begin{array}{r} 8\ 0 \\ \times\ \ \ 4 \\ \hline \end{array}$$

11
$$\begin{array}{r} 8\ 0 \\ \times\ \ \ 9 \\ \hline \end{array}$$

12
$$\begin{array}{r} 9\ 0 \\ \times\ \ \ 7 \\ \hline \end{array}$$

⑬ $10 \times 2 =$

⑭ $10 \times 7 =$

⑮ $20 \times 4 =$

⑯ $20 \times 5 =$

⑰ $30 \times 4 =$

⑱ $30 \times 9 =$

⑲ $40 \times 3 =$

⑳ $40 \times 8 =$

㉑ $40 \times 9 =$

㉒ $50 \times 4 =$

㉓ $50 \times 7 =$

㉔ $60 \times 2 =$

㉕ $60 \times 3 =$

㉖ $60 \times 6 =$

㉗ $70 \times 4 =$

㉘ $70 \times 5 =$

㉙ $70 \times 8 =$

㉚ $80 \times 3 =$

㉛ $80 \times 7 =$

㉜ $90 \times 6 =$

㉝ $90 \times 9 =$

일의 자리의 곱은
일의 자리에 쓰고,
십의 자리의 곱은
십의 자리에 써!

● 12×3의 계산

① 2×3=6을 일의 자리에 씁니다.
② 1×3=3을 십의 자리에 씁니다.

$$
\begin{array}{r}
1\ 2 \\
\times\quad 3 \\
\hline
3\ 6
\end{array}
$$

2×3=6
1×3=3

○ 계산해 보시오.

❶
$$
\begin{array}{r}
1\ 1 \\
\times\quad 3 \\
\hline
\end{array}
$$

❷
$$
\begin{array}{r}
1\ 1 \\
\times\quad 5 \\
\hline
\end{array}
$$

❸
$$
\begin{array}{r}
1\ 1 \\
\times\quad 8 \\
\hline
\end{array}
$$

❹
$$
\begin{array}{r}
1\ 2 \\
\times\quad 4 \\
\hline
\end{array}
$$

❺
$$
\begin{array}{r}
1\ 3 \\
\times\quad 2 \\
\hline
\end{array}
$$

❻
$$
\begin{array}{r}
2\ 1 \\
\times\quad 2 \\
\hline
\end{array}
$$

❼
$$
\begin{array}{r}
2\ 2 \\
\times\quad 2 \\
\hline
\end{array}
$$

❽
$$
\begin{array}{r}
2\ 3 \\
\times\quad 3 \\
\hline
\end{array}
$$

❾
$$
\begin{array}{r}
3\ 1 \\
\times\quad 2 \\
\hline
\end{array}
$$

❿
$$
\begin{array}{r}
3\ 2 \\
\times\quad 3 \\
\hline
\end{array}
$$

⓫
$$
\begin{array}{r}
4\ 1 \\
\times\quad 2 \\
\hline
\end{array}
$$

⓬
$$
\begin{array}{r}
4\ 4 \\
\times\quad 2 \\
\hline
\end{array}
$$

⑬ $11 \times 2 =$

⑭ $11 \times 4 =$

⑮ $11 \times 7 =$

⑯ $11 \times 9 =$

⑰ $12 \times 2 =$

⑱ $12 \times 3 =$

⑲ $13 \times 3 =$

⑳ $14 \times 2 =$

㉑ $21 \times 3 =$

㉒ $21 \times 4 =$

㉓ $22 \times 3 =$

㉔ $22 \times 4 =$

㉕ $23 \times 2 =$

㉖ $24 \times 2 =$

㉗ $31 \times 3 =$

㉘ $32 \times 2 =$

㉙ $33 \times 2 =$

㉚ $33 \times 3 =$

㉛ $34 \times 2 =$

㉜ $42 \times 2 =$

㉝ $43 \times 2 =$

십의 자리에서 올림한 수는 백의 자리에 써!

- **21 × 8의 계산**

① 1×8=8을 일의 자리에 씁니다.

② 2×8=16에서 6은 십의 자리에, 1은 백의 자리에 씁니다.

$$\begin{array}{r} 2\ 1 \\ \times\ \ \ 8 \\ \hline 1\ 6\ 8 \end{array}$$

- 1×8=8
- 2×8=16

○ 계산해 보시오.

1
$$\begin{array}{r} 2\ 1 \\ \times\ \ \ 6 \\ \hline \end{array}$$

2
$$\begin{array}{r} 3\ 1 \\ \times\ \ \ 8 \\ \hline \end{array}$$

3
$$\begin{array}{r} 3\ 2 \\ \times\ \ \ 4 \\ \hline \end{array}$$

4
$$\begin{array}{r} 4\ 1 \\ \times\ \ \ 3 \\ \hline \end{array}$$

5
$$\begin{array}{r} 4\ 2 \\ \times\ \ \ 3 \\ \hline \end{array}$$

6
$$\begin{array}{r} 5\ 3 \\ \times\ \ \ 2 \\ \hline \end{array}$$

7
$$\begin{array}{r} 6\ 2 \\ \times\ \ \ 4 \\ \hline \end{array}$$

8
$$\begin{array}{r} 7\ 4 \\ \times\ \ \ 2 \\ \hline \end{array}$$

9
$$\begin{array}{r} 8\ 1 \\ \times\ \ \ 9 \\ \hline \end{array}$$

10
$$\begin{array}{r} 8\ 2 \\ \times\ \ \ 3 \\ \hline \end{array}$$

11
$$\begin{array}{r} 9\ 1 \\ \times\ \ \ 5 \\ \hline \end{array}$$

12
$$\begin{array}{r} 9\ 3 \\ \times\ \ \ 3 \\ \hline \end{array}$$

⑬ 21×5=

⑳ 52×4=

㉗ 72×2=

⑭ 21×7=

㉑ 53×3=

㉘ 73×3=

⑮ 31×5=

㉒ 54×2=

㉙ 82×4=

⑯ 31×9=

㉓ 61×8=

㉚ 83×3=

⑰ 41×6=

㉔ 63×3=

㉛ 84×2=

⑱ 42×4=

㉕ 64×2=

㉜ 92×4=

⑲ 43×3=

㉖ 71×5=

㉝ 94×2=

일의 자리에서
올림한 수는
십의 자리의 곱에 더해!

● **16 × 3의 계산**

① $6 × 3 = 18$에서 8은 일의 자리에 쓰고, 1은 올림하여 십의 자리 위에 작게 씁니다.

② $1 × 3 = 3$에 올림한 수 1을 더하여 십의 자리에 씁니다.

$$\begin{array}{r} \overset{1}{1}\ 6 \\ \times \quad 3 \\ \hline 4\ 8 \end{array}$$

$6 × 3 = 18$
$1 × 3 = 3,\ 3 + 1 = 4$

○ 계산해 보시오.

①
$$\begin{array}{r} 1\ 2 \\ \times \quad 5 \\ \hline \end{array}$$

②
$$\begin{array}{r} 1\ 3 \\ \times \quad 6 \\ \hline \end{array}$$

③
$$\begin{array}{r} 1\ 4 \\ \times \quad 3 \\ \hline \end{array}$$

④
$$\begin{array}{r} 1\ 5 \\ \times \quad 2 \\ \hline \end{array}$$

⑤
$$\begin{array}{r} 1\ 6 \\ \times \quad 4 \\ \hline \end{array}$$

⑥
$$\begin{array}{r} 1\ 7 \\ \times \quad 3 \\ \hline \end{array}$$

⑦
$$\begin{array}{r} 1\ 8 \\ \times \quad 5 \\ \hline \end{array}$$

⑧
$$\begin{array}{r} 1\ 9 \\ \times \quad 4 \\ \hline \end{array}$$

⑨
$$\begin{array}{r} 2\ 3 \\ \times \quad 4 \\ \hline \end{array}$$

⑩
$$\begin{array}{r} 2\ 7 \\ \times \quad 3 \\ \hline \end{array}$$

⑪
$$\begin{array}{r} 3\ 5 \\ \times \quad 2 \\ \hline \end{array}$$

⑫
$$\begin{array}{r} 4\ 6 \\ \times \quad 2 \\ \hline \end{array}$$

⑬ $12 \times 7 =$

⑭ $12 \times 8 =$

⑮ $13 \times 4 =$

⑯ $14 \times 5 =$

⑰ $14 \times 6 =$

⑱ $15 \times 3 =$

⑲ $16 \times 2 =$

⑳ $16 \times 6 =$

㉑ $17 \times 2 =$

㉒ $17 \times 5 =$

㉓ $18 \times 3 =$

㉔ $18 \times 4 =$

㉕ $19 \times 2 =$

㉖ $19 \times 5 =$

㉗ $24 \times 4 =$

㉘ $25 \times 3 =$

㉙ $29 \times 3 =$

㉚ $37 \times 2 =$

㉛ $39 \times 2 =$

㉜ $45 \times 2 =$

㉝ $48 \times 2 =$

일의 자리에서 올림한 수는
십의 자리의 곱에 더하고,

십의 자리에서 올림한 수는
백의 자리에 써!

● 23×7의 계산

① 3×7=21에서 1은 일의 자리에 쓰고, 2는 올림하여 십의 자리 위에 작게 씁니다.

② 2×7=14에 올림한 수 2를 더한 16에서 6은 십의 자리에, 1은 백의 자리에 씁니다.

$$
\begin{array}{r}
{\overset{2}{}}\ \ \ \\
2\ 3 \\
\times\quad 7 \\
\hline
1\ 6\ 1
\end{array}
$$

● 3×7=21
● 2×7=14, 14+2=16

○ 계산해 보시오.

❶
$$\begin{array}{r} 1\ 2 \\ \times\ 9 \\ \hline \end{array}$$

❷
$$\begin{array}{r} 1\ 5 \\ \times\ 8 \\ \hline \end{array}$$

❸
$$\begin{array}{r} 2\ 4 \\ \times\ 5 \\ \hline \end{array}$$

❹
$$\begin{array}{r} 2\ 7 \\ \times\ 7 \\ \hline \end{array}$$

❺
$$\begin{array}{r} 3\ 3 \\ \times\ 4 \\ \hline \end{array}$$

❻
$$\begin{array}{r} 3\ 6 \\ \times\ 6 \\ \hline \end{array}$$

❼
$$\begin{array}{r} 4\ 2 \\ \times\ 8 \\ \hline \end{array}$$

❽
$$\begin{array}{r} 5\ 7 \\ \times\ 9 \\ \hline \end{array}$$

❾
$$\begin{array}{r} 6\ 8 \\ \times\ 3 \\ \hline \end{array}$$

❿
$$\begin{array}{r} 7\ 3 \\ \times\ 5 \\ \hline \end{array}$$

⓫
$$\begin{array}{r} 8\ 4 \\ \times\ 7 \\ \hline \end{array}$$

⓬
$$\begin{array}{r} 9\ 5 \\ \times\ 4 \\ \hline \end{array}$$

⑬ $13 \times 8 =$

⑭ $18 \times 7 =$

⑮ $23 \times 5 =$

⑯ $26 \times 4 =$

⑰ $32 \times 6 =$

⑱ $35 \times 9 =$

⑲ $39 \times 3 =$

⑳ $44 \times 5 =$

㉑ $47 \times 3 =$

㉒ $48 \times 4 =$

㉓ $53 \times 6 =$

㉔ $54 \times 8 =$

㉕ $62 \times 7 =$

㉖ $65 \times 9 =$

㉗ $69 \times 2 =$

㉘ $72 \times 6 =$

㉙ $75 \times 5 =$

㉚ $78 \times 4 =$

㉛ $83 \times 7 =$

㉜ $87 \times 2 =$

㉝ $98 \times 3 =$

화살표 방향에 따라 곱셈식을 세워!

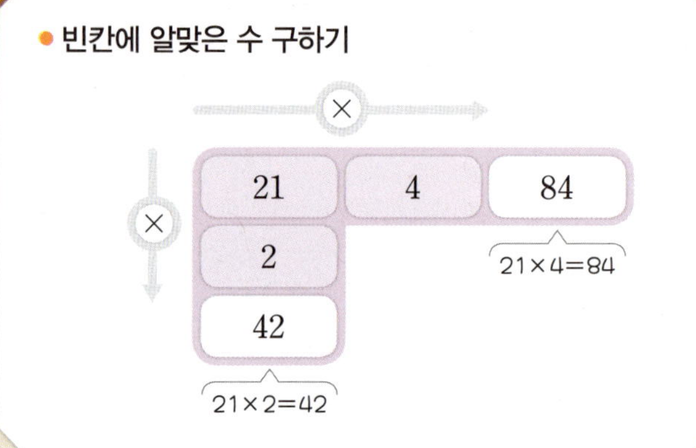

○ 빈칸에 알맞은 수를 써넣으시오.

1

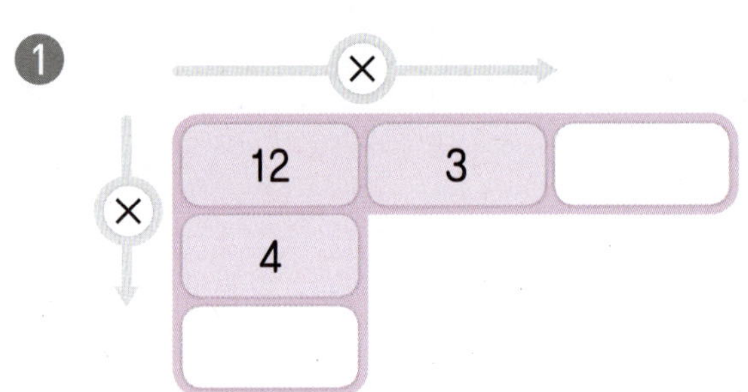

4

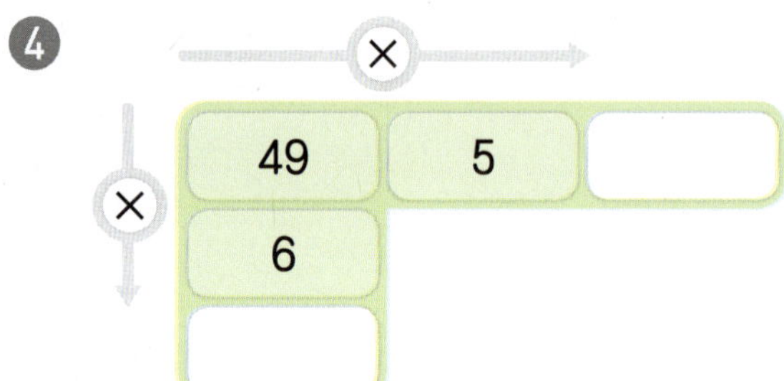

2

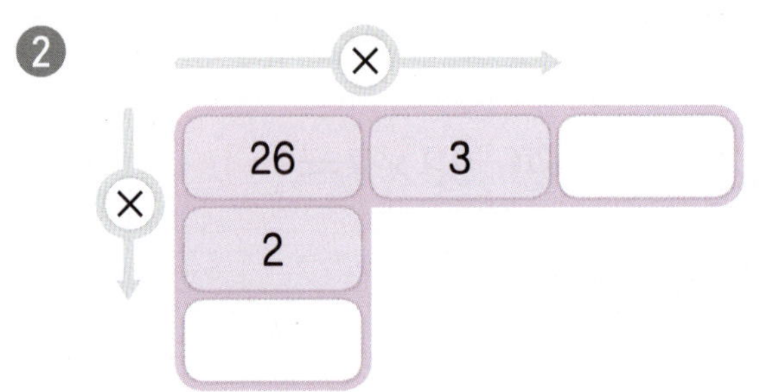

5

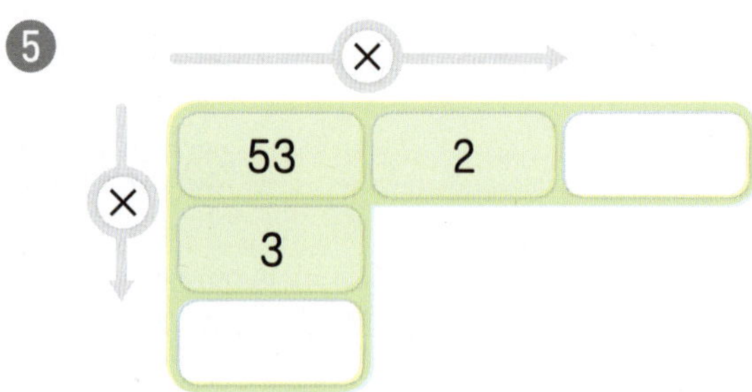

3

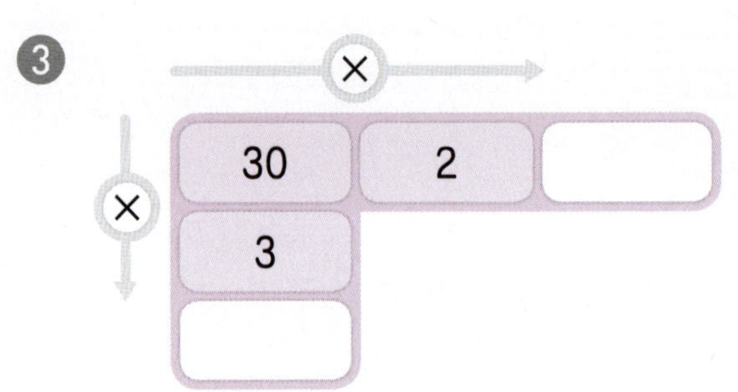

6

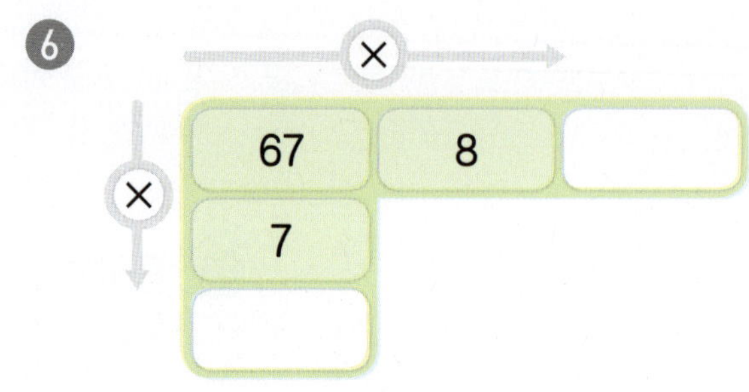

7 두 수의 곱 구하기

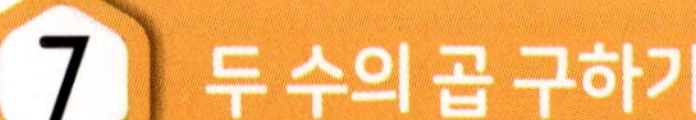

곱
→ **곱셈식**을 이용해!

● 두 수의 곱 구하기

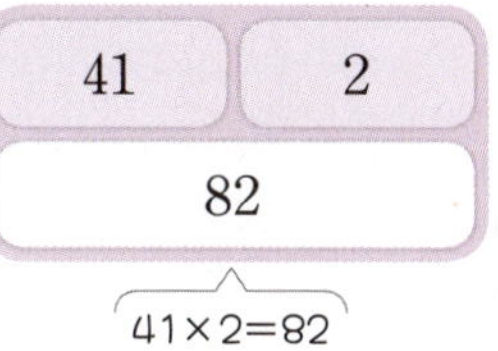

○ 두 수의 곱을 빈칸에 써넣으시오.

❼

13	3

⑪

51	6

❽

29	3

⑫

62	4

❾

37	2

⑬

64	8

❿

40	2

⑭

75	9

●×▲에서 ●를
몇십으로 **만들기** 위해
■만큼 더했으면
계산 결과에서 ■×▲만큼 빼!

● 19×4의 계산

19에 1을 더해 20을 만듭니다.

$$19 \times 4 = 76$$
$$\downarrow +1 \qquad \uparrow -1 \times 4$$
$$20 \times 4 = 80$$

80에서 1×4를 빼 줍니다.

○ 두 자리 수를 몇십으로 만들어 계산해 보시오.

① $17 \times 7 = \boxed{}$
$\downarrow +3 \qquad \uparrow -3 \times 7$
$20 \times 7 = \boxed{}$

④ $48 \times 9 = \boxed{}$
$\downarrow +2 \qquad \uparrow -2 \times 9$
$50 \times 9 = \boxed{}$

② $29 \times 5 = \boxed{}$
$\downarrow +1 \qquad \uparrow -1 \times 5$
$30 \times 5 = \boxed{}$

⑤ $56 \times 7 = \boxed{}$
$\downarrow +4 \qquad \uparrow -4 \times 7$
$60 \times 7 = \boxed{}$

③ $38 \times 6 = \boxed{}$
$\downarrow +2 \qquad \uparrow -2 \times 6$
$40 \times 6 = \boxed{}$

⑥ $69 \times 3 = \boxed{}$
$\downarrow +1 \qquad \uparrow -1 \times 3$
$70 \times 3 = \boxed{}$

❼ 18 × 9 = ☐

↓ +2   ↑ − 2× ☐

20 × 9 = ☐

❽ 27 × 8 = ☐

↓ +3   ↑ − 3× ☐

30 × 8 = ☐

❾ 39 × 5 = ☐

↓ +1   ↑ − 1× ☐

40 × 5 = ☐

❿ 49 × 3 = ☐

↓ +1   ↑ − 1× ☐

50 × 3 = ☐

⓫ 58 × 6 = ☐

↓ +2   ↑ − 2× ☐

60 × 6 = ☐

⓬ 67 × 4 = ☐

↓ +3   ↑ − 3× ☐

70 × 4 = ☐

⓭ 76 × 6 = ☐

↓ +4   ↑ − 4× ☐

80 × 6 = ☐

⓮ 89 × 7 = ☐

↓ +1   ↑ − 1× ☐

90 × 7 = ☐

올림이 있으면
올림한 수를 주의해!

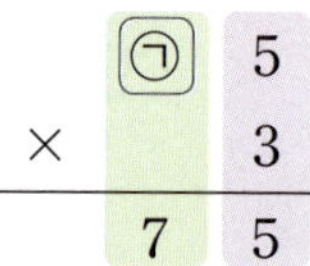

○ 곱셈식을 완성해 보시오.

①
```
  □ 2
×   4
  4 8
```

④
```
  1 □
×   4
  7 2
```

②
```
  □ 4
×   6
  8 4
```

⑤
```
  4 □
×   9
3 7 8
```

③
```
  □ 3
×   7
1 6 1
```

⑥
```
  5 □
×   2
1 0 8
```

7
$$\begin{array}{r} 1\ 3 \\ \times\ \boxed{} \\ \hline 3\ 9 \end{array}$$

11
$$\begin{array}{r} 6\ 4 \\ \times\ \boxed{} \\ \hline 1\ 2\ 8 \end{array}$$

8
$$\begin{array}{r} 2\ 7 \\ \times\ \boxed{} \\ \hline 8\ 1 \end{array}$$

12
$$\begin{array}{r} 7\ 2 \\ \times\ \boxed{} \\ \hline 2\ 1\ 6 \end{array}$$

9
$$\begin{array}{r} 4\ 9 \\ \times\ \boxed{} \\ \hline 2\ 4\ 5 \end{array}$$

13
$$\begin{array}{r} 8\ 2 \\ \times\ \boxed{} \\ \hline 5\ 7\ 4 \end{array}$$

10
$$\begin{array}{r} 5\ 3 \\ \times\ \boxed{} \\ \hline 3\ 1\ 8 \end{array}$$

14
$$\begin{array}{r} 9\ 6 \\ \times\ \boxed{} \\ \hline 3\ 8\ 4 \end{array}$$

세 수 ①, ②, ③이 ③ > ② > ① > 0일 때

곱이 가장 큰 (몇십몇) × (몇)

→ 

가장 큰 수

가장 큰 수를 제외하고
만든 큰 두 자리 수

● 수 카드 3장을 한 번씩만 사용하여
곱이 가장 큰 (몇십몇) × (몇) 만들기

- (몇)에 놓이는 수: 3
  가장 큰 수
- (몇십몇)에 놓이는 수: 21
  3을 제외하고
  만든 큰 수

▷ 곱이 가장 큰 곱셈식: 21 × 3 = 63

○ 수 카드 3장을 한 번씩만 사용하여 곱이 가장 큰 (몇십몇) × (몇)을 만들고 계산해 보시오.

❶ 1 4 3

곱셈식 : ______________________

❹ 3 7 6

곱셈식 : ______________________

❷ 9 2 5

곱셈식 : ______________________

❺ 8 5 4

곱셈식 : ______________________

❸ 7 3 8

곱셈식 : ______________________

❻ 7 6 9

곱셈식 : ______________________

11 곱이 가장 작은 곱셈식 만들기

세 수 ①, ②, ③이 ③ > ② > ① > 0일 때

곱이 가장 작은 (몇십몇)×(몇)

→ ②③×①

가장 작은 수

가장 작은 수를 제외하고 만든 작은 두 자리 수

● 수 카드 3장을 한 번씩만 사용하여 곱이 가장 작은 (몇십몇)×(몇) 만들기

2 3 4

· (몇)에 놓이는 수: 2
    └ 가장 작은 수
· (몇십몇)에 놓이는 수: 34
    └ 2를 제외하고 만든 작은 수
⇨ 곱이 가장 작은 곱셈식: 34×2=68

○ 수 카드 3장을 한 번씩만 사용하여 곱이 가장 작은 (몇십몇)×(몇)을 만들고 계산해 보시오.

❼ 4 2 5

곱셈식 : ____________________

❿ 8 5 6

곱셈식 : ____________________

❽ 3 9 6

곱셈식 : ____________________

⓫ 6 7 8

곱셈식 : ____________________

❾ 7 5 4

곱셈식 : ____________________

⓬ 8 9 7

곱셈식 : ____________________

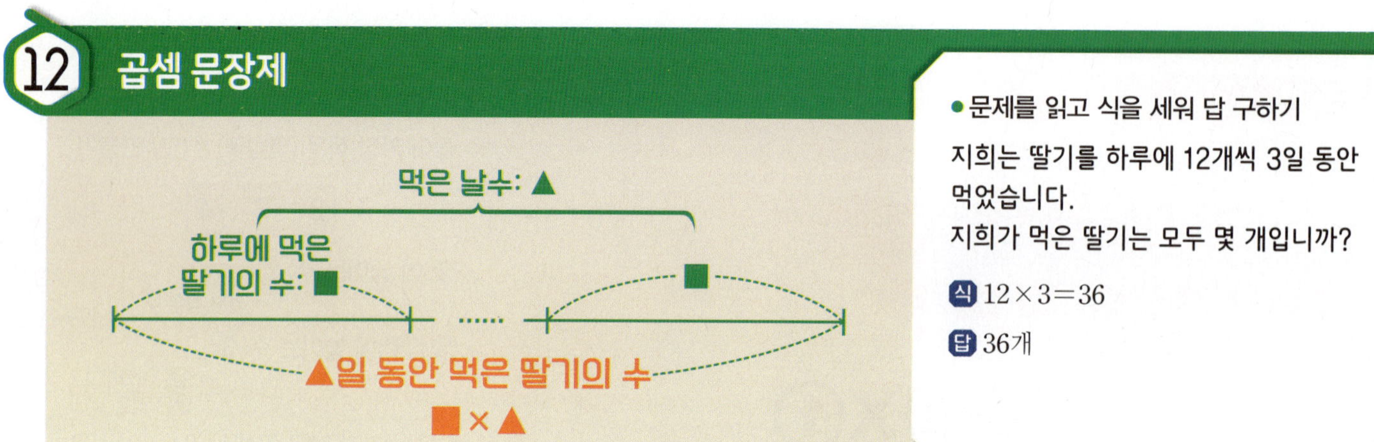

1 한 상자에 귤이 30개씩 들어 있습니다. 2상자에 들어 있는 귤은 모두 몇 개입니까?

2 주하네 반 학생 23명에게 연필을 3자루씩 주려면 필요한 연필은 모두 몇 자루입니까?

3 소윤이는 한 봉지에 42개씩 들어 있는 구슬을 4봉지 샀습니다.
소윤이가 산 구슬은 모두 몇 개입니까?

④ 책꽂이 한 칸에 책이 39권씩 꽂혀 있습니다.
책꽂이 2칸에 꽂혀 있는 책은 모두 몇 권입니까?

식 :

답 :

⑤ 현석이는 동화책을 하루에 18쪽씩 7일 동안 읽었습니다.
현석이가 읽은 동화책은 모두 몇 쪽입니까?

식 :

답 :

⑥ 꽃 가게에서 한 다발에 25송이씩 들어 있는 장미를 9다발 팔았습니다.
꽃 가게에서 판 장미는 모두 몇 송이입니까?

식 :

답 :

⑦ 종찬이는 길이가 83 cm인 털실을 8개 가지고 있습니다.
종찬이가 가지고 있는 털실은 모두 몇 cm입니까?

식 :

답 :

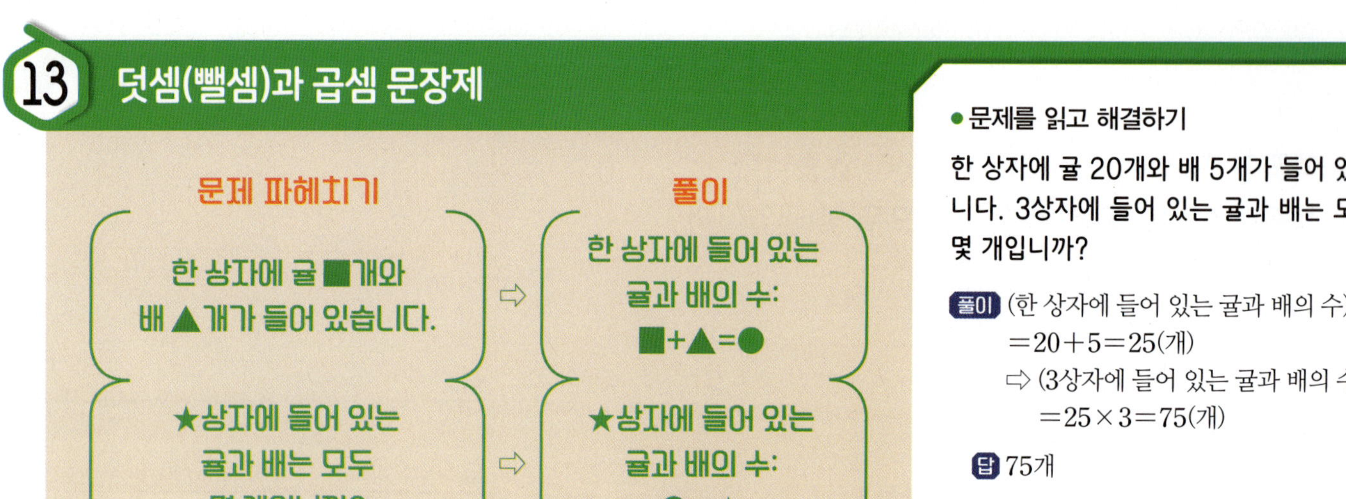

1 윤아네 반에는 여학생이 17명, 남학생이 19명 있습니다.
윤아네 반 학생들에게 공책을 2권씩 주려면 필요한 공책은 모두 몇 권입니까?

풀이 공간

(윤아네 반의 학생 수)=17+ □ = □ (명)

⇨ (필요한 공책의 수)= □ ×2= □ (권)

답 : ___________

2 과일 가게에서 포도 50상자 중에서 26상자를 팔았습니다.
포도가 한 상자에 5송이씩 들어 있다면 팔고 남은 포도는 몇 송이입니까?

(팔고 남은 포도 상자의 수)=50− □ = □ (상자)

⇨ (팔고 남은 포도의 수)= □ ×5= □ (송이)

답 : ___________

❸ 사탕을 은미는 22개 가지고 있고, 동현이는 은미보다 19개 더 많이 가지고 있습니다.
찬호가 가지고 있는 사탕 수는 동현이가 가지고 있는 사탕 수의 2배입니다.
찬호가 가지고 있는 사탕은 모두 몇 개입니까?

답 : _______________

❹ 현수는 색종이 36묶음 중에서 동생에게 13묶음을 주었습니다.
한 묶음에 색종이가 8장씩 들어 있다면 현수에게 남은 색종이는 몇 장입니까?

답 : _______________

❺ 야구공이 한 상자에 15개씩 들어 있습니다.
야구공이 9상자와 5개 더 많이 있을 때 야구공은 모두 몇 개입니까?

답 : _______________

문제를 읽고 해결하기

어떤 수에 5를 곱해야 할 것을
잘못하여 더했더니 57이 되었습니다.
바르게 계산한 값은 얼마입니까?

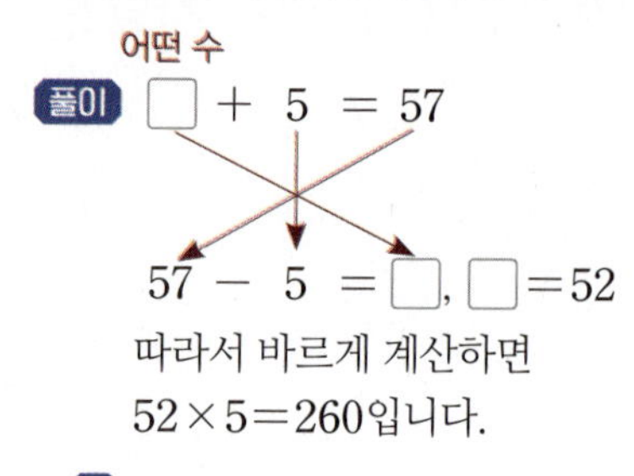

어떤 수

풀이
$$\square + 5 = 57$$
$$57 - 5 = \square, \ \square = 52$$
따라서 바르게 계산하면
$52 \times 5 = 260$입니다.

답 260

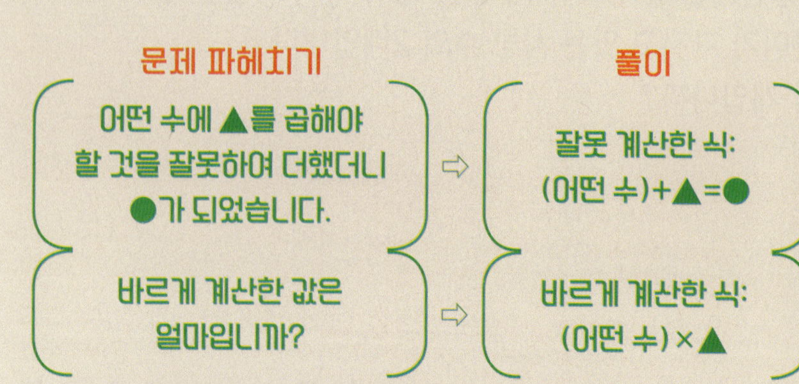

문제 파헤치기

어떤 수에 ▲를 곱해야
할 것을 잘못하여 더했더니
●가 되었습니다.

풀이

잘못 계산한 식:
(어떤 수)+▲=●

바르게 계산한 값은
얼마입니까?

바르게 계산한 식:
(어떤 수)×▲

---

1 어떤 수에 6을 곱해야 할 것을 잘못하여 더했더니 70이 되었습니다.
바르게 계산한 값은 얼마입니까?

풀이 공간

어떤 수
$$\blacksquare + 6 = \square$$
$$\Rightarrow \quad \square - 6 = \blacksquare, \ \blacksquare = \square$$
따라서 바르게 계산하면 $\square \times 6 = \square$ 입니다.

답 : ____________

---

2 어떤 수에 4를 곱해야 할 것을 잘못하여 뺐더니 25가 되었습니다.
바르게 계산한 값은 얼마입니까?

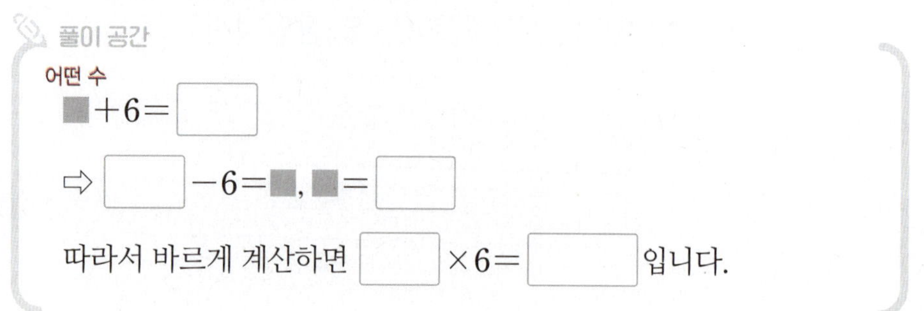

어떤 수
$$\blacksquare - 4 = \square$$
$$\Rightarrow \quad \square + 4 = \blacksquare, \ \blacksquare = \square$$
따라서 바르게 계산하면 $\square \times 4 = \square$ 입니다.

답 : ____________

❸ 어떤 수에 8을 곱해야 할 것을 잘못하여 더했더니 21이 되었습니다.
바르게 계산한 값은 얼마입니까?

답 : ______________

❹ 어떤 수에 9를 곱해야 할 것을 잘못하여 뺐더니 69가 되었습니다.
바르게 계산한 값은 얼마입니까?

답 : ______________

❺ 어떤 수에 3을 곱해야 할 것을 잘못하여 나누었더니 몫이 9가 되었습니다.
바르게 계산한 값은 얼마입니까?

답 : ______________

○ 계산해 보시오.

1
$$\begin{array}{r} 2\,0 \\ \times \quad 4 \\ \hline \end{array}$$

2
$$\begin{array}{r} 3\,2 \\ \times \quad 2 \\ \hline \end{array}$$

3
$$\begin{array}{r} 5\,1 \\ \times \quad 3 \\ \hline \end{array}$$

4
$$\begin{array}{r} 1\,7 \\ \times \quad 4 \\ \hline \end{array}$$

5
$$\begin{array}{r} 4\,9 \\ \times \quad 5 \\ \hline \end{array}$$

6
$$\begin{array}{r} 6\,8 \\ \times \quad 6 \\ \hline \end{array}$$

7 $30 \times 8 =$

8 $23 \times 3 =$

9 $52 \times 3 =$

10 $63 \times 2 =$

11 $15 \times 6 =$

12 $36 \times 2 =$

13 $27 \times 4 =$

14 $56 \times 8 =$

15 시우는 종이배를 41개 접었고, 윤하는 시우가 접은 종이배 수의 2배를 접었습니다. 윤하가 접은 종이배는 모두 몇 개입니까?

식 ___________________________

답 ___________________________

16 재호는 한 봉지에 36개씩 들어 있는 풍선을 4봉지 샀습니다. 재호가 산 풍선은 모두 몇 개입니까?

식 ___________________________

답 ___________________________

17 채연이네 반에는 여학생이 19명, 남학생이 22명 있습니다. 채연이네 반 학생들에게 초콜릿을 3개씩 주려면 필요한 초콜릿은 모두 몇 개입니까?

(   )

18 지원이는 구슬 15상자 중에서 친구에게 3상자를 주었습니다. 한 상자에 구슬이 8개씩 들어 있다면 지원이에게 남은 구슬은 몇 개입니까?

(   )

19 어떤 수에 5를 곱해야 할 것을 잘못하여 더했더니 51이 되었습니다. 바르게 계산한 값은 얼마입니까?

(   )

20 수 카드 3장을 한 번씩만 사용하여 곱이 가장 큰 (몇십몇)×(몇)을 만들고 계산해 보시오.

9   7   5

식 ___________________________

길이와 시간

학습 내용	일 차	맞힌 개수	걸린 시간
① 길이의 단위 1 cm와 1 mm의 관계	1일 차	/22개	/6분
② 길이의 단위 1 km와 1 m의 관계	2일 차	/22개	/6분
③ cm와 mm가 있는 길이의 덧셈과 뺄셈	3일 차	/22개	/10분
④ km와 m가 있는 길이의 덧셈과 뺄셈	4일 차	/22개	/10분
⑤ 길이의 합 구하기	5일 차	/16개	/12분
⑥ 길이의 차 구하기			
⑦ 길이의 덧셈식 완성하기	6일 차	/12개	/12분
⑧ 길이의 뺄셈식 완성하기			
⑨ 길이의 덧셈 문장제	7일 차	/5개	/7분
⑩ 길이의 뺄셈 문장제	8일 차	/5개	/7분

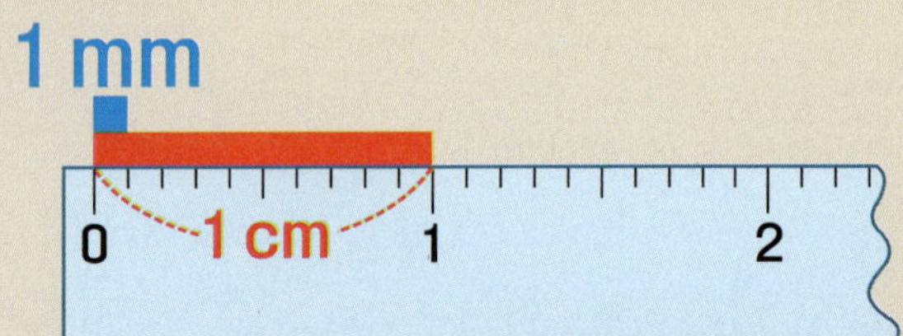

● 1 mm

1 cm를 10칸으로 똑같이 나누었을 때
작은 눈금 한 칸의 길이

⇨ 쓰기 1 mm   읽기 1 밀리미터

$$1\ cm = 10\ mm$$

● '몇 cm 몇 mm'와 '몇 mm'로 나타내기

2 cm보다 3 mm 더 긴 것

⇨ 쓰기 2 cm 3 mm   읽기 2 센티미터 3 밀리미터

$$2\ cm\ 3\ mm = 23\ mm$$

○ cm와 mm의 관계를 알아보려고 합니다. ☐ 안에 알맞은 수를 써넣으시오.

❶ 2 cm = ☐ mm

❷ 10 cm = ☐ mm

❸ 16 cm = ☐ mm

❹ 35 cm = ☐ mm

❺ 1 cm 8 mm = ☐ mm

❻ 6 cm 4 mm = ☐ mm

❼ 27 cm 3 mm = ☐ mm

❽ 42 cm 9 mm = ☐ mm

⑨ 10 mm = ☐ cm

⑩ 70 mm = ☐ cm

⑪ 90 mm = ☐ cm

⑫ 130 mm = ☐ cm

⑬ 280 mm = ☐ cm

⑭ 310 mm = ☐ cm

⑮ 540 mm = ☐ cm

⑯ 22 mm = ☐ cm ☐ mm

⑰ 54 mm = ☐ cm ☐ mm

⑱ 87 mm = ☐ cm ☐ mm

⑲ 116 mm = ☐ cm ☐ mm

⑳ 329 mm = ☐ cm ☐ mm

㉑ 465 mm = ☐ cm ☐ mm

㉒ 702 mm = ☐ cm ☐ mm

1 km

1000 m와 같은 길이

⇨ 쓰기 **1 km**　　읽기 **1 킬로미터**

$$1000 \text{ m} = 1 \text{ km}$$

'몇 km 몇 m'와 '몇 m'로 나타내기

3 km보다 700 m 더 긴 것

⇨ 쓰기 **3 km 700 m**　　읽기 **3 킬로미터 700 미터**

$$3 \text{ km } 700 \text{ m} = 3700 \text{ m}$$

1 km = 1000 m
킬로미터　미터

○ km와 m의 관계를 알아보려고 합니다. ☐ 안에 알맞은 수를 써넣으시오.

① 4 km = ☐ m

② 9 km = ☐ m

③ 15 km = ☐ m

④ 47 km = ☐ m

⑤ 1 km 200 m = ☐ m

⑥ 6 km 550 m = ☐ m

⑦ 20 km 304 m = ☐ m

⑧ 32 km 10 m = ☐ m

⑨ 3000 m ＝ ☐ km

⑩ 5000 m ＝ ☐ km

⑪ 8000 m ＝ ☐ km

⑫ 11000 m ＝ ☐ km

⑬ 25000 m ＝ ☐ km

⑭ 49000 m ＝ ☐ km

⑮ 64000 m ＝ ☐ km

⑯ 2500 m ＝ ☐ km ☐ m

⑰ 7480 m ＝ ☐ km ☐ m

⑱ 9102 m ＝ ☐ km ☐ m

⑲ 12033 m ＝ ☐ km ☐ m

⑳ 33954 m ＝ ☐ km ☐ m

㉑ 40126 m ＝ ☐ km ☐ m

㉒ 51987 m ＝ ☐ km ☐ m

cm는 cm끼리, mm는 mm끼리 계산하고,
1 cm =10 mm를 이용하여
받아올림 또는 **받아내림** 해!

● 1 cm 7 mm＋2 cm 5 mm의 계산

	1 cm	7 mm
＋	2 cm	5 mm
	3 cm	12 mm
	＋1 cm ← －10 mm	10 mm를
	4 cm	2 mm

1 cm로 받아올림합니다.

● 7 cm 5 mm－2 cm 9 mm의 계산

	6	10	1 cm를
	7 cm	5 mm	10 mm로
－	2 cm	9 mm	받아내림합니다.
	4 cm	6 mm	

○ 계산해 보시오.

❶

	1 cm	3 mm
＋	2 cm	4 mm

❷

	2 cm	8 mm
＋	5 cm	6 mm

❸

	3 cm	7 mm
＋	9 cm	8 mm

❹

	12 cm	5 mm
＋	14 cm	7 mm

❺

	3 cm	7 mm
－	1 cm	2 mm

❻

	5 cm	3 mm
－	2 cm	4 mm

❼

	9 cm	2 mm
－	7 cm	8 mm

❽

	15 cm	1 mm
－	10 cm	7 mm

⑨ 3 cm 1 mm＋2 cm 3 mm
=

⑩ 6 cm 4 mm＋3 cm 5 mm
=

⑪ 8 cm 6 mm＋4 cm 2 mm
=

⑫ 9 cm 7 mm＋6 cm 4 mm
=

⑬ 13 cm 5 mm＋7 cm 6 mm
=

⑭ 16 cm 9 mm＋10 cm 1 mm
=

⑮ 21 cm 7 mm＋24 cm 8 mm
=

⑯ 2 cm 8 mm－1 cm 3 mm
=

⑰ 5 cm 6 mm－3 cm 4 mm
=

⑱ 7 cm 9 mm－6 cm 2 mm
=

⑲ 8 cm 3 mm－2 cm 7 mm
=

⑳ 11 cm 2 mm－9 cm 9 mm
=

㉑ 19 cm 4 mm－12 cm 6 mm
=

㉒ 25 cm 1 mm－13 cm 8 mm
=

km는 km끼리, m는 m끼리 계산하고,
1 km = 1000 m를 이용하여
받아올림 또는 **받아내림** 해!

- 1 km 400 m + 3 km 700 m의 계산

```
    1 km      400 m
+   3 km      700 m
─────────────────────
    4 km     1100 m
  +1 km  ←  −1000 m   → 1000 m를
─────────────────────   1 km로
    5 km      100 m     받아올림합니다.
```

- 5 km 200 m − 3 km 400 m의 계산

```
    4        1000    → 1 km를 1000 m로
    5 km      200 m     받아내림합니다.
−   3 km      400 m
─────────────────────
    1 km      800 m
```

○ 계산해 보시오.

①
```
    2 km   100 m
+   1 km   300 m
```

②
```
    4 km   500 m
+   3 km   600 m
```

③
```
    8 km   460 m
+   9 km   700 m
```

④
```
   14 km   870 m
+   6 km   550 m
```

⑤
```
    4 km   800 m
−   2 km   200 m
```

⑥
```
    7 km   300 m
−   5 km   500 m
```

⑦
```
    9 km   100 m
−   3 km   250 m
```

⑧
```
   12 km   240 m
−   8 km   690 m
```

⑨ 4 km 200 m+1 km 400 m
=

⑩ 5 km 300 m+3 km 500 m
=

⑪ 9 km 800 m+6 km 100 m
=

⑫ 10 km 400 m+2 km 700 m
=

⑬ 14 km 150 m+8 km 900 m
=

⑭ 17 km 600 m+9 km 860 m
=

⑮ 22 km 970 m+16 km 590 m
=

⑯ 5 km 700 m−3 km 400 m
=

⑰ 6 km 900 m−1 km 800 m
=

⑱ 8 km 600 m−4 km 200 m
=

⑲ 11 km 300 m−2 km 500 m
=

⑳ 18 km 890 m−10 km 900 m
=

㉑ 20 km 100 m−6 km 730 m
=

㉒ 26 km 420 m−19 km 580 m
=

합
→ **덧셈식**을 이용해!

○ 두 길이의 합을 빈칸에 써넣으시오.

1

1 cm 7 mm	5 cm 2 mm

2

7 cm 9 mm	4 cm 4 mm

3

13 cm 8 mm	9 cm 2 mm

4

20 cm 5 mm	11 cm 6 mm

5

3 km 200 m	2 km 400 m

6

4 km 500 m	5 km 700 m

7

9 km 450 m	8 km 610 m

8

15 km 940 m	10 km 580 m

6 길이의 차 구하기

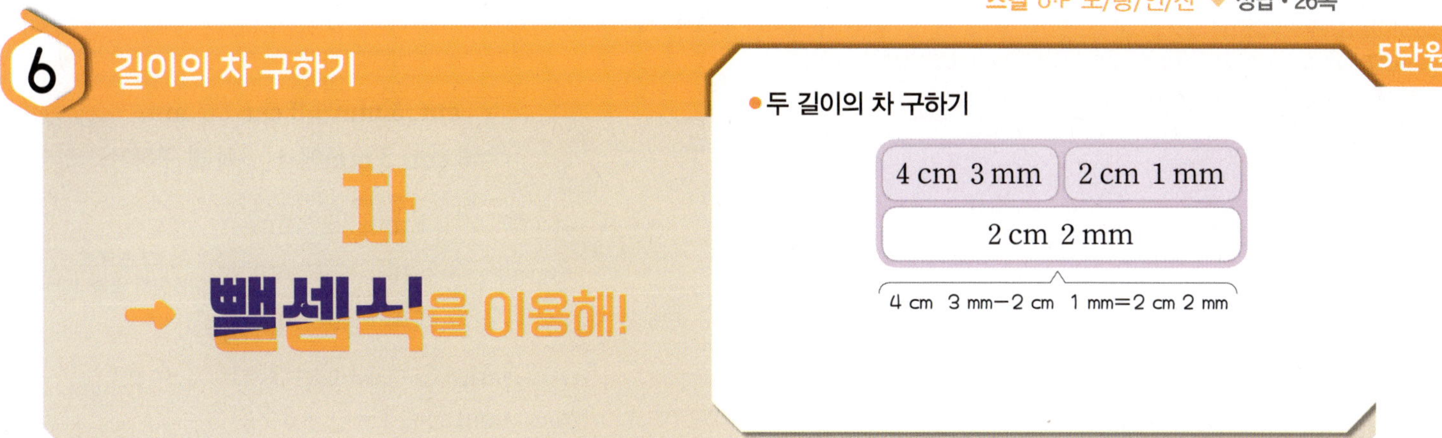

○ 두 길이의 차를 빈칸에 써넣으시오.

❾

3 cm 7 mm	1 cm 4 mm

❿

6 cm 1 mm	2 cm 2 mm

⓫

10 cm 6 mm	8 cm 7 mm

⓬

18 cm 5 mm	12 cm 9 mm

⓭

5 km 600 m	1 km 200 m

⓮

8 km 200 m	7 km 500 m

⓯

13 km 350 m	2 km 980 m

⓰

17 km 60 m	11 km 670 m

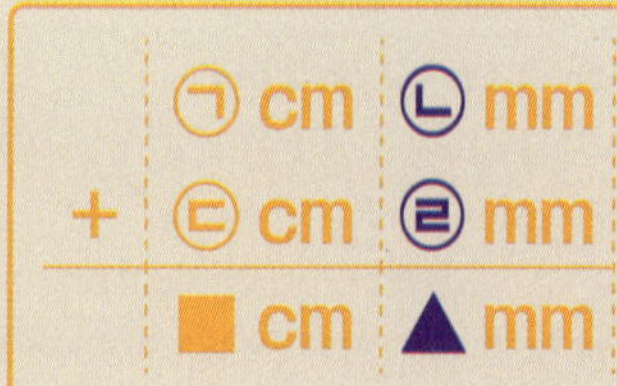

받아올림에 주의해!

ⓛ 또는 ㉣이

▲보다 클 때!

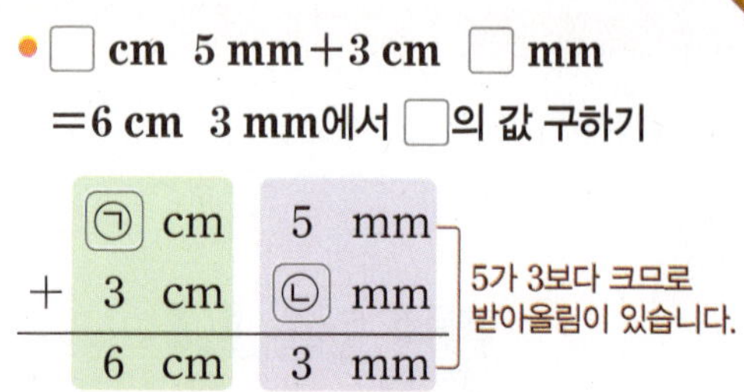

- ☐ cm 5 mm＋3 cm ☐ mm
  ＝6 cm 3 mm에서 ☐의 값 구하기

	㉠ cm	5 mm
＋	3 cm	ⓛ mm
	6 cm	3 mm

5가 3보다 크므로 받아올림이 있습니다.

- mm 단위 5＋ⓛ＝3＋10, ⓛ＝8
- cm 단위 1＋㉠＋3＝6, ㉠＝2
  └ mm 단위에서 받아올림한 수

○ 길이의 덧셈식을 완성해 보시오.

①

	☐ cm	3 mm
＋	1 cm	☐ mm
	3 cm	7 mm

②

	☐ cm	5 mm
＋	8 cm	☐ mm
	14 cm	2 mm

③

	7 cm	☐ mm
＋	☐ cm	9 mm
	12 cm	3 mm

④

	☐ km	200 m
＋	2 km	☐ m
	3 km	500 m

⑤

	☐ km	400 m
＋	3 km	☐ m
	10 km	200 m

⑥

	9 km	☐ m
＋	☐ km	350 m
	18 km	100 m

8 길이의 뺄셈식 완성하기

받아내림에 주의해!
ⓛ이 ▲보다 작거나,
ⓔ＋▲가 10이거나
10보다 클 때!

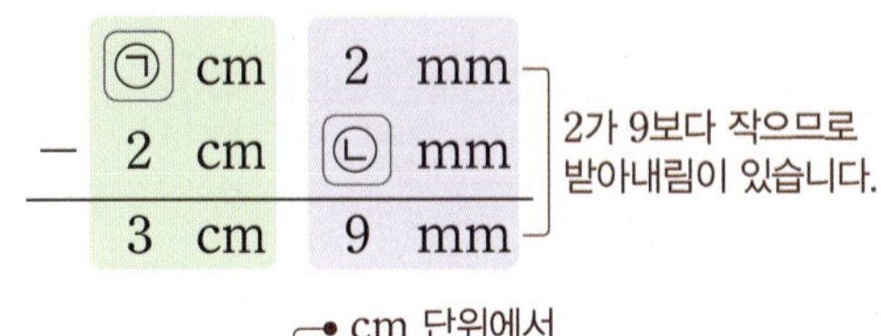

• ☐ cm 2 mm－2 cm ☐ mm
＝3 cm 9 mm에서 ☐의 값 구하기

	㉠ cm	2 mm
−	2 cm	㉡ mm
	3 cm	9 mm

2가 9보다 작으므로 받아내림이 있습니다.

• mm 단위 $10+2-$㉡$=9,$ ㉡$=3$ ← cm 단위에서 받아내린 수
• cm 단위 ㉠$-1-2=3,$ ㉠$=6$ ← mm 단위로 받아내림한 수

○ 길이의 뺄셈식을 완성해 보시오.

7

	☐ cm	8 mm
−	1 cm	☐ mm
	2 cm	3 mm

8

	☐ cm	7 mm
−	5 cm	☐ mm
	2 cm	8 mm

9

	10 cm	☐ mm
−	☐ cm	4 mm
	1 cm	7 mm

10

	☐ km	600 m
−	3 km	☐ m
	1 km	500 m

11

	☐ km	200 m
−	3 km	☐ m
	5 km	800 m

12

	11 km	☐ m
−	☐ km	760 m
	4 km	700 m

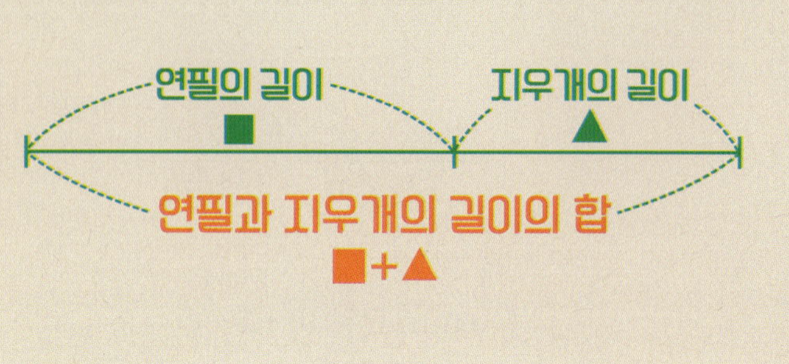

● 문제를 읽고 식을 세워 답 구하기

연필의 길이는 9 cm 5 mm이고,
지우개의 길이는 3 cm 4 mm입니다.
연필과 지우개의 길이의 합은
몇 cm 몇 mm입니까?

식 9 cm 5 mm＋3 cm 4 mm
＝12 cm 9 mm

답 12 cm 9 mm

① 세호가 가지고 있는 빨간색 끈의 길이는 8 cm 3 mm이고,
노란색 끈의 길이는 7 cm 3 mm입니다.
세호가 가지고 있는 빨간색과 노란색 끈의 길이의 합은 몇 cm 몇 mm입니까?

계산 공간

식 :

답 :

② 재석이네 집에서 학교까지의 거리는 2 km 400 m이고,
학교에서 도서관까지의 거리는 2 km 500 m입니다.
재석이네 집에서 학교를 거쳐 도서관까지의 거리는 몇 km 몇 m입니까?

식 :

답 :

❸ 윤우가 가지고 있는 철사의 길이는 29 cm 5 mm이고,
민서가 가지고 있는 철사의 길이는 33 cm 7 mm입니다.
두 사람이 가지고 있는 철사의 길이의 합은 몇 cm 몇 mm입니까?

식 :

답 :

❹ 가로가 3 km 250 m인 직사각형 모양의 땅이 있습니다.
이 땅의 세로는 가로보다 1 km 770 m 더 깁니다.
땅의 세로는 몇 km 몇 m입니까?

식 :

답 :

❺ 빨대의 길이는 13 cm 6 mm이고, 수수깡의 길이는 68 mm입니다.
빨대와 수수깡의 길이의 합은 몇 cm 몇 mm입니까?

식 :

답 :

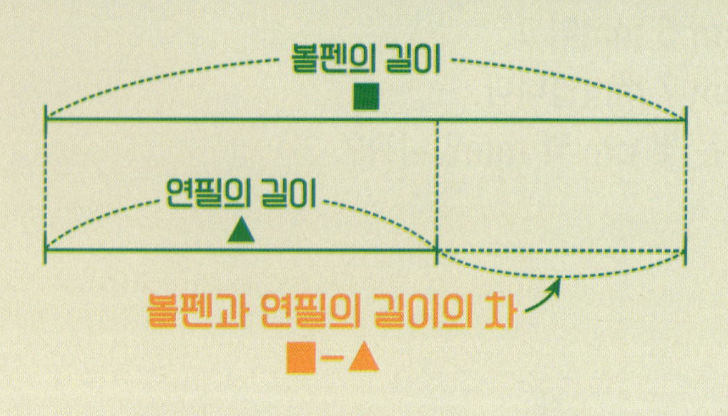

● 문제를 읽고 식을 세워 답 구하기

볼펜의 길이는 8 cm 9 mm이고,
연필의 길이는 6 cm 3 mm입니다.
볼펜은 연필보다 몇 cm 몇 mm
더 깁니까?

식 8 cm 9 mm − 6 cm 3 mm
　　 = 2 cm 6 mm

답 2 cm 6 mm

---

❶ 털실을 지민이는 25 cm 3 mm 가지고 있고, 진호는 11 cm 2 mm 가지고 있습니다.
지민이는 진호보다 털실을 몇 cm 몇 mm 더 가지고 있습니까?

계산 공간

식 : ________________________

답 : ________________________

❷ 연호는 집에서 38 km 400 m 떨어진 박물관에 가는 데
37 km 350 m는 버스를 타고 나머지는 걸어서 갔습니다.
연호가 걸어서 간 거리는 몇 km 몇 m입니까?

식 : ________________________

답 : ________________________

❸ 은수의 발 길이는 20 cm 2 mm이고, 민지의 발 길이는 17 cm 3 mm입니다.
은수의 발 길이는 민지의 발 길이보다 몇 cm 몇 mm 더 깁니까?

식 : ______________________________

답 : ______________________________

❹ 올림픽 대회의 마라톤 경주의 거리는 42 km 195 m입니다.
우리나라 선수는 출발점에서부터 36 km 300 m 떨어진 위치에서 달리고 있습니다.
우리나라 선수는 몇 km 몇 m를 더 가야 결승선에 도착합니까?

식 : ______________________________

답 : ______________________________

❺ 학교에서 백화점까지의 거리는 10 km 350 m이고,
학교에서 영화관까지의 거리는 8830 m입니다.
학교에서 백화점까지의 거리는 학교에서 영화관까지의 거리보다 몇 km 몇 m 더 멉니까?

식 : ______________________________

답 : ______________________________

초바늘이 작은 눈금 한 칸을 가는 동안 걸리는 시간 → 1초

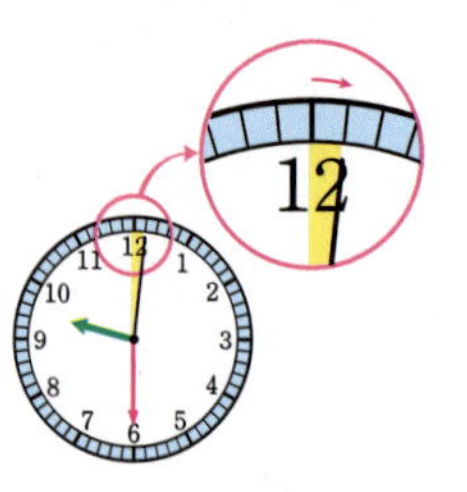

●1초

1초: 초바늘이 작은 눈금 한 칸을 가는 동안 걸리는 시간

작은 눈금 한 칸=1초

● 초 단위 시각 읽기

짧은바늘, 긴바늘, 초바늘의 순서로 읽습니다.

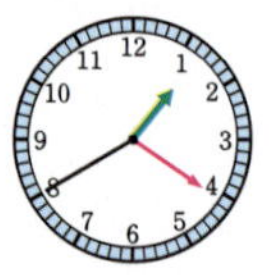

- 짧은바늘: 1과 2 사이 → 1시
- 긴바늘: 4를 지남 → 20분
- 초바늘: 8을 가리킴 → 40초

⇨ 1시 20분 40초

○ 시각을 읽어 보시오.

①

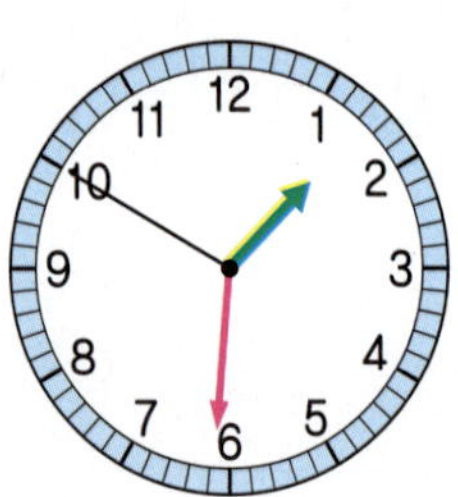

□ 시 □ 분 □ 초

②

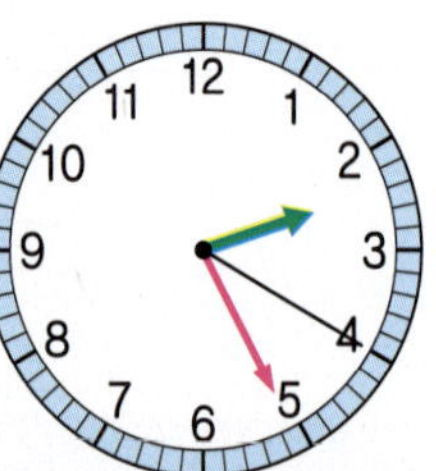

□ 시 □ 분 □ 초

③

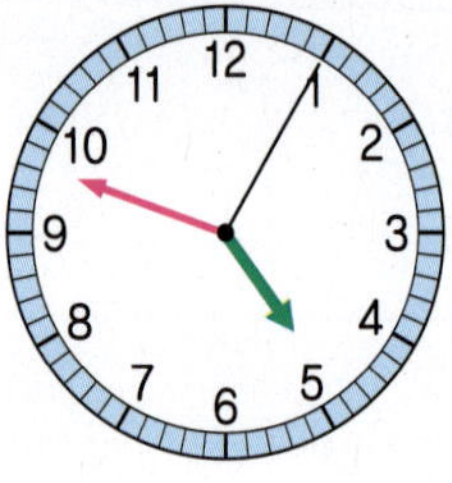

□ 시 □ 분 □ 초

④

□ 시 □ 분 □ 초

⑤

□ 시 □ 분 □ 초

⑥

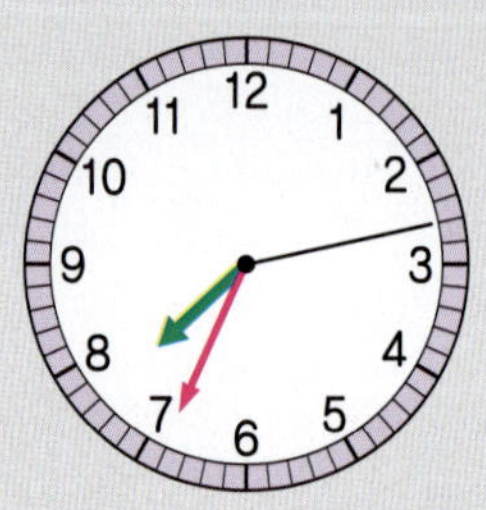

□ 시 □ 분 □ 초

❼ 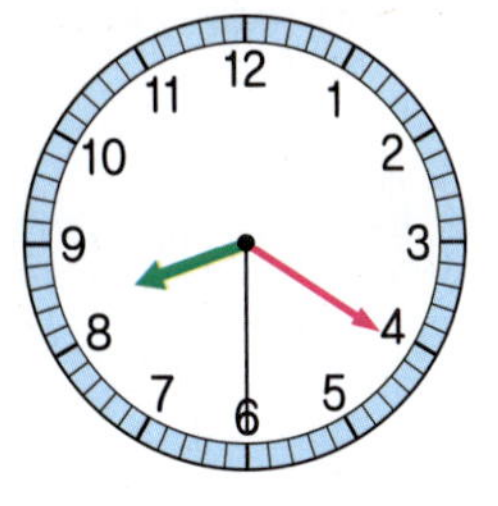

　　시　　분　　초

❽ 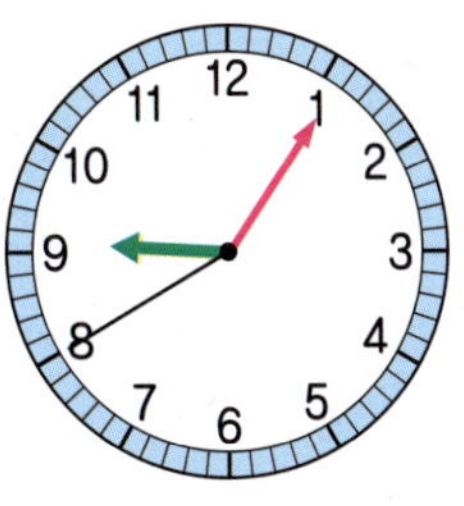

　　시　　분　　초

❾ 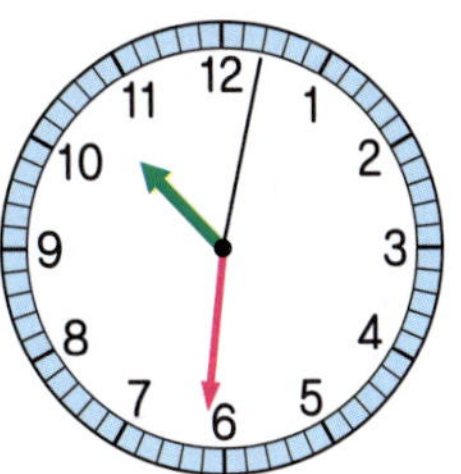

　　시　　분　　초

❿ 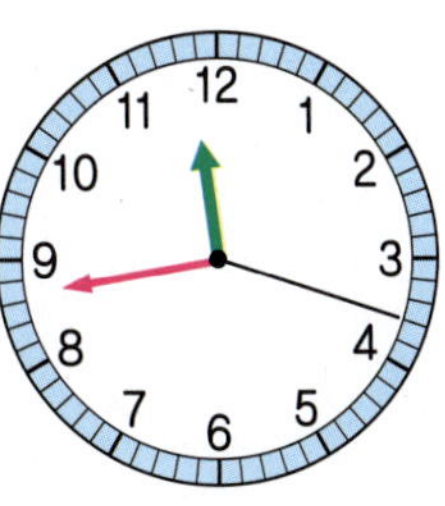

　　시　　분　　초

⓫ 

　　시　　분　　초

⓬

　　시　　분　　초

⓭ 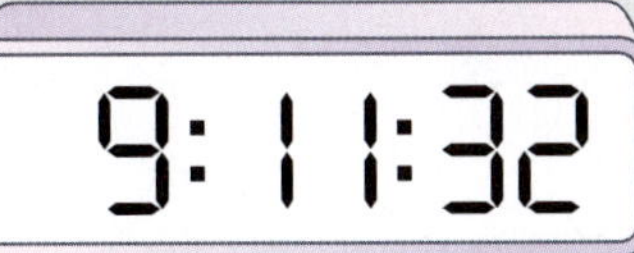

　　시　　분　　초

⓮

　　시　　분　　초

초바늘이
시계를 한 바퀴
도는 데 걸리는 시간! ➡ 60초

60초=1분

● 분과 초의 관계
60초: 초바늘이 시계를 한 바퀴 도는 데 걸리는 시간

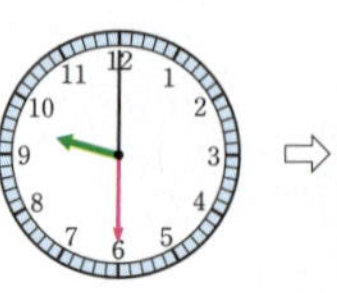 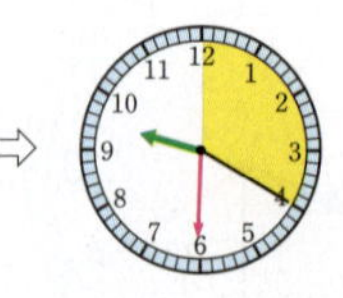 

60초=1분

● '몇 초'와 '몇 분 몇 초'로 나타내기
- 1분 10초＝60초＋10초＝70초
- 90초＝60초＋30초＝1분 30초

○ 분과 초의 관계를 알아보려고 합니다. ☐ 안에 알맞은 수를 써넣으시오.

❶ 1분 = ☐ 초

❷ 4분 = ☐ 초

❸ 6분 = ☐ 초

❹ 8분 = ☐ 초

❺ 1분 20초 = ☐ 초

❻ 2분 30초 = ☐ 초

❼ 4분 42초 = ☐ 초

❽ 7분 26초 = ☐ 초

⑨ 120초 ＝ ☐ 분

⑩ 180초 ＝ ☐ 분

⑪ 300초 ＝ ☐ 분

⑫ 420초 ＝ ☐ 분

⑬ 540초 ＝ ☐ 분

⑭ 600초 ＝ ☐ 분

⑮ 720초 ＝ ☐ 분

⑯ 87초 ＝ ☐ 분 ☐ 초

⑰ 161초 ＝ ☐ 분 ☐ 초

⑱ 188초 ＝ ☐ 분 ☐ 초

⑲ 293초 ＝ ☐ 분 ☐ 초

⑳ 316초 ＝ ☐ 분 ☐ 초

㉑ 399초 ＝ ☐ 분 ☐ 초

㉒ 444초 ＝ ☐ 분 ☐ 초

시는 시끼리, 분은 분끼리,
초는 초끼리 더하고,
60초 → 1분,
60분 → 1시간으로
받아올림 해!

- 1시간 30분 40초 + 2시간 50분 30초의 계산

	1시간	30분	40초
+	2시간	50분	30초
	3시간	80분	70초
		+1분 ← −60초
	+1시간 ← −60분	
	4시간	21분	10초

참고
- (시간)＋(시간)＝(시간)
- (시각)＋(시간)＝(시각)

○ 계산해 보시오.

①

	2 분	13 초
+	3 분	25 초
	□ 분	□ 초

②

	2 시간	25 분	10 초
+	1 시간	53 분	18 초
	□ 시간	□ 분	□ 초

③

	3 시	8 분	46 초
+		4 분	31 초
	□ 시	□ 분	□ 초

④

	3 시	16 분	33 초
+	5 시간	21 분	49 초
	□ 시	□ 분	□ 초

⑤

	11 분	23 초
+	26 분	58 초

⑥

	3시간	34 분	19 초
+	1 시간	42 분	27 초

⑦

	7 시	57 분	51 초
+		38 분	14 초

⑧

	9 시	25 분	35 초
+	1 시간	49 분	48 초

⑨ 3분 31초＋2분 17초
=

⑩ 5분 28초＋4분 5초
=

⑪ 9분 43초＋3분 39초
=

⑫ 1시간 15분 59초＋7분 24초
=

⑬ 2시간 45분 12초＋27분 16초
=

⑭ 3시간 30분 34초＋5시간 55분 21초
=

⑮ 4시간 14분 48초＋4시간 24분 52초
=

⑯ 5시 29분 22초＋47분 21초
=

⑰ 5시 6분 14초＋30분 58초
=

⑱ 6시 15분 43초＋29분 46초
=

⑲ 7시 51분 11초＋1시간 24분 25초
=

⑳ 8시 32분 48초＋3시간 7분 33초
=

㉑ 9시 44분 36초＋2시간 18분 47초
=

㉒ 10시 37분 52초＋1시간 50분 12초
=

시는 시끼리, 분은 분끼리,
초는 초끼리 빼고,

**1분 ➡ 60초,
1시간 ➡ 60분**으로
받아내림 해!

● 4시 30분 10초−1시 40분 50초의 계산

	60	
3	29	60
4시	30분	10초
− 1시	40분	50초
2시간	49분	20초

참고 · (시간)−(시간)=(시간)
· (시각)−(시간)=(시각)
· (시각)−(시각)=(시간)

○ 계산해 보시오.

1

```
   2 분   48 초
 − 1 분   20 초
 ──────────────
   □ 분   □ 초
```

2

```
   2 시간   48 분   32 초
 − 1 시간    4 분   59 초
 ───────────────────────
   □ 시간   □ 분   □ 초
```

3

```
   3 시      14 분   47 초
 − 1 시간    26 분   22 초
 ───────────────────────
   □ 시   □ 분   □ 초
```

4

```
   4 시      53 분   13 초
 − 2 시      10 분   38 초
 ───────────────────────
   □ 시간   □ 분   □ 초
```

5

```
   42 분    8 초
 − 21 분   30 초
 ───────────────
```

6

```
   6 시간   32 분   23 초
 − 3 시간   16 분   52 초
 ───────────────────────
```

7

```
   8 시      5 분   11 초
 − 4 시간   24 분   35 초
 ───────────────────────
```

8

```
   11 시   46 분   20 초
 −  6 시   58 분   37 초
 ───────────────────────
```

⑨ 4분 32초 − 2분 15초
=

⑩ 7분 26초 − 3분 48초
=

⑪ 11분 4초 − 6분 12초
=

⑫ 2시간 28분 41초 − 39분 16초
=

⑬ 3시간 50분 21초 − 23분 33초
=

⑭ 4시간 5분 40초 − 1시간 14분 19초
=

⑮ 5시간 26분 13초 − 2시간 7분 56초
=

⑯ 5시 41분 39초 − 48분 7초
=

⑰ 6시 13분 12초 − 55분 46초
=

⑱ 7시 39분 20초 − 2시간 6분 54초
=

⑲ 8시 27분 3초 − 4시간 38분 46초
=

⑳ 9시 11분 37초 − 5시 40분 29초
=

㉑ 10시 25분 10초 − 7시 53분 46초
=

㉒ 12시 38분 29초 − 10시 47분 32초
=

'~ 후'의 시각 → 덧셈식을 이용해!

● '25분 후'의 시각 구하기

25분 후
1시 10분 → 1시 35분
1시 10분+25분=1시 35분

○ 빈칸에 알맞은 시각을 써넣으시오.

❶
15분 후
2시 30분 →

❺
4시간 4분 38초 후
4시 28분 30초 →

❷
20분 후
5시 42분 →

❻
3시간 59분 15초 후
7시 13분 44초 →

❸
11분 57초 후
6시 25분 23초 →

❼
2시간 40분 8초 후
9시 31분 56초 →

❹
38분 26초 후
8시 47분 39초 →

❽
1시간 36분 54초 후
10시 52분 27초 →

16 시간의 차 구하기   5단원

○ 빈칸에 알맞은 시각을 써넣으시오.

9

13

10

14

11

15

12

16

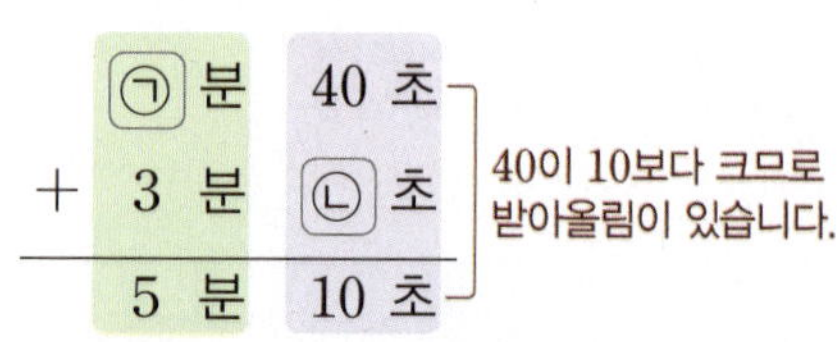

○ 시간의 덧셈식을 완성해 보시오.

①

	분	20 초
+ 2	분	☐ 초
5	분	30 초

②

	분	45 초
+ 1	분	☐ 초
6	분	20 초

③

9	분	☐ 초
+ ☐	분	59 초
16	분	56 초

④

3 시	☐ 분	30 초
+ 1 시간	20 분	☐ 초
4 시	30 분	40 초

⑤

5 시	☐ 분	45 초
+ 2 시간	31 분	☐ 초
7 시	54 분	25 초

⑥

8 시	49 분	☐ 초
+ 3 시간	☐ 분	18 초
☐ 시	43 분	39 초

18 시간의 뺄셈식 완성하기

받아내림에 주의해!

- ㉢이 ●보다 작거나,
  ㉥+●가 60이거나
  60보다 클 때!
- ㉡이 ▲보다 작거나,
  ㉤+▲가 60이거나
  60보다 클 때!

● □분 15초―2분 □초＝2분 50초에서
□의 값 구하기

	㉠ 분	15 초
―	2 분	㉡ 초
	2 분	50 초

15가 50보다 작으므로 받아내림이 있습니다.

- 초 단위 60＋15―㉡＝50, ㉡＝25 (분 단위에서 받아내린 수)
- 분 단위 ㉠―1―2＝2, ㉠＝5 (초 단위로 받아내림한 수)

○ 시간의 뺄셈식을 완성해 보시오.

❼

	□ 분	40 초
―	1 분	□ 초
	1 분	20 초

❿

	4 시	□ 분	50 초
―	1 시간	10 분	□ 초
	3 시	20 분	30 초

❽

	□ 분	35 초
―	4 분	□ 초
	4 분	55 초

⓫

	6 시	□ 분	20 초
―	2 시간	21 분	□ 초
	4 시	23 분	45 초

❾

	12 분	□ 초
―	□ 분	55 초
	8 분	34 초

⓬

	9 시	8 분	□ 초
―	4 시	□ 분	15 초
	□ 시간	55 분	34 초

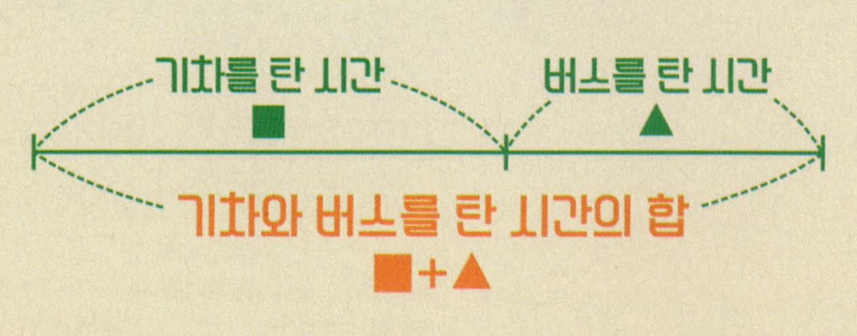

● 문제를 읽고 식을 세워 답 구하기

집에서 할아버지 댁에 가는 데
기차를 2시간 5분 동안 탔고,
버스를 1시간 10분 동안 탔습니다.
할아버지 댁에 가는 데 기차와 버스를 탄
시간의 합은 몇 시간 몇 분입니까?

식 2시간 5분＋1시간 10분＝3시간 15분

답 3시간 15분

---

1 진태는 국어 공부를 1시간 45분 동안 하였고, 수학 공부를 3시간 10분 동안 하였습니다.
진태가 국어 공부와 수학 공부를 한 시간의 합은 몇 시간 몇 분입니까?

 계산 공간

식 :

답 :

---

2 소율이네 집에서 학교까지는 걸어서 29분이 걸립니다.
소율이가 학교에 가려고 집에서 8시 4분에 나왔다면
학교에 도착하는 시각은 몇 시 몇 분입니까?

식 :

답 :

3 현우가 산을 올라가는 데 3시간 5분 48초가 걸렸고,
내려오는 데 2시간 30분 21초가 걸렸습니다.
현우가 산을 올라갔다가 내려오는 데 걸린 시간은 모두 몇 시간 몇 분 몇 초입니까?

식 : ______________________

답 : ______________________

4 야구 경기는 1시 10분 37초에 시작하여 3시간 43분 50초 동안 진행되었습니다.
야구 경기가 끝난 시각은 몇 시 몇 분 몇 초입니까?

식 : ______________________

답 : ______________________

5 중기가 식빵을 1시간 22분 50초 동안 만들고,
케이크를 1시간 38분 49초 동안 만들었습니다.
중기가 식빵과 케이크를 만든 시간의 합은 몇 시간 몇 분 몇 초입니까?

식 : ______________________

답 : ______________________

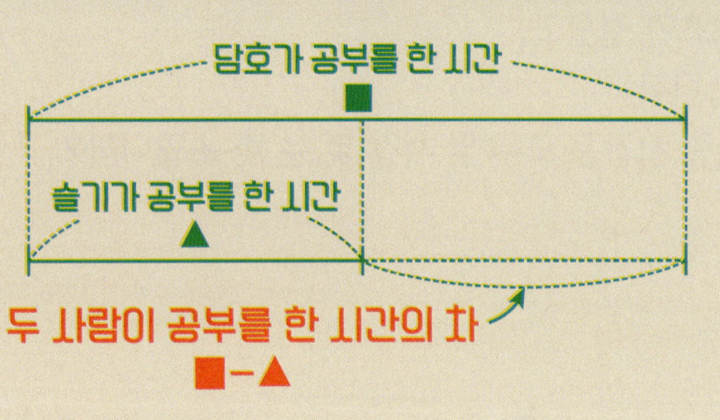

● 문제를 읽고 식을 세워 답 구하기

공부를 담호는 2시간 25분 동안 하였고,
슬기는 1시간 10분 동안 하였습니다.
공부를 담호는 슬기보다 몇 시간 몇 분 더
오래 하였습니까?

식 2시간 25분－1시간 10분＝1시간 15분

답 1시간 15분

---

1 산책을 나온 지환이는 1시간 16분 동안 걷고 시계를 보니 4시 27분이었습니다.
지환이가 산책을 나온 시각은 몇 시 몇 분입니까?

 계산 공간

식 : ______________________________

답 : ______________________________

2 준기는 버스 터미널에서 1시 5분에 버스를 타고 3시 35분에 내렸습니다.
준기가 버스를 탄 시간은 몇 시간 몇 분입니까?

식 : ______________________________

답 : ______________________________

❸ 민서는 잠을 어제 9시간 22분 29초 동안 잤고, 오늘 8시간 13분 42초 동안 잤습니다. 민서는 오늘보다 어제 몇 시간 몇 분 몇 초 더 오래 잤습니까?

식 : ___________________________

답 : ___________________________

❹ 윤아가 2시간 13분 40초 동안 독서를 하고 시계를 보았더니 5시 41분 18초였습니다. 윤아가 독서를 시작한 시각은 몇 시 몇 분 몇 초입니까?

식 : ___________________________

답 : ___________________________

❺ 예서가 본 영화는 9시 30분 25초에 시작하여 11시 55분 9초에 끝났습니다. 예서가 본 영화의 상영 시간은 몇 시간 몇 분 몇 초입니까?

식 : ___________________________

답 : ___________________________

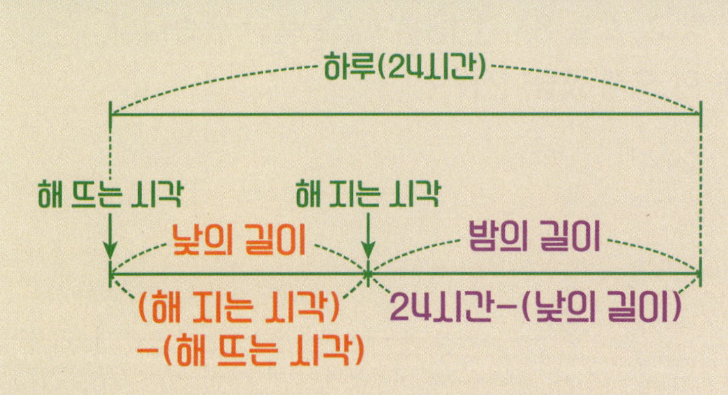

● 문제를 읽고 해결하기

어느 날 해 뜨는 시각은 오전 7시 17분 10초이고 해 지는 시각은 오후 5시 18분 21초였습니다. 이날 낮의 길이는 몇 시간 몇 분 몇 초입니까?

풀이 오후 5시 18분 21초 → 17시 18분 21초
└─ (5+12)시

⇨ (낮의 길이)
  =17시 18분 21초−7시 17분 10초
  =10시간 1분 11초

답 10시간 1분 11초

---

1 어느 날 해 뜨는 시각은 오전 6시 46분 15초이고 해 지는 시각은 오후 5시 48분 33초였습니다. 이날 낮의 길이는 몇 시간 몇 분 몇 초입니까?

풀이 공간

오후 5시 48분 33초 → ☐ 시 48분 33초

⇨ (낮의 길이)= ☐ −6시 46분 15초

  = ☐

답 :

---

2 어느 날 낮의 길이가 10시간 33분 44초였습니다. 이날 밤의 길이는 몇 시간 몇 분 몇 초입니까?

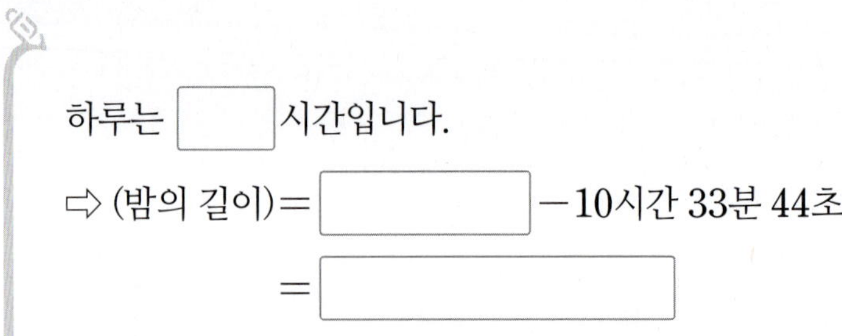

하루는 ☐ 시간입니다.

⇨ (밤의 길이)= ☐ −10시간 33분 44초

  = ☐

답 :

❸ 어느 날 해 뜨는 시각은 오전 6시 37분 8초이고
해 지는 시각은 오후 6시 4분 20초였습니다.
이날 낮의 길이는 몇 시간 몇 분 몇 초입니까?

답 :

❹ 어느 날 해 뜨는 시각은 오전 7시 16분 58초이고
해 지는 시각은 오후 6시 12분 7초였습니다.
이날 낮의 길이는 몇 시간 몇 분 몇 초입니까?

답 :

❺ 어느 날 낮의 길이가 12시간 38분 27초였습니다.
이날 밤의 길이는 몇 시간 몇 분 몇 초입니까?

답 :

○ ☐ 안에 알맞은 수를 써넣으시오.

1 3 cm = ☐ mm

2 27000 m = ☐ km

○ 계산해 보시오.

3
```
    4 cm   6 mm
+   3 cm   5 mm
```

4
```
    9 km   650 m
-   2 km   740 m
```

5 10 cm 3 mm − 2 cm 8 mm
=

6 12 km 450 m + 7 km 910 m
=

7 시각을 읽어 보시오.

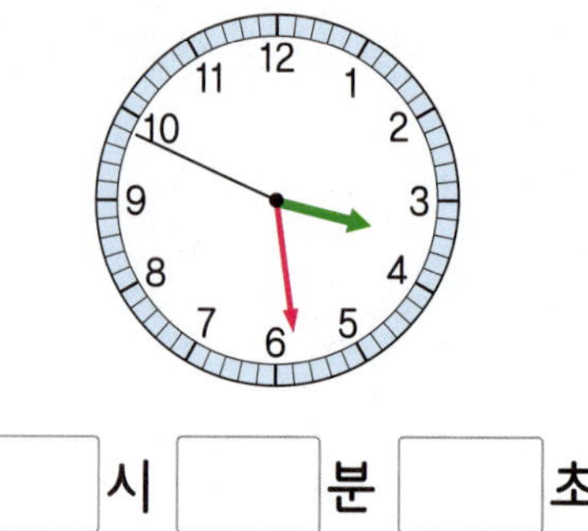

☐ 시 ☐ 분 ☐ 초

○ ☐ 안에 알맞은 수를 써넣으시오.

8 3분 10초 = ☐ 초

9 254초 = ☐ 분 ☐ 초

○ 계산해 보시오.

10
```
    5 분   42 초
+   3 분   37 초
```

11
```
    4 시간    5 분   26 초
-   2 시간   48 분   29 초
```

12 3시 11분 30초 + 1시간 32분 43초
=

13 클립의 길이는 3 cm 3 mm이고, 가위의 길이는 14 cm 5 mm입니다. 클립과 가위의 길이의 합은 몇 cm 몇 mm입니까?

식 ___________________________

답 ___________________________

14 나연이는 집에서 13 km 500 m 떨어진 수영장에 가는 데 10 km 800 m는 지하철을 타고 나머지는 버스를 타고 갔습니다. 나연이가 버스를 타고 간 거리는 몇 km 몇 m입니까?

식 ___________________________

답 ___________________________

15 혜민이는 수학 숙제를 2시간 20분 39초 동안 하였고, 과학 숙제를 1시간 5분 46초 동안 하였습니다. 혜민이가 수학 숙제와 과학 숙제를 한 시간의 합은 몇 시간 몇 분 몇 초입니까?

식 ___________________________

답 ___________________________

16 수호가 1시간 20분 동안 만화 영화를 보고 시계를 보았더니 3시 10분이었습니다. 수호가 만화 영화를 보기 시작한 시각은 몇 시 몇 분입니까?

식 ___________________________

답 ___________________________

17 민서가 운동을 2시 58분 13초에 시작하여 4시 24분 6초에 끝냈습니다. 민서가 운동을 한 시간은 몇 시간 몇 분 몇 초입니까?

식 ___________________________

답 ___________________________

18 어느 날 해 뜨는 시각은 오전 5시 26분 41초이고 해 지는 시각은 오후 6시 38분 55초였습니다. 이날 낮의 길이는 몇 시간 몇 분 몇 초입니까?

(___________________________)

분수와 소수

학습 내용	일 차	맞힌 개수	걸린 시간
① 분수	1일 차	/11개	/6분
② 분수로 나타내기	2일 차	/15개	/9분
③ 부분을 보고 전체 알아보기			
④ 분모가 같은 분수의 크기 비교	3일 차	/24개	/10분
⑤ 단위분수의 크기 비교	4일 차	/24개	/10분
⑥ 소수	5일 차	/23개	/12분
⑦ 길이를 소수로 나타내기	6일 차	/29개	/10분
⑧ 소수의 크기 비교	7일 차	/29개	/12분
⑨ 분수와 소수의 크기 비교	8일 차	/24개	/12분

학습 내용	일 차	맞힌 개수	걸린 시간
⑩ 분모가 같은 분수의 크기 비교에서 □ 구하기	9일 차	/12개	/9분
⑪ 단위분수의 크기 비교에서 □ 구하기			
⑫ 소수의 크기 비교에서 □ 구하기	10일 차	/12개	/9분
⑬ 수 카드로 소수 만들기			
⑭ 분수와 소수의 크기 비교 문장제	11일 차	/5개	/4분
⑮ 전체의 분수만큼이 나타내는 양 구하기	12일 차	/5개	/7분
⑯ 남은 부분은 먹은 부분의 몇 배인지 구하기	13일 차	/5개	/7분
평가 6. 분수와 소수	14일 차	/19개	/12분

분수

분자
△ → **부분**의 칸 수
─
□ → **전체**를 똑같이 나눈 칸 수
분모

• **분수**
• [   ]에서 색칠한 부분 [   ]은 전체를 똑같이 2로 나눈 것 중의 1입니다.
• 전체를 똑같이 2로 나눈 것 중의 1
  ⇨ 쓰기 $\dfrac{1}{2}$ 읽기 2분의 1
• **분수**: $\dfrac{1}{2}$과 같은 수

$$\dfrac{1 \;←\; 분자}{2 \;←\; 분모}$$

○ 그림을 보고 분수로 나타내려고 합니다. [   ] 안에 알맞게 써넣으시오.

1 색칠한 부분은 전체를 똑같이 [   ](으)로 나눈 것 중의 [   ]이므로

$\dfrac{[\;\;]}{[\;\;]}$ (이)라 쓰고 [   ](이)라고 읽습니다.

2 색칠한 부분은 전체를 똑같이 [   ](으)로 나눈 것 중의 [   ]이므로

$\dfrac{[\;\;]}{[\;\;]}$ (이)라 쓰고 [   ](이)라고 읽습니다.

3 색칠한 부분은 전체를 똑같이 [   ](으)로 나눈 것 중의 [   ]이므로

$\dfrac{[\;\;]}{[\;\;]}$ (이)라 쓰고 [   ](이)라고 읽습니다.

○ 색칠한 부분을 분수로 쓰고 읽어 보시오.

④ 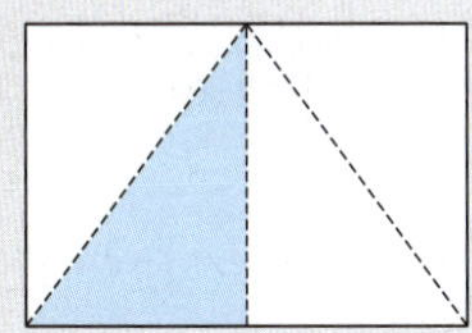

쓰기 (　　　　　　　)
읽기 (　　　　　　　)

⑧ 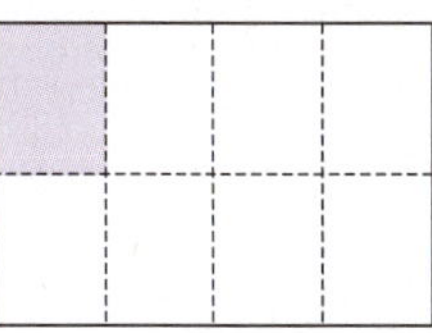

쓰기 (　　　　　　　)
읽기 (　　　　　　　)

⑤ 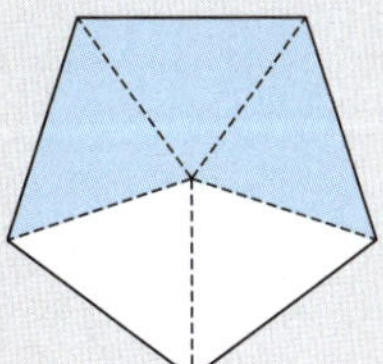

쓰기 (　　　　　　　)
읽기 (　　　　　　　)

⑨ 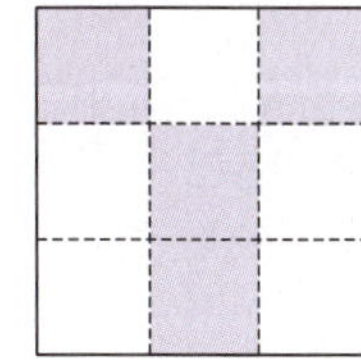

쓰기 (　　　　　　　)
읽기 (　　　　　　　)

⑥ 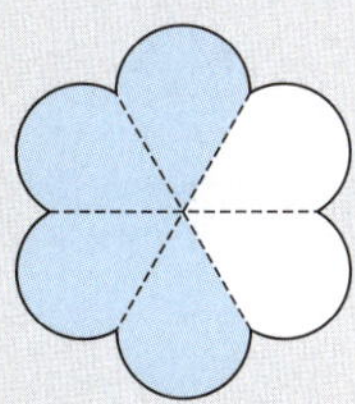

쓰기 (　　　　　　　)
읽기 (　　　　　　　)

⑩ 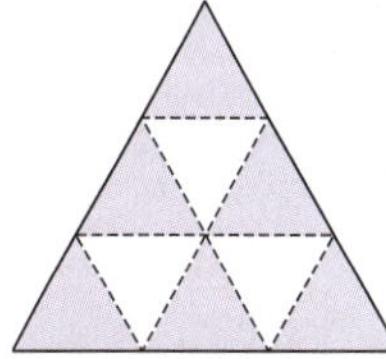

쓰기 (　　　　　　　)
읽기 (　　　　　　　)

⑦ 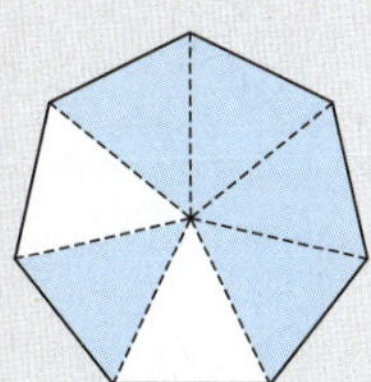

쓰기 (　　　　　　　)
읽기 (　　　　　　　)

⑪ 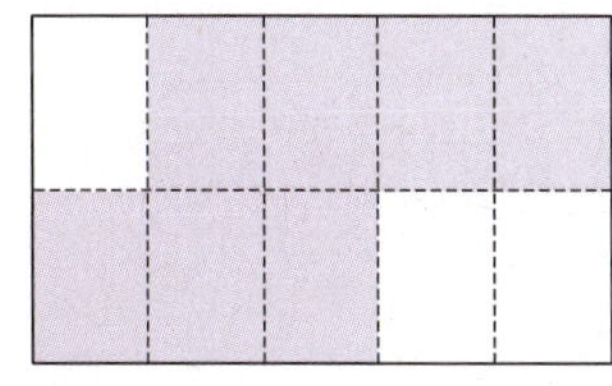

쓰기 (　　　　　　　)
읽기 (　　　　　　　)

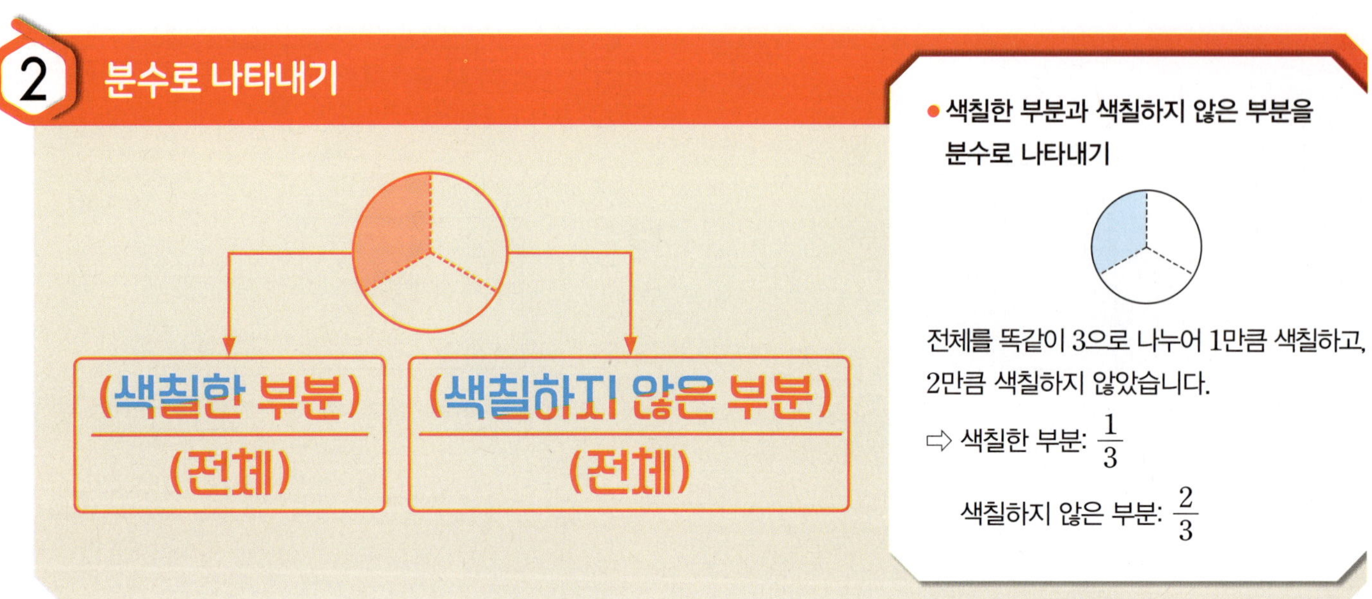

○ 색칠한 부분과 색칠하지 않은 부분을 분수로 써 보시오.

❶

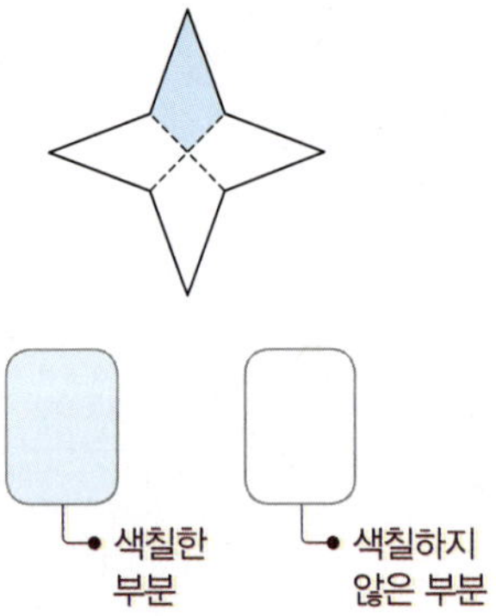

색칠한
부분

색칠하지
않은 부분

❷

❸

❹

❺

❻

❼

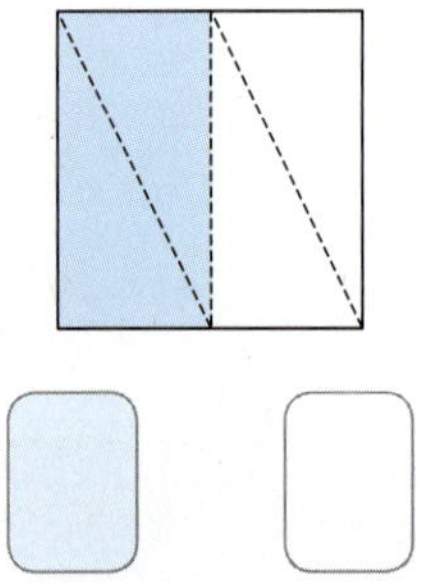

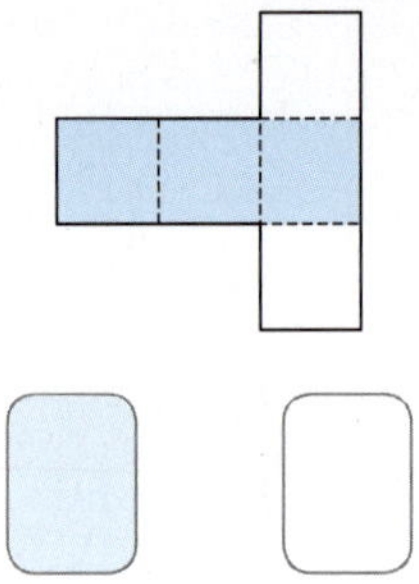

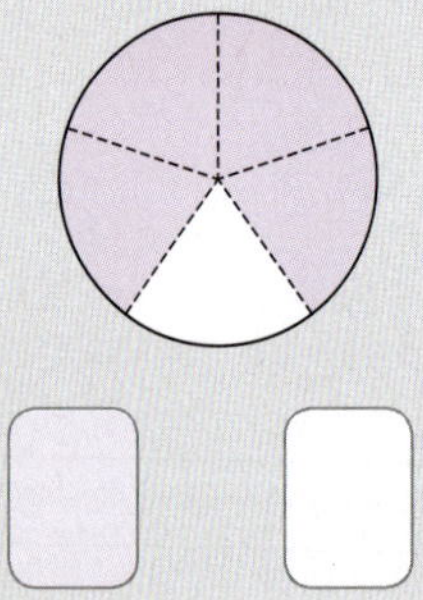

❽

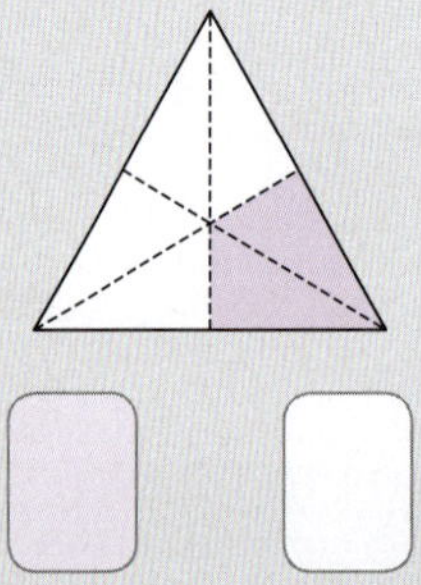

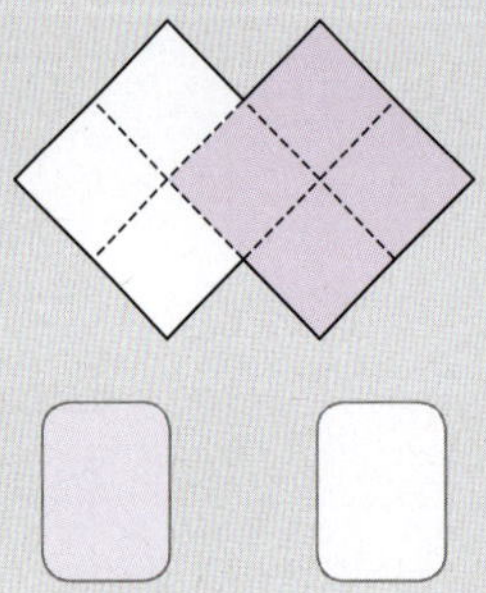

❾

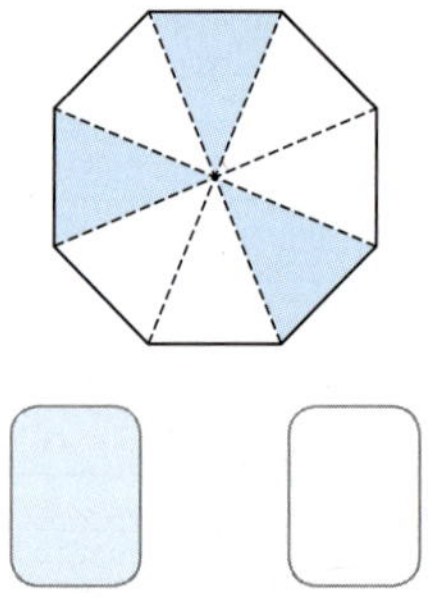

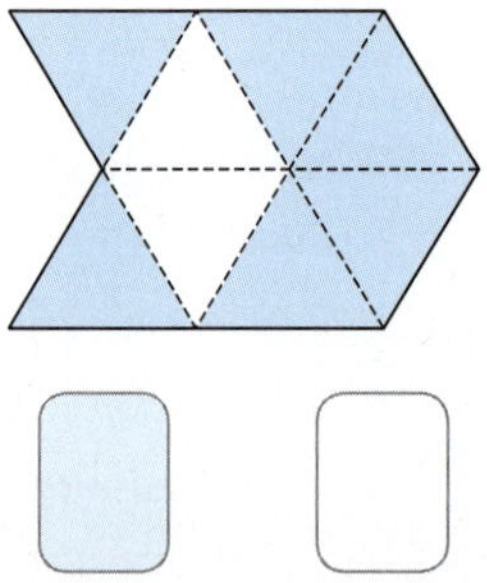

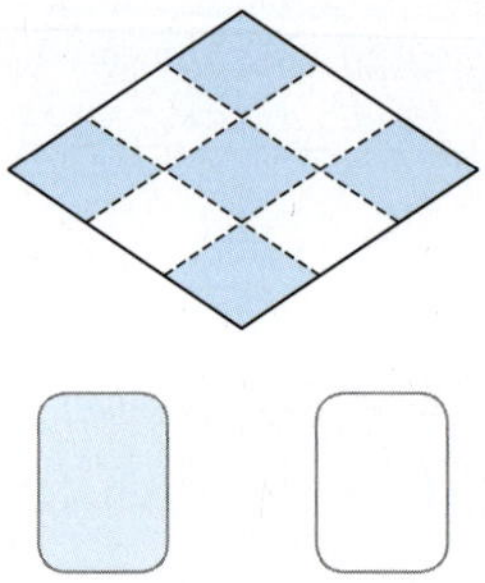

3　부분을 보고 전체 알아보기

$\dfrac{1}{\boxed{}}$ 의 전체는 $\dfrac{1}{\boxed{}}$ 이 ◼ 개야!

• 색칠한 부분을 보고 전체 알아보기

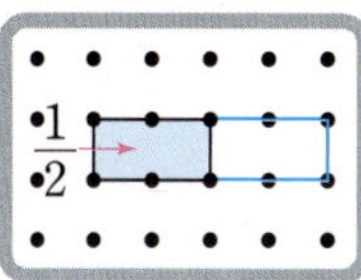

색칠한 부분 $\dfrac{1}{2}$ 은 전체를 똑같이 2로 나눈 것 중의 1입니다.

⇨ 전체는 $\dfrac{1}{2}$ 이 2개가 되도록 그립니다.

○ 부분을 보고 전체를 그려 보시오.

⑩
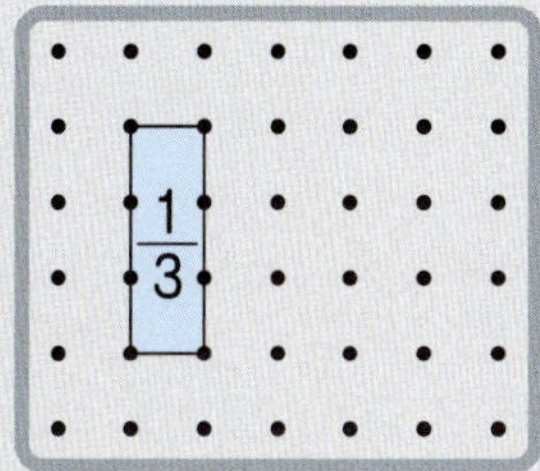

⑪
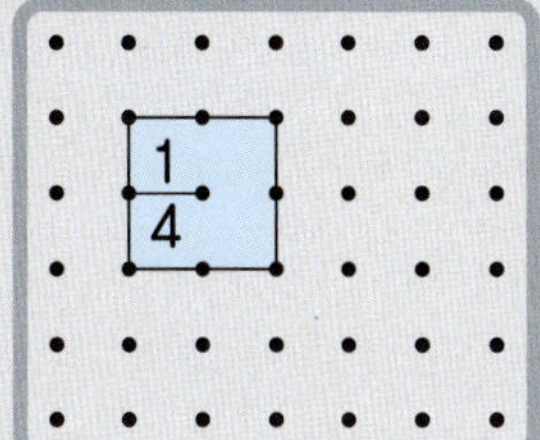

⑫
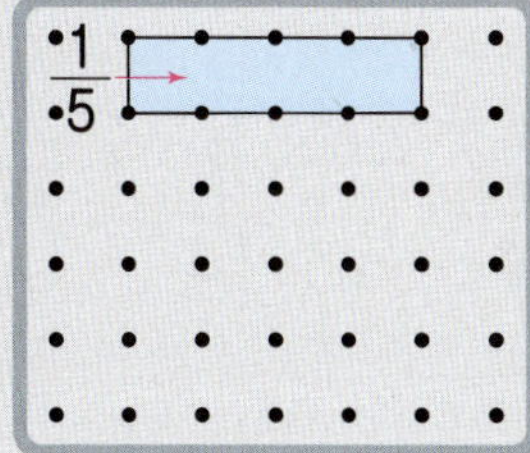

⑬
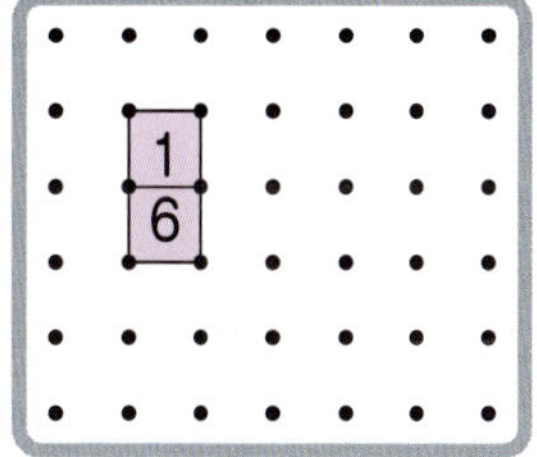

⑭
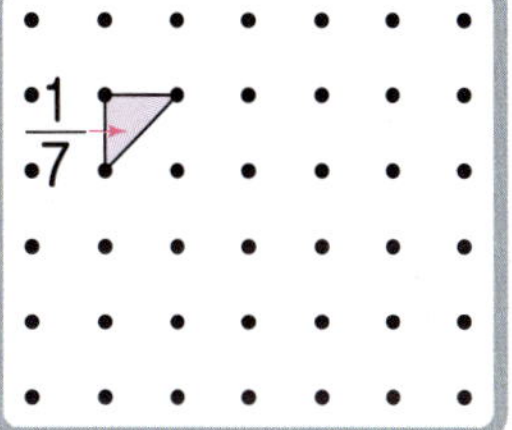

⑮
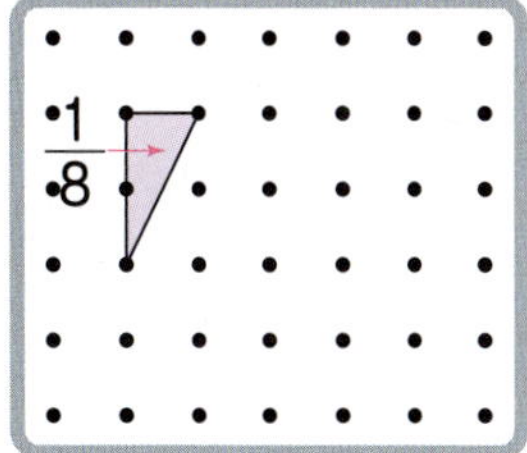

분모가 같은 분수는 분자가 클수록 더 커!

● 분모가 같은 분수의 크기 비교

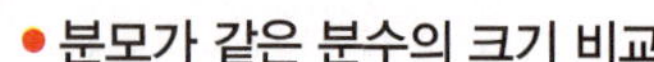
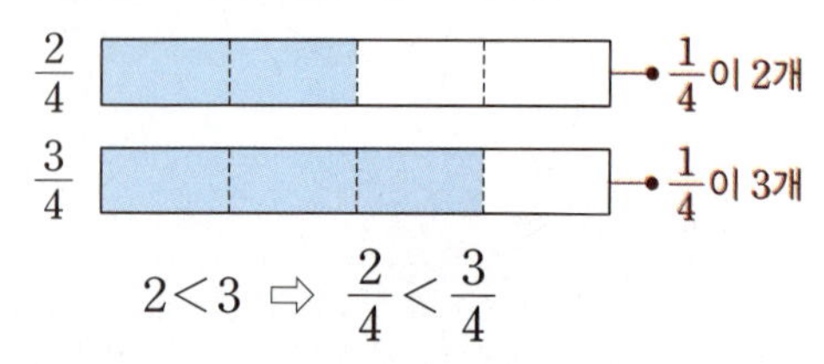

$\dfrac{2}{4}$ → $\dfrac{1}{4}$이 2개

$\dfrac{3}{4}$ → $\dfrac{1}{4}$이 3개

$$2 < 3 \Rightarrow \dfrac{2}{4} < \dfrac{3}{4}$$

참고 ■ < ▲ ⇨ $\dfrac{■}{●} < \dfrac{▲}{●}$

○ 두 분수의 크기를 비교하여 ◯ 안에 >, =, <를 알맞게 써넣으시오.

1 $\dfrac{1}{3}$ ◯ $\dfrac{2}{3}$

2 $\dfrac{3}{4}$ ◯ $\dfrac{1}{4}$

3 $\dfrac{2}{5}$ ◯ $\dfrac{4}{5}$

4 $\dfrac{3}{6}$ ◯ $\dfrac{5}{6}$

5 $\dfrac{6}{7}$ ◯ $\dfrac{4}{7}$

6 $\dfrac{5}{8}$ ◯ $\dfrac{2}{8}$

7 $\dfrac{6}{9}$ ◯ $\dfrac{7}{9}$

8 $\dfrac{4}{10}$ ◯ $\dfrac{8}{10}$

9 $\dfrac{9}{11}$ ◯ $\dfrac{10}{11}$

10 $\dfrac{7}{12}$ ◯ $\dfrac{4}{12}$

11 $\dfrac{11}{13}$ ◯ $\dfrac{9}{13}$

12 $\dfrac{5}{14}$ ◯ $\dfrac{8}{14}$

○ 가장 큰 분수에 ○표, 가장 작은 분수에 △표 하시오.

⑬　$\dfrac{2}{4}$　$\dfrac{1}{4}$　$\dfrac{3}{4}$

⑭　$\dfrac{2}{5}$　$\dfrac{4}{5}$　$\dfrac{3}{5}$

⑮　$\dfrac{4}{6}$　$\dfrac{5}{6}$　$\dfrac{1}{6}$

⑯　$\dfrac{6}{7}$　$\dfrac{2}{7}$　$\dfrac{4}{7}$

⑰　$\dfrac{3}{8}$　$\dfrac{5}{8}$　$\dfrac{7}{8}$

⑱　$\dfrac{6}{9}$　$\dfrac{4}{9}$　$\dfrac{2}{9}$

⑲　$\dfrac{8}{10}$　$\dfrac{6}{10}$　$\dfrac{5}{10}$

⑳　$\dfrac{9}{11}$　$\dfrac{7}{11}$　$\dfrac{10}{11}$

㉑　$\dfrac{9}{12}$　$\dfrac{6}{12}$　$\dfrac{4}{12}$

㉒　$\dfrac{3}{13}$　$\dfrac{8}{13}$　$\dfrac{6}{13}$

㉓　$\dfrac{11}{14}$　$\dfrac{10}{14}$　$\dfrac{12}{14}$

㉔　$\dfrac{13}{15}$　$\dfrac{14}{15}$　$\dfrac{11}{15}$

3일 차　학습한 날　　월　　일　걸린 시간　　분　맞힌 개수　　/24

분자가 1인 **단위분수**는
분모가 작을수록 더 **커!**

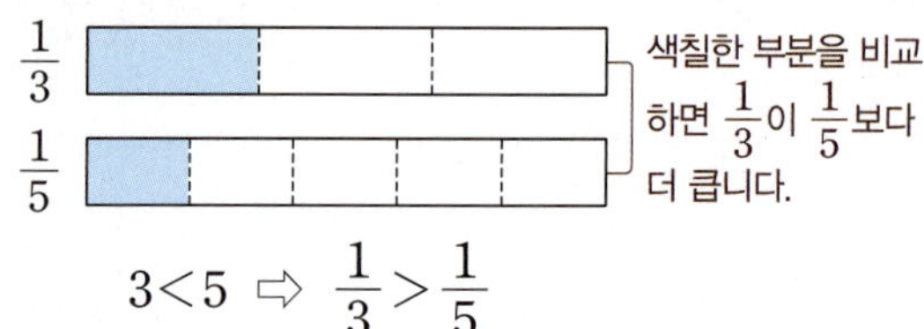

● 단위분수

단위분수: $\frac{1}{2}$, $\frac{1}{3}$, $\frac{1}{4}$ ……과 같이 분자가 1인 분수

● 단위분수의 크기 비교

색칠한 부분을 비교하면 $\frac{1}{3}$이 $\frac{1}{5}$보다 더 큽니다.

$$3 < 5 \ \Rightarrow \ \frac{1}{3} > \frac{1}{5}$$

참고 $\blacksquare < \blacktriangle \ \Rightarrow \ \frac{1}{\blacksquare} > \frac{1}{\blacktriangle}$

○ 두 분수의 크기를 비교하여 ◯ 안에 >, =, <를 알맞게 써넣으시오.

① $\frac{1}{2}$ ◯ $\frac{1}{3}$

② $\frac{1}{3}$ ◯ $\frac{1}{4}$

③ $\frac{1}{4}$ ◯ $\frac{1}{2}$

④ $\frac{1}{5}$ ◯ $\frac{1}{8}$

⑤ $\frac{1}{6}$ ◯ $\frac{1}{5}$

⑥ $\frac{1}{7}$ ◯ $\frac{1}{8}$

⑦ $\frac{1}{8}$ ◯ $\frac{1}{2}$

⑧ $\frac{1}{9}$ ◯ $\frac{1}{6}$

⑨ $\frac{1}{10}$ ◯ $\frac{1}{7}$

⑩ $\frac{1}{11}$ ◯ $\frac{1}{9}$

⑪ $\frac{1}{12}$ ◯ $\frac{1}{14}$

⑫ $\frac{1}{13}$ ◯ $\frac{1}{15}$

○ 가장 큰 분수에 ◯표, 가장 작은 분수에 △표 하시오.

13 $\dfrac{1}{2}$ $\dfrac{1}{4}$ $\dfrac{1}{5}$

14 $\dfrac{1}{6}$ $\dfrac{1}{5}$ $\dfrac{1}{4}$

15 $\dfrac{1}{2}$ $\dfrac{1}{7}$ $\dfrac{1}{5}$

16 $\dfrac{1}{8}$ $\dfrac{1}{5}$ $\dfrac{1}{7}$

17 $\dfrac{1}{3}$ $\dfrac{1}{7}$ $\dfrac{1}{9}$

18 $\dfrac{1}{9}$ $\dfrac{1}{5}$ $\dfrac{1}{8}$

19 $\dfrac{1}{9}$ $\dfrac{1}{6}$ $\dfrac{1}{10}$

20 $\dfrac{1}{11}$ $\dfrac{1}{4}$ $\dfrac{1}{8}$

21 $\dfrac{1}{9}$ $\dfrac{1}{12}$ $\dfrac{1}{7}$

22 $\dfrac{1}{6}$ $\dfrac{1}{13}$ $\dfrac{1}{10}$

23 $\dfrac{1}{11}$ $\dfrac{1}{10}$ $\dfrac{1}{14}$

24 $\dfrac{1}{15}$ $\dfrac{1}{12}$ $\dfrac{1}{11}$

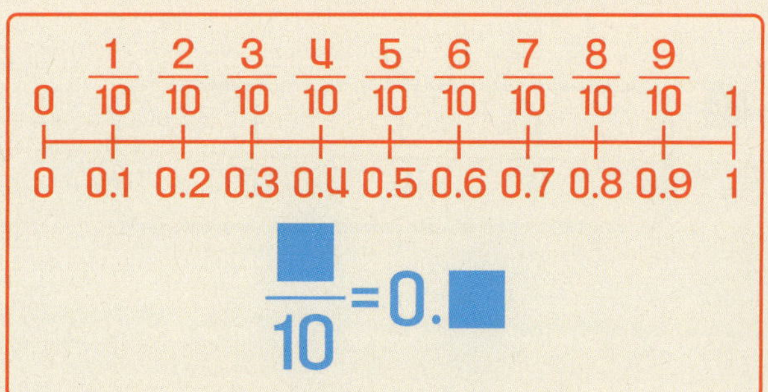

● 소수

· 소수: 0.1, 0.2, 0.3과 같은 수
└ 소수점

분수	$\frac{1}{10}$	$\frac{2}{10}$	⋯⋯	$\frac{8}{10}$	$\frac{9}{10}$
소수	0.1	0.2	⋯⋯	0.8	0.9
소수 읽기	영 점 일	영 점 이	⋯⋯	영 점 팔	영 점 구

· 1보다 큰 소수

2와 0.3만큼인 수 ⇨ [쓰기 2.3
　　　　　　　　　　 읽기 이 점 삼]

○ 주어진 수를 소수로 쓰고 읽어 보시오.

① $\frac{1}{10}$

쓰기 (　　　　　　　)
읽기 (　　　　　　　)

④ $\frac{6}{10}$

쓰기 (　　　　　　　)
읽기 (　　　　　　　)

⑦ 1과 0.3만큼인 수

쓰기 (　　　　　　　)
읽기 (　　　　　　　)

② $\frac{2}{10}$

쓰기 (　　　　　　　)
읽기 (　　　　　　　)

⑤ $\frac{7}{10}$

쓰기 (　　　　　　　)
읽기 (　　　　　　　)

⑧ 2와 0.4만큼인 수

쓰기 (　　　　　　　)
읽기 (　　　　　　　)

③ $\frac{5}{10}$

쓰기 (　　　　　　　)
읽기 (　　　　　　　)

⑥ $\frac{9}{10}$

쓰기 (　　　　　　　)
읽기 (　　　　　　　)

⑨ 6과 0.8만큼인 수

쓰기 (　　　　　　　)
읽기 (　　　　　　　)

○ ☐ 안에 알맞은 수를 써넣으시오.

⑩ 0.5는 0.1이 ☐ 개입니다.

⑪ 1은 0.1이 ☐ 개입니다.

⑫ 2.7은 0.1이 ☐ 개입니다.

⑬ 1.4는 ☐ 이 14개입니다.

⑭ 3.6은 ☐ 이 36개입니다.

⑮ 0.8은 $\frac{☐}{☐}$ 이 8개입니다.

⑯ 4.9는 $\frac{☐}{☐}$ 이 49개입니다.

⑰ 0.1이 6개이면 ☐ 입니다.

⑱ 0.1이 25개이면 ☐ 입니다.

⑲ 0.1이 38개이면 ☐ 입니다.

⑳ 0.1이 ☐ 개이면 0.9입니다.

㉑ 0.1이 ☐ 개이면 4.1입니다.

㉒ $\frac{1}{10}$ 이 ☐ 개이면 1.7입니다.

㉓ $\frac{1}{10}$ 이 ☐ 개이면 5.2입니다.

$$1\,\text{mm} = 0.1\,\text{cm}$$

$$\downarrow \quad \blacktriangle\,\text{mm} = 0.\blacktriangle\,\text{cm}$$

$$\blacksquare\,\text{cm}\,\blacktriangle\,\text{mm} = \blacksquare\,\text{cm} + 0.\blacktriangle\,\text{cm}$$
$$= \blacksquare.\blacktriangle\,\text{cm}$$

- **17 mm를 cm로 나타내기**

$1\,\text{mm} = 0.1\,\text{cm}$

$\Rightarrow 17\,\text{mm} = 1.7\,\text{cm}$

- **2 cm 5 mm를 cm로 나타내기**

$2\,\text{cm}\,5\,\text{mm} = 2\,\text{cm} + 5\,\text{mm}$ ─┐ $1\,\text{mm}=0.1\,\text{cm}$ 이므로

$= 2\,\text{cm} + 0.5\,\text{cm}$ ◄─ $5\,\text{mm}=0.5\,\text{cm}$

$= 2.5\,\text{cm}$

○ 길이를 소수로 나타내려고 합니다. ☐ 안에 알맞은 소수를 써넣으시오.

❶ $11\,\text{mm} = \boxed{}\,\text{cm}$

❷ $24\,\text{mm} = \boxed{}\,\text{cm}$

❸ $32\,\text{mm} = \boxed{}\,\text{cm}$

❹ $37\,\text{mm} = \boxed{}\,\text{cm}$

❺ $43\,\text{mm} = \boxed{}\,\text{cm}$

❻ $46\,\text{mm} = \boxed{}\,\text{cm}$

❼ $52\,\text{mm} = \boxed{}\,\text{cm}$

❽ $58\,\text{mm} = \boxed{}\,\text{cm}$

❾ $61\,\text{mm} = \boxed{}\,\text{cm}$

❿ $65\,\text{mm} = \boxed{}\,\text{cm}$

⓫ $74\,\text{mm} = \boxed{}\,\text{cm}$

⓬ $79\,\text{mm} = \boxed{}\,\text{cm}$

⓭ $83\,\text{mm} = \boxed{}\,\text{cm}$

⓮ $88\,\text{mm} = \boxed{}\,\text{cm}$

⓯ $92\,\text{mm} = \boxed{}\,\text{cm}$

⑯ 1 cm 3 mm = ☐ cm

⑰ 2 cm 5 mm = ☐ cm

⑱ 3 cm 4 mm = ☐ cm

⑲ 4 cm 9 mm = ☐ cm

⑳ 5 cm 5 mm = ☐ cm

㉑ 6 cm 7 mm = ☐ cm

㉒ 7 cm 2 mm = ☐ cm

㉓ 8 cm 6 mm = ☐ cm

㉔ 9 cm 4 mm = ☐ cm

㉕ 9 cm 7 mm = ☐ cm

㉖ 10 cm 1 mm = ☐ cm

㉗ 15 cm 2 mm = ☐ cm

㉘ 18 cm 5 mm = ☐ cm

㉙ 20 cm 3 mm = ☐ cm

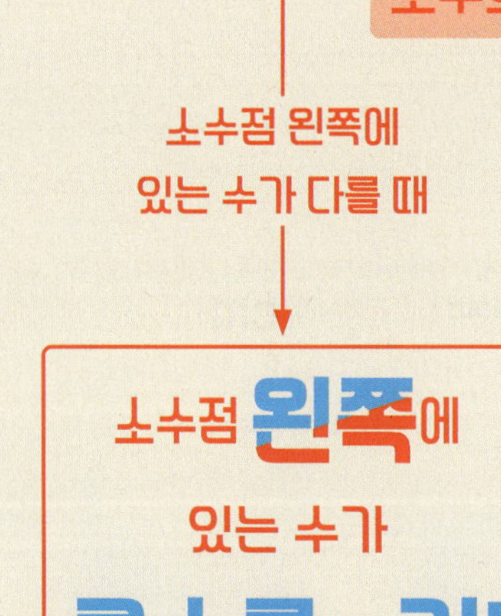

- 소수의 크기 비교
- 소수점 왼쪽에 있는 수가 다를 때, 소수점 왼쪽에 있는 수가 클수록 더 큰 소수입니다.

$$2.4 > 1.7$$
$$2 > 1$$

- 소수점 왼쪽에 있는 수가 같을 때, 소수점 오른쪽에 있는 수가 클수록 더 큰 소수입니다.

$$3.6 < 3.8$$
$$6 < 8$$

참고 소수의 크기 비교 방법
① 소수점 왼쪽에 있는 수의 크기를 먼저 비교합니다.
② 소수점 왼쪽에 있는 수의 크기가 같으면 소수점 오른쪽에 있는 수의 크기를 비교합니다.

○ 두 소수의 크기를 비교하여 ◯ 안에 >, =, <를 알맞게 써넣으시오.

① 0.1 ◯ 0.4

② 0.2 ◯ 0.1

③ 0.5 ◯ 0.3

④ 0.6 ◯ 0.9

⑤ 0.8 ◯ 0.7

⑥ 0.9 ◯ 1.1

⑦ 1.3 ◯ 0.8

⑧ 1.6 ◯ 1.7

⑨ 1.8 ◯ 2.2

⑩ 2.3 ◯ 2.1

⑪ 2.5 ◯ 2.9

⑫ 2.7 ◯ 3.2

⑬ 3.5 ◯ 3.1

⑭ 3.8 ◯ 4.9

⑮ 4.2 ◯ 4.1

○ 가장 큰 소수에 ○표, 가장 작은 소수에 △표 하시오.

⑯ 0.3   0.5   0.2

⑰ 0.6   0.9   1.4

⑱ 1.2   1.8   1.5

⑲ 2.5   2.2   2.9

⑳ 3.8   3.7   3.3

㉑ 3.5   4.1   2.7

㉒ 4.6   4.8   5.1

㉓ 5.2   5.5   5.4

㉔ 4.3   5.7   6.1

㉕ 6.7   6.2   6.5

㉖ 6.5   6.4   7.2

㉗ 7.6   7.8   7.3

㉘ 8.4   7.9   8.3

㉙ 9.2   9.5   9.6

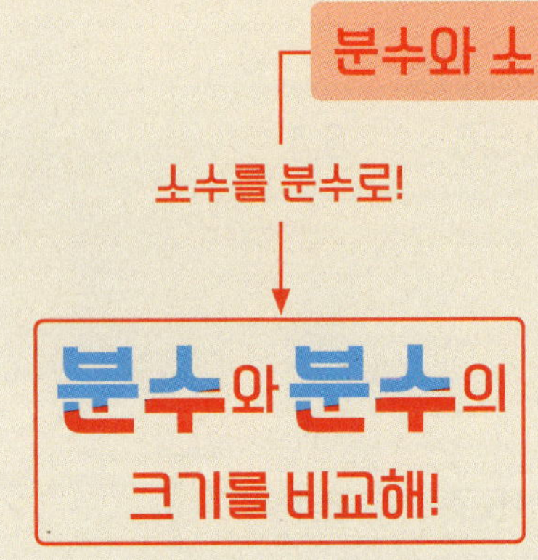

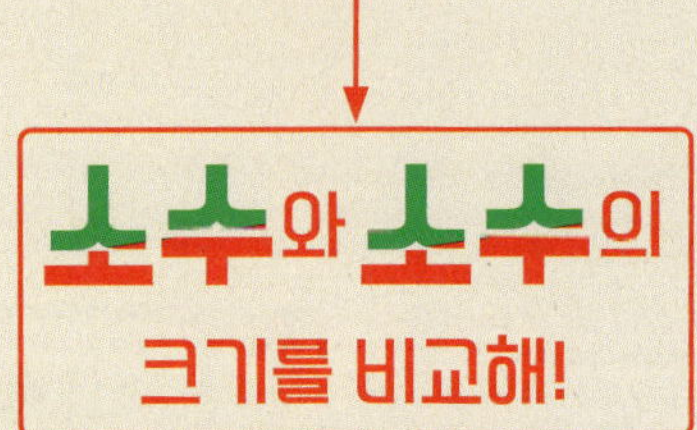

- $\dfrac{1}{10}$과 0.2의 크기 비교

방법1 분수를 소수로 나타내기

$\dfrac{1}{10} = 0.1$이므로 $0.1 < 0.2$

$\Rightarrow \dfrac{1}{10} < 0.2$

방법2 소수를 분수로 나타내기

$0.2 = \dfrac{2}{10}$이므로 $\dfrac{1}{10} < \dfrac{2}{10}$

$\Rightarrow \dfrac{1}{10} < 0.2$

○ 두 수의 크기를 비교하여 ◯ 안에 >, =, <를 알맞게 써넣으시오.

❶ $\dfrac{1}{10}$ ◯ 0.3

❷ $\dfrac{2}{10}$ ◯ 0.4

❸ $\dfrac{3}{10}$ ◯ 0.2

❹ $\dfrac{4}{10}$ ◯ 0.6

❺ 0.3 ◯ $\dfrac{5}{10}$

❻ 0.5 ◯ $\dfrac{7}{10}$

❼ 0.6 ◯ $\dfrac{4}{10}$

❽ 0.7 ◯ $\dfrac{2}{10}$

❾ $\dfrac{7}{10}$ ◯ 0.8

❿ $\dfrac{8}{10}$ ◯ 0.6

⓫ 0.8 ◯ $\dfrac{9}{10}$

⓬ 0.9 ◯ $\dfrac{7}{10}$

○ 가장 큰 수에 ○표, 가장 작은 수에 △표 하시오.

⑬ $\dfrac{2}{10}$　0.1　$\dfrac{3}{10}$

⑭ 0.3　$\dfrac{4}{10}$　0.2

⑮ $\dfrac{1}{10}$　$\dfrac{3}{10}$　0.5

⑯ 0.5　0.4　$\dfrac{2}{10}$

⑰ 0.2　$\dfrac{6}{10}$　$\dfrac{4}{10}$

⑱ $\dfrac{3}{10}$　0.5　0.6

⑲ 0.5　$\dfrac{7}{10}$　0.4

⑳ $\dfrac{2}{10}$　0.7　$\dfrac{6}{10}$

㉑ 0.8　0.6　$\dfrac{3}{10}$

㉒ $\dfrac{8}{10}$　$\dfrac{7}{10}$　0.6

㉓ $\dfrac{6}{10}$　0.8　0.9

㉔ 0.7　$\dfrac{9}{10}$　$\dfrac{8}{10}$

분자를 비교해!

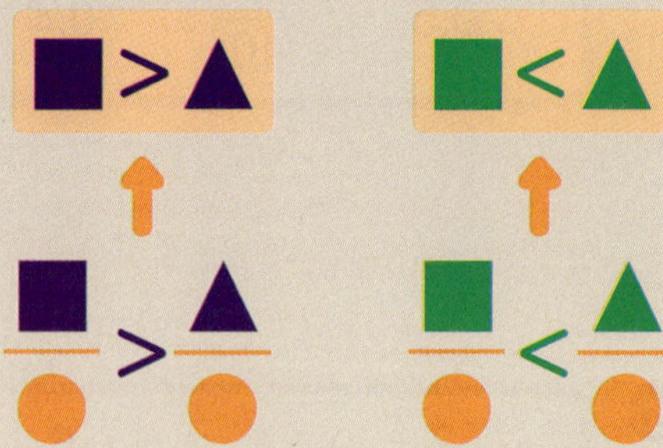

- 분모가 같은 분수의 크기 비교에서
  □ 안에 들어갈 수 있는 수 구하기
  (단, □는 1부터 9까지의 수)

$$\frac{3}{5} > \frac{\square}{5}$$

$\dfrac{3}{5}$ 과 $\dfrac{\square}{5}$ 의 분모가 5로 같으므로

분자를 비교하면 3 > □입니다.
└ 3보다 작은 수

⇨ □ 안에 들어갈 수 있는 수: 1, 2

○ 1부터 9까지의 수 중에서 □ 안에 들어갈 수 있는 수를 모두 구해 보시오.

1
$$\frac{2}{7} > \frac{\square}{7}$$

( )

4
$$\frac{6}{14} < \frac{\square}{14}$$

( )

2
$$\frac{7}{10} < \frac{\square}{10}$$

( )

5
$$\frac{4}{16} > \frac{\square}{16}$$

( )

3
$$\frac{3}{12} > \frac{\square}{12}$$

( )

6
$$\frac{5}{19} < \frac{\square}{19}$$

( )

11 단위분수의 크기 비교에서 ☐ 구하기

● 단위분수의 크기 비교에서
☐ 안에 들어갈 수 있는 수 구하기
(단, ☐는 2부터 9까지의 수)

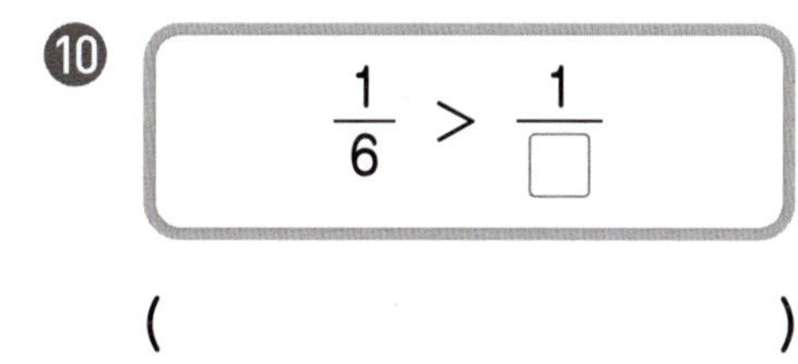

$\dfrac{1}{7}$ 과 $\dfrac{1}{☐}$ 은 단위분수이므로

분모를 비교하면 7 < ☐입니다.
• 7보다 큰 수
⇨ ☐ 안에 들어갈 수 있는 수: 8, 9

○ 2부터 9까지의 수 중에서 ☐ 안에 들어갈 수 있는 수를 모두 구해 보시오.

❼ $\dfrac{1}{3} < \dfrac{1}{☐}$

(   )

❿ $\dfrac{1}{6} > \dfrac{1}{☐}$

(   )

❽ $\dfrac{1}{4} > \dfrac{1}{☐}$

(   )

⓫ $\dfrac{1}{7} < \dfrac{1}{☐}$

(   )

❾ $\dfrac{1}{5} < \dfrac{1}{☐}$

(   )

⓬ $\dfrac{1}{8} > \dfrac{1}{☐}$

(   )

12 소수의 크기 비교에서 □ 구하기

소수점 오른쪽에 있는 수를 비교해!

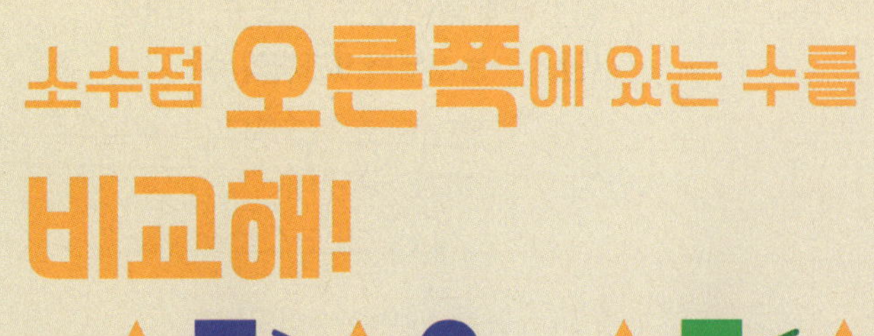

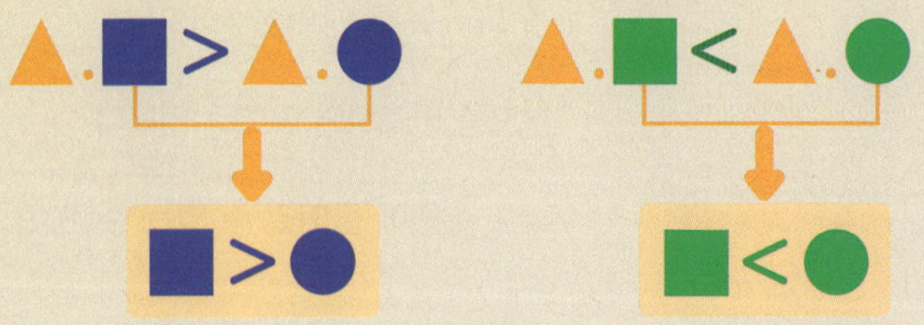

● 소수의 크기 비교에서
□ 안에 들어갈 수 있는 수 구하기
(단, □는 1부터 9까지의 수)

1.6<1.□

1.6과 1.□의 소수점 왼쪽에 있는 수가 1로 같으므로 소수점 오른쪽에 있는 수를 비교하면 6<□입니다.
└ 6보다 큰 수

⇨ □ 안에 들어갈 수 있는 수: 7, 8, 9

○ 1부터 9까지의 수 중에서 □ 안에 들어갈 수 있는 수를 모두 구해 보시오.

❶ 0.8 < 0.□

(　　　　　　　)

❷ 2.2 > 2.□

(　　　　　　　)

❸ 4.7 < 4.□

(　　　　　　　)

❹ 6.5 > 6.□

(　　　　　　　)

❺ 7.4 < 7.□

(　　　　　　　)

❻ 9.3 > 9.□

(　　　　　　　)

13　수 카드로 소수 만들기

가장 큰 **소수**는
큰 수부터 차례로 놓고,
가장 **작은 소수**는
작은 **수부터 차례로** 놓아!

- 4장의 수 카드 중 2장을 뽑아 한 번씩만 사용하여
  소수 ■.▲ 만들기

  | 0 | 1 | 2 | 3 |

- 가장 큰 소수 만들기
  3>2>1>0이므로 큰 수부터 차례로 놓으면 3.2입니다.
- 가장 작은 소수 만들기
  0<1<2<3이므로 작은 수부터 차례로 놓으면 0.1입니다.

참고 가장 작은 소수 ■.▲를 만들 때 ■에 0을 넣어 소수를 만들
수 있습니다.

○ 4장의 수 카드 중 2장을 뽑아 한 번씩만 사용하여 소수 ■.▲를 만들려고 합니다.
　만들 수 있는 소수 중 가장 큰 수와 가장 작은 수를 각각 구해 보시오.

❼ | 2 | 3 | 1 | 4 |

　가장 큰 수 (　　　　　　　　　)
　가장 작은 수 (　　　　　　　　　)

❿ | 7 | 5 | 2 | 6 |

　가장 큰 수 (　　　　　　　　　)
　가장 작은 수 (　　　　　　　　　)

❽ | 0 | 2 | 5 | 1 |

　가장 큰 수 (　　　　　　　　　)
　가장 작은 수 (　　　　　　　　　)

⓫ | 6 | 0 | 4 | 8 |

　가장 큰 수 (　　　　　　　　　)
　가장 작은 수 (　　　　　　　　　)

❾ | 4 | 5 | 3 | 6 |

　가장 큰 수 (　　　　　　　　　)
　가장 작은 수 (　　　　　　　　　)

⓬ | 9 | 8 | 7 | 3 |

　가장 큰 수 (　　　　　　　　　)
　가장 작은 수 (　　　　　　　　　)

● 문제를 읽고 해결하기

체육 시간에 멀리뛰기를 하는데 은지는 $\dfrac{6}{10}$ m를 뛰었고, 동욱이는 $\dfrac{7}{10}$ m를 뛰었습니다.

은지와 동욱이 중에서 더 멀리 뛴 사람은 누구입니까?

풀이 뛴 거리를 비교하면 $\overset{\text{은지}}{\dfrac{6}{10}} < \overset{\text{동욱}}{\dfrac{7}{10}}$ 입니다.

따라서 더 멀리 뛴 사람은 동욱입니다.

답 동욱

문제 속 표현

길다 / 많다 / 멀다

짧다 / 적다 / 가깝다

⇨

풀이 방법

큰 수를 구해!

작은 수를 구해!

---

1 보람이가 가지고 있는 나무 도막의 길이는 0.3 m이고,
민서가 가지고 있는 나무 도막의 길이는 0.5 m입니다.
보람이와 민서 중에서 가지고 있는 나무 도막의 길이가 더 긴 사람은 누구입니까?

✎ 풀이 공간

나무 도막의 길이를 비교하면 $\overset{\text{보람}}{0.3} \bigcirc \overset{\text{민서}}{0.5}$ 입니다.

따라서 나무 도막의 길이가 더 긴 사람은 ☐ 입니다.

답 : ______________

2 집에서 학교까지의 거리는 0.6 km이고,

집에서 놀이터까지의 거리는 $\dfrac{4}{10}$ km입니다.

학교와 놀이터 중에서 집에서 더 가까운 곳은 어디입니까?

거리를 비교하면 $0.6 = \dfrac{\square}{10}$ 이므로 $\overset{\text{집~학교}}{0.6} \bigcirc \overset{\text{집~놀이터}}{\dfrac{4}{10}}$ 입니다.

따라서 집에서 더 가까운 곳은 ☐ 입니다.

답 : ______________

❸ 소라와 재준이는 같은 털실을 각각 한 개씩 사서
소라는 전체의 $\frac{1}{4}$을 사용했고, 재준이는 전체의 $\frac{1}{9}$을 사용했습니다.
소라와 재준이 중에서 털실을 더 많이 사용한 사람은 누구입니까?

답 : ____________________

❹ 호영이가 가지고 있는 연필의 길이는 7.9 cm이고,
가윤이가 가지고 있는 연필의 길이는 8.5 cm입니다.
호영이와 가윤이 중에서 가지고 있는 연필의 길이가 더 긴 사람은 누구입니까?

답 : ____________________

❺ 미술 시간에 가 모둠이 사용한 찰흙은 $\frac{8}{10}$ kg이고,
나 모둠이 사용한 찰흙은 0.9 kg입니다.
가 모둠과 나 모둠 중에서 찰흙을 더 적게 사용한 모둠은 어느 모둠입니까?

답 : ____________________

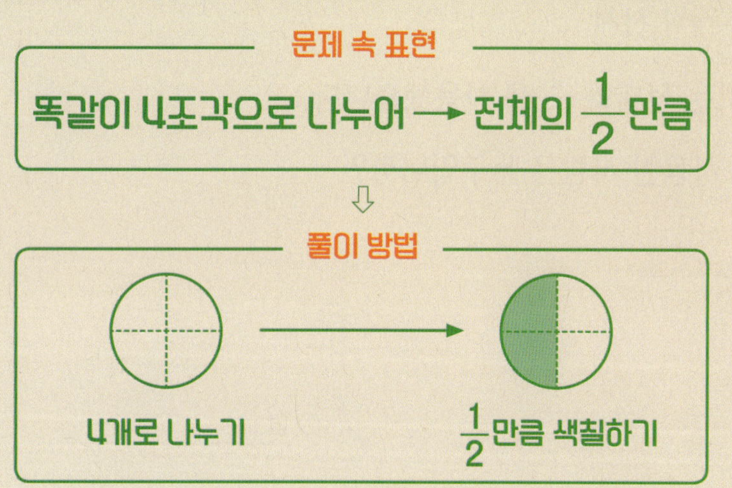

● 문제를 읽고 해결하기

세연이가 와플을 똑같이 4조각으로 나누어 전체의 $\frac{1}{2}$ 만큼 먹었습니다.

세연이가 먹은 와플은 몇 조각입니까?

풀이 와플을 똑같이 4조각으로 나누어

전체의 $\frac{1}{2}$ 을 색칠하면 ◑ 입니다.

따라서 세연이가 먹은 와플은 2조각입니다.

답 2조각

---

1 주민이는 케이크를 똑같이 6조각으로 나누어 전체의 $\frac{1}{2}$ 만큼 먹었습니다.

주민이가 먹은 케이크는 몇 조각입니까?

✎ 풀이 공간

케이크를 똑같이 6조각으로 나누어 전체의 $\frac{1}{2}$ 을 색칠하면

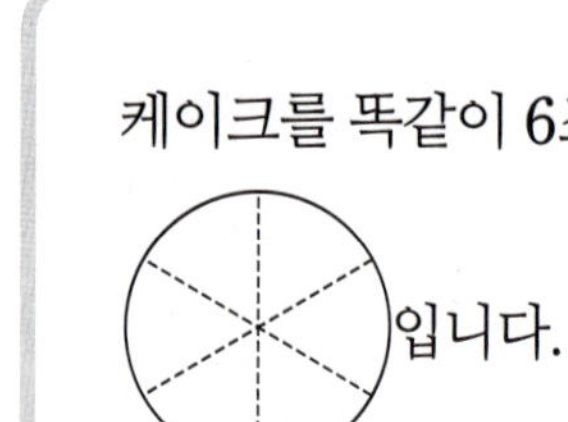 입니다.

따라서 주민이가 먹은 케이크는 [ ] 조각입니다.

답 : ________

---

2 은정이는 리본을 똑같이 9도막으로 나누어 전체의 $\frac{1}{3}$ 만큼 사용했습니다.

은정이가 사용한 리본은 몇 도막입니까?

✎

리본을 똑같이 9도막으로 나누어 전체의 $\frac{1}{3}$ 을 색칠하면

[ ] 입니다.

따라서 은정이가 사용한 리본은 [ ] 도막입니다.

답 : ________

❸ 선정이는 파이를 똑같이 8조각으로 나누어 전체의 $\frac{1}{4}$만큼 먹었습니다.

선정이가 먹은 파이는 몇 조각입니까?

답 : ____________________

❹ 지훈이는 색 테이프를 똑같이 10도막으로 나누어 전체의 $\frac{1}{5}$만큼 사용했습니다.

지훈이가 사용한 색 테이프는 몇 도막입니까?

답 : ____________________

❺ 채린이는 포장지를 똑같이 18조각으로 나누어 전체의 $\frac{1}{6}$만큼 사용했습니다.

채린이가 사용한 포장지는 몇 조각입니까?

답 : ____________________

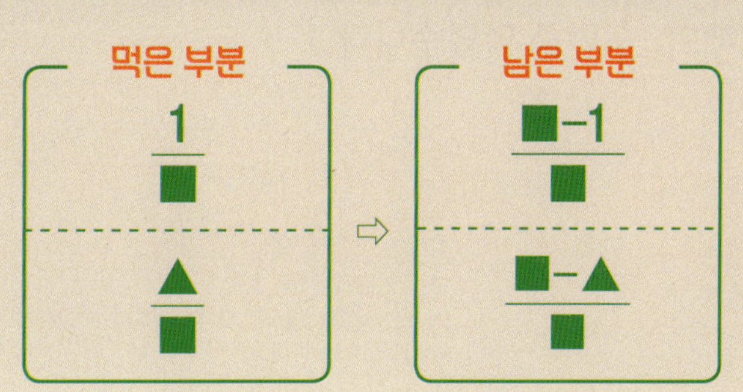

● 문제를 읽고 해결하기

민정이는 치즈 한 개를 사서 전체의 $\frac{1}{3}$을 먹었습니다.

남은 치즈는 먹은 치즈의 몇 배입니까?

풀이 먹은 치즈는 전체의 $\frac{1}{3}$, 남은 치즈는 전체의 $\frac{2}{3}$입니다.

따라서 $\frac{2}{3}$는 $\frac{1}{3}$이 2개이므로 $\frac{3-1}{3}$

남은 치즈는 먹은 치즈의 2배입니다.

답 2배

---

❶ 하진이는 우유 한 개를 사서 전체의 $\frac{1}{5}$을 마셨습니다.

남은 우유는 마신 우유의 몇 배입니까?

✎ 풀이 공간

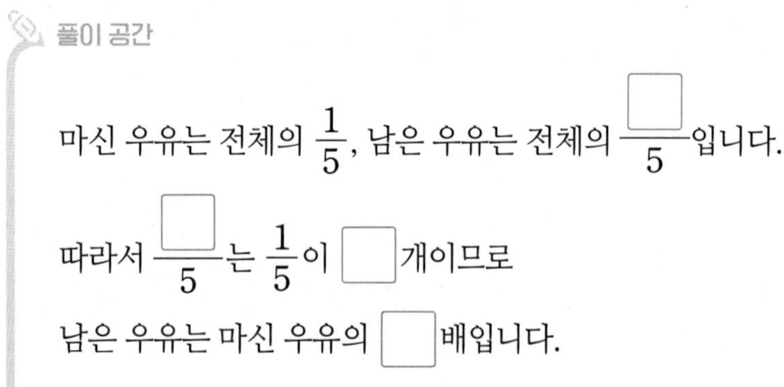

마신 우유는 전체의 $\frac{1}{5}$, 남은 우유는 전체의 $\frac{\square}{5}$입니다.

따라서 $\frac{\square}{5}$는 $\frac{1}{5}$이 $\square$개이므로

남은 우유는 마신 우유의 $\square$배입니다.

답 : ____________

---

❷ 은경이는 과자 한 봉지를 사서 전체의 $\frac{1}{7}$을 먹었습니다.

남은 과자는 먹은 과자의 몇 배입니까?

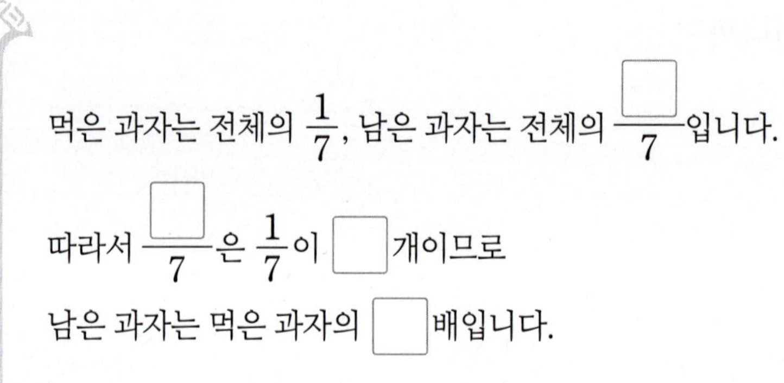

먹은 과자는 전체의 $\frac{1}{7}$, 남은 과자는 전체의 $\frac{\square}{7}$입니다.

따라서 $\frac{\square}{7}$은 $\frac{1}{7}$이 $\square$개이므로

남은 과자는 먹은 과자의 $\square$배입니다.

답 : ____________

❸ 초롱이는 빵 한 개를 사서 전체의 $\dfrac{1}{8}$ 을 먹었습니다.

남은 빵은 먹은 빵의 몇 배입니까?

답 : ______________

❹ 승우는 멜론 한 통을 사서 전체의 $\dfrac{2}{10}$ 를 먹었습니다.

남은 멜론은 먹은 멜론의 몇 배입니까?

답 : ______________

❺ 연서는 주스 한 병을 사서 전체의 $\dfrac{3}{12}$ 을 마셨습니다.

남은 주스는 마신 주스의 몇 배입니까?

답 : ______________

1 색칠한 부분을 분수로 쓰고 읽어 보시오.

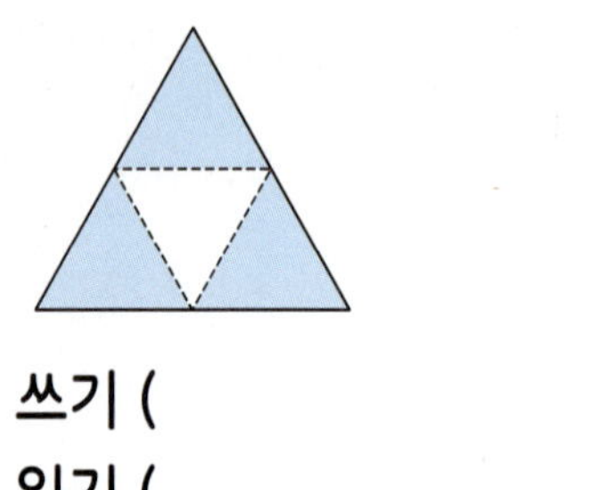

쓰기 (　　　　　　　　　　)

읽기 (　　　　　　　　　　)

2 색칠한 부분과 색칠하지 <u>않은</u> 부분을 분수로 써 보시오.

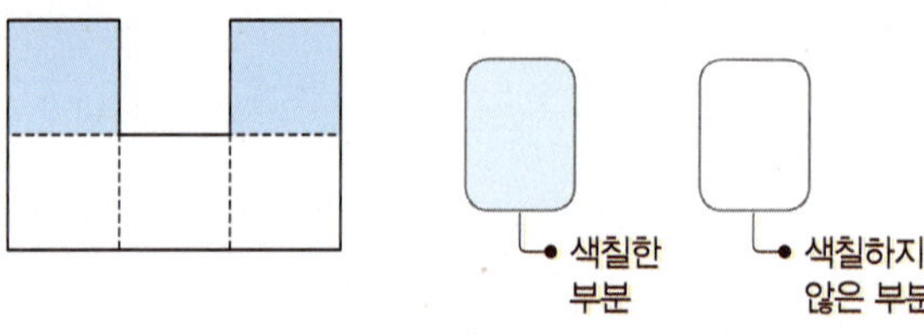

3 부분을 보고 전체를 그려 보시오.

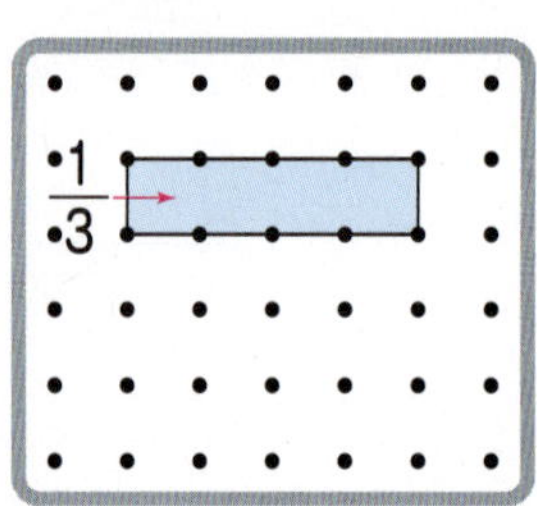

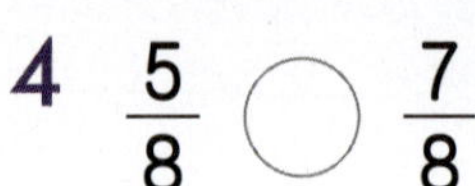

○ 두 분수의 크기를 비교하여 ○ 안에 >, =, < 를 알맞게 써넣으시오.

4 $\dfrac{5}{8}$ ○ $\dfrac{7}{8}$

5 $\dfrac{1}{10}$ ○ $\dfrac{1}{12}$

○ ☐ 안에 알맞은 수를 써넣으시오.

6 1.6은 0.1이 ☐ 개입니다.

7 0.1이 29개이면 ☐ 입니다.

8 3.2는 $\dfrac{\boxed{}}{\boxed{}}$ 이 32개입니다.

○ ☐ 안에 알맞은 소수를 써넣으시오.

9 45 mm = ☐ cm

10 5 cm 7 mm = ☐ cm

11 두 소수의 크기를 비교하여 ○ 안에 >, =, < 를 알맞게 써넣으시오.

0.6 ○ 0.8

12 가장 큰 수에 ○표, 가장 작은 수에 △표 하시오.

$\dfrac{9}{10}$　　0.5　　$\dfrac{7}{10}$

○ 1부터 9까지의 수 중에서 ☐ 안에 들어갈 수 있는 수를 모두 구해 보시오.

13

$$\frac{4}{11} > \frac{\square}{11}$$

( )

14

$$\frac{1}{5} > \frac{1}{\square}$$

( )

15

$$8.6 < 8.\square$$

( )

16 4장의 수 카드 중 2장을 뽑아 한 번씩만 사용하여 소수 ■.▲를 만들려고 합니다. 만들 수 있는 소수 중 가장 큰 수와 가장 작은 수를 각각 구해 보시오.

$$\boxed{3} \quad \boxed{6} \quad \boxed{0} \quad \boxed{9}$$

가장 큰 수 ( )
가장 작은 수 ( )

17 보미가 가지고 있는 철사의 길이는 $\frac{4}{10}$ m 이고, 현우가 가지고 있는 철사의 길이는 0.5 m입니다. 보미와 현우 중에서 가지고 있는 철사의 길이가 더 짧은 사람은 누구 입니까?

( )

18 예은이가 수수깡을 똑같이 8도막으로 나누어 전체의 $\frac{1}{2}$만큼 사용하였습니다. 예은이가 사용한 수수깡은 몇 도막입니까?

( )

19 근호는 식혜 한 캔을 사서 전체의 $\frac{3}{9}$을 마셨습니다. 남은 식혜는 마신 식혜의 몇 배 입니까?

( )

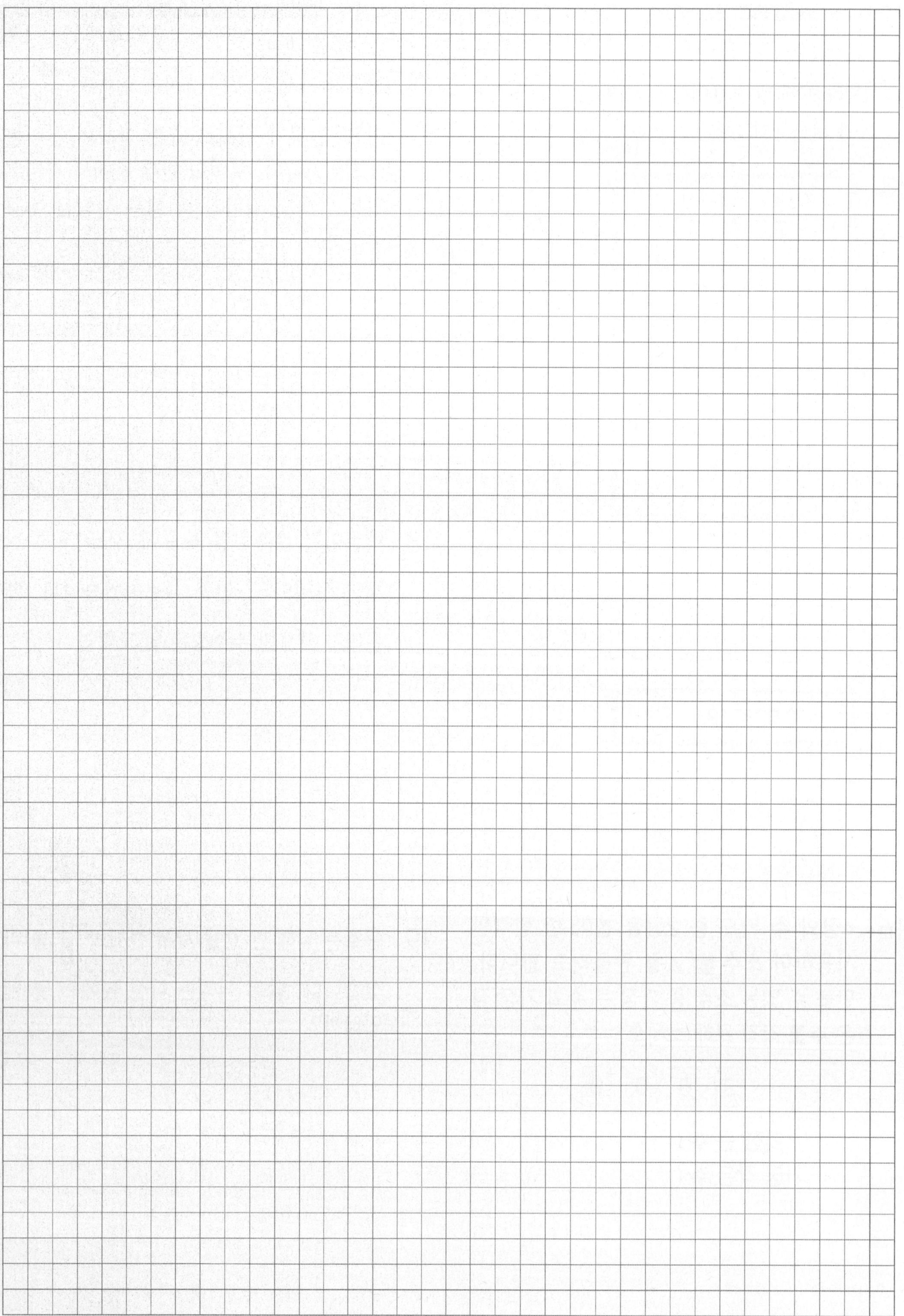

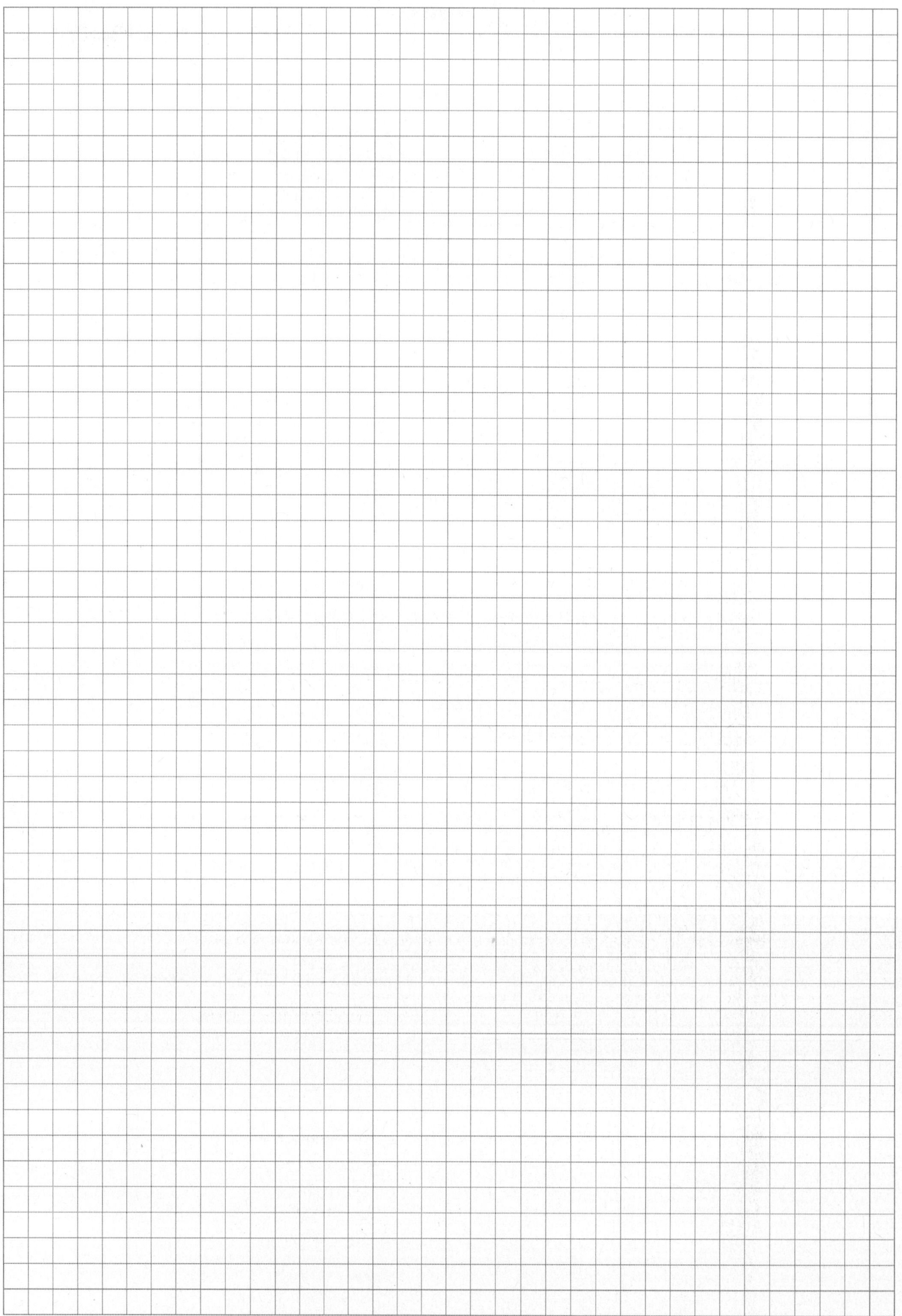

개념 + 연산 파워

초등수학 3/1

정답과 풀이

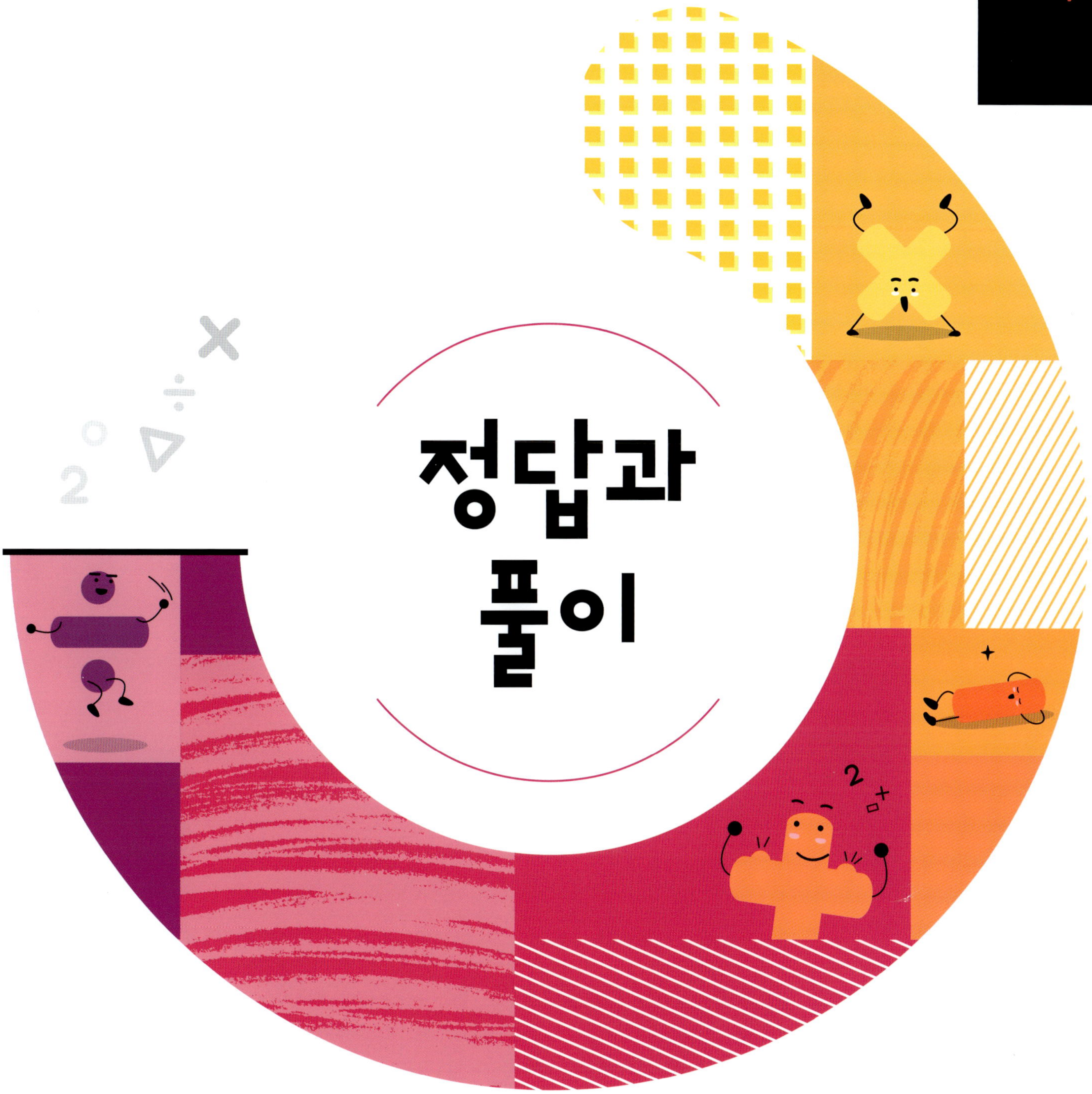

 **책 속의 가접 별책** (특허 제 0557442호)

'정답과 풀이'는 본책에서 쉽게 분리할 수 있도록 제작되었으므로
유통 과정에서 분리될 수 있으나 파본이 아닌 정상제품입니다.

정답과 풀이

개념 + 연산 파워

정답과 풀이

초등수학

3·1

1. 덧셈과 뺄셈

① 받아올림이 없는 (세 자리 수) + (세 자리 수)

1일차

8쪽

❶ 256
❷ 595
❸ 488
❹ 861
❺ 558
❻ 497
❼ 718
❽ 688
❾ 837
❿ 789
⓫ 946
⓬ 947

9쪽

⓭ 539
⓮ 677
⓯ 528
⓰ 395
⓱ 647
⓲ 488
⓳ 668
⓴ 832
㉑ 649
㉒ 754
㉓ 865
㉔ 668
㉕ 978
㉖ 679
㉗ 887
㉘ 786
㉙ 866
㉚ 994
㉛ 857
㉜ 967
㉝ 957

② 받아올림이 한 번 있는 (세 자리 수) + (세 자리 수)

2일차

10쪽

❶ 331
❷ 462
❸ 673
❹ 494
❺ 708
❻ 555
❼ 835
❽ 787
❾ 831
❿ 677
⓫ 781
⓬ 871

11쪽

⓭ 283
⓮ 480
⓯ 452
⓰ 393
⓱ 686
⓲ 472
⓳ 772
⓴ 754
㉑ 738
㉒ 814
㉓ 712
㉔ 725
㉕ 868
㉖ 971
㉗ 734
㉘ 835
㉙ 762
㉚ 781
㉛ 834
㉜ 963
㉝ 936

③ 받아올림이 두 번 있는 (세 자리 수) + (세 자리 수)

3일차

12쪽

❶ 314
❷ 522
❸ 442
❹ 850
❺ 525
❻ 931
❼ 802
❽ 923
❾ 850
❿ 814
⓫ 821
⓬ 931

13쪽

⓭ 632
⓮ 771
⓯ 611
⓰ 501
⓱ 905
⓲ 862
⓳ 503
⓴ 733
㉑ 834
㉒ 683
㉓ 812
㉔ 642
㉕ 713
㉖ 943
㉗ 818
㉘ 731
㉙ 991
㉚ 821
㉛ 832
㉜ 921
㉝ 916

④ 받아올림이 세 번 있는 (세 자리 수) + (세 자리 수)

4일차

14쪽

❶ 1111	❺ 1244	❾ 1305
❷ 1061	❻ 1323	❿ 1573
❸ 1232	❼ 1324	⓫ 1334
❹ 1130	❽ 1546	⓬ 1541

15쪽

⓭ 1123	⑳ 1203	㉗ 1421
⓮ 1020	㉑ 1438	㉘ 1217
⓯ 1031	㉒ 1135	㉙ 1561
⓰ 1105	㉓ 1055	㉚ 1318
⓱ 1223	㉔ 1402	㉛ 1233
⓲ 1332	㉕ 1424	㉜ 1411
⓳ 1108	㉖ 1230	㉝ 1342

⑤ 그림에서 두 수의 덧셈하기

⑥ 두 수의 합 구하기

5일차

16쪽 ❗ 정답을 위에서부터 확인합니다.

❶ 717 / 430	❹ 612 / 935
❷ 668 / 511	❺ 816 / 1332
❸ 659 / 1120	❻ 951 / 1536

17쪽

❼ 796	⓫ 711
❽ 958	⓬ 932
❾ 671	⓭ 1211
❿ 627	⓮ 1722

⑦ 수를 몇백으로 만들어 더하기

6일차

18쪽 ❗ 정답을 위에서부터 확인합니다.

❶ 433 / 200	❹ 771 / 1 / 500, 772
❷ 751 / 300	❺ 753 / 2 / 600, 755
❸ 642 / 400	❻ 921 / 3 / 700, 924

19쪽

❼ 798 / 600	⓫ 698 / 2 / 300, 700
❽ 496 / 200	⓬ 696 / 4 / 200, 700
❾ 797 / 500	⓭ 897 / 3 / 300, 900
❿ 897 / 500	⓮ 897 / 3 / 200, 900

⑧ 수를 몇백몇십으로 만들어 더하기

7일차

20쪽 ❗ 정답을 위에서부터 확인합니다.

❶ 421 / 240	❹ 712 / 1 / 260, 713
❷ 622 / 370	❺ 723 / 2 / 140, 725
❸ 532 / 160	❻ 921 / 3 / 270, 924

21쪽

❼ 648 / 460	⓫ 728 / 2 / 280, 730
❽ 416 / 170	⓬ 626 / 4 / 160, 630
❾ 737 / 480	⓭ 817 / 3 / 250, 820
❿ 806 / 430	⓮ 766 / 4 / 180, 770

⑨ 뺄셈식에서 어떤 수 구하기

22쪽

❶ 356 ❻ 553
❷ 408 ❼ 581
❸ 645 ❽ 660
❹ 797 ❾ 783
❺ 884 ❿ 862

23쪽

⑪ 468 ⑰ 500
⑫ 658 ⑱ 682
⑬ 809 ⑲ 711
⑭ 837 ⑳ 813
⑮ 926 ㉑ 941
⑯ 927 ㉒ 974

❶ □＝125＋231＝356 ❻ □＝237＋316＝553
❷ □＝203＋205＝408 ❼ □＝349＋232＝581
❸ □＝331＋314＝645 ❽ □＝435＋225＝660
❹ □＝426＋371＝797 ❾ □＝624＋159＝783
❺ □＝742＋142＝884 ❿ □＝519＋343＝862

⑪ □＝274＋194＝468 ⑰ □＝158＋342＝500
⑫ □＝383＋275＝658 ⑱ □＝299＋383＝682
⑬ □＝462＋347＝809 ⑲ □＝366＋345＝711
⑭ □＝582＋255＝837 ⑳ □＝675＋138＝813
⑮ □＝630＋296＝926 ㉑ □＝457＋484＝941
⑯ □＝745＋182＝927 ㉒ □＝595＋379＝974

⑩ 덧셈식 완성하기

24쪽　❗ 정답을 위에서부터 확인합니다.

❶ 7, 2 ❹ 5, 3
❷ 1, 3 ❺ 5, 4
❸ 8, 4, 6 ❻ 4, 8, 2

25쪽

❼ 1, 2 ⑪ 1, 7
❽ 3, 7 ⑫ 4, 2, 5
❾ 9, 1 ⑬ 2, 2
❿ 7, 2, 4 ⑭ 9, 8, 7

❶ · 일의 자리: 3＋□＝5, □＝2
　· 십의 자리: □＋1＝8, □＝7
❷ · 일의 자리: □＋4＝5, □＝1
　· 십의 자리: 1＋□＝4, □＝3
❸ · 일의 자리: □＋1＝9, □＝8
　· 십의 자리: 2＋□＝8, □＝6
　· 백의 자리: 5＋□＝9, □＝4
❹ · 일의 자리: 7＋□＝10, □＝3
　· 십의 자리: 1＋□＋0＝6, □＝5
❺ · 일의 자리: □＋6＝11, □＝5
　· 십의 자리: 1＋0＋□＝5, □＝4
❻ · 일의 자리: □＋4＝12, □＝8
　· 십의 자리: 1＋1＋□＝4, □＝2
　· 백의 자리: □＋3＝7, □＝4
❼ · 십의 자리: 8＋□＝10, □＝2
　· 백의 자리: 1＋□＋3＝5, □＝1
❽ · 십의 자리: 5＋□＝12, □＝7
　· 백의 자리: 1＋□＋2＝6, □＝3

❾ · 십의 자리: □＋4＝13, □＝9
　· 백의 자리: 1＋4＋□＝6, □＝1
❿ · 일의 자리: 4＋□＝8, □＝4
　· 십의 자리: □＋7＝14, □＝7
　· 백의 자리: 1＋5＋□＝8, □＝2
⑪ · 십의 자리: 1＋5＋□＝13, □＝7
　· 백의 자리: 1＋□＋4＝6, □＝1
⑫ · 일의 자리: □＋8＝12, □＝4
　· 십의 자리: 1＋4＋□＝10, □＝5
　· 백의 자리: 1＋3＋□＝6, □＝2
⑬ · 일의 자리: 9＋□＝11, □＝2
　· 백의 자리: 1＋□＋7＝10, □＝2
⑭ · 일의 자리: □＋3＝12, □＝9
　· 십의 자리: 1＋5＋□＝13, □＝7
　· 백의 자리: 1＋8＋□＝17, □＝8

⑪ 합이 가장 큰 덧셈식 만들기

26쪽

❶ $421+412=833$

❷ $632+623=1255$

❸ $862+826=1688$

❹ $743+734=1477$

❺ $953+935=1888$

❻ $654+645=1299$

27쪽

❼ $874+847=1721$

❽ $765+756=1521$

❾ $975+957=1932$

❿ $876+867=1743$

⓫ $987+978=1965$

⓬ $310+301=611$

⓭ $820+802=1622$

⓮ $430+403=833$

⓯ $940+904=1844$

⓰ $750+705=1455$

⑫ 덧셈 문장제

28쪽

❶ 361, 225, 586 / 586명

❷ 508, 154, 662 / 662개

❸ 191, 287, 478 / 478번

29쪽

❹ $187+226=413$ / 413명

❺ $219+197=416$ / 416표

❻ $869+283=1152$ / 1152명

❼ $735+495=1230$ / 1230권

❹ (2학년과 3학년 학생 수)=(2학년 학생 수)+(3학년 학생 수)
$=187+226=413$(명)

❺ (은주가 얻은 표의 수)=(지호가 얻은 표의 수)+197
$=219+197=416$(표)

❻ (오늘 입장한 사람 수)=(어제 입장한 사람 수)+283
$=869+283=1152$(명)

❼ (팔린 위인전의 수)=(팔린 동화책의 수)+495
$=735+495=1230$(권)

⑬ 바르게 계산한 값 구하기

30쪽

❶ 242, 242, 396, 396, 550 / 550

❷ 419, 419, 784, 784, 1149 / 1149

31쪽

❸ 920

❹ 1316

❺ 1211

❸ 어떤 수를 □라 하면
□$-231=458$ ➪ $458+231=$□, □$=689$입니다.
따라서 바르게 계산하면 $689+231=920$입니다.

❹ 어떤 수를 □라 하면
□$-374=568$ ➪ $568+374=$□, □$=942$입니다.
따라서 바르게 계산하면 $942+374=1316$입니다.

❺ 어떤 수를 □라 하면
□$-218=775$ ➪ $775+218=$□, □$=993$입니다.
따라서 바르게 계산하면 $993+218=1211$입니다.

⑭ 받아내림이 없는 (세 자리 수) − (세 자리 수)

32쪽

- ❶ 153
- ❷ 201
- ❸ 213
- ❹ 234
- ❺ 415
- ❻ 225
- ❼ 421
- ❽ 233
- ❾ 712
- ❿ 411
- ⓫ 712
- ⓬ 351

33쪽

- ⓭ 112
- ⓮ 204
- ⓯ 212
- ⓰ 322
- ⓱ 232
- ⓲ 143
- ⓳ 411
- ⓴ 215
- ㉑ 182
- ㉒ 531
- ㉓ 431
- ㉔ 435
- ㉕ 522
- ㉖ 361
- ㉗ 212
- ㉘ 412
- ㉙ 137
- ㉚ 281
- ㉛ 712
- ㉜ 533
- ㉝ 652

⑮ 받아내림이 한 번 있는 (세 자리 수) − (세 자리 수)

34쪽

- ❶ 239
- ❷ 129
- ❸ 339
- ❹ 303
- ❺ 476
- ❻ 241
- ❼ 497
- ❽ 261
- ❾ 603
- ❿ 333
- ⓫ 626
- ⓬ 448

35쪽

- ⓭ 135
- ⓮ 203
- ⓯ 217
- ⓰ 343
- ⓱ 216
- ⓲ 106
- ⓳ 328
- ⓴ 171
- ㉑ 94
- ㉒ 448
- ㉓ 362
- ㉔ 392
- ㉕ 471
- ㉖ 255
- ㉗ 247
- ㉘ 416
- ㉙ 145
- ㉚ 258
- ㉛ 726
- ㉜ 526
- ㉝ 664

⑯ 받아내림이 두 번 있는 (세 자리 수) − (세 자리 수)

36쪽

- ❶ 183
- ❷ 65
- ❸ 267
- ❹ 227
- ❺ 489
- ❻ 259
- ❼ 487
- ❽ 289
- ❾ 586
- ❿ 394
- ⓫ 775
- ⓬ 389

37쪽

- ⓭ 86
- ⓮ 193
- ⓯ 167
- ⓰ 188
- ⓱ 169
- ⓲ 89
- ⓳ 114
- ⓴ 358
- ㉑ 146
- ㉒ 339
- ㉓ 259
- ㉔ 187
- ㉕ 479
- ㉖ 378
- ㉗ 199
- ㉘ 377
- ㉙ 285
- ㉚ 445
- ㉛ 397
- ㉜ 564
- ㉝ 498

⑰ 세 수의 덧셈과 뺄셈

38쪽

❶ 216
❷ 293
❸ 389
❹ 467
❺ 473
❻ 408
❼ 590
❽ 700
❾ 836
❿ 887

39쪽

⑪ 679
⑫ 493
⑬ 392
⑭ 499
⑮ 494
⑯ 298
⑰ 188
⑱ 710
⑲ 609
⑳ 920
㉑ 708
㉒ 822
㉓ 852
㉔ 935

⑱ 그림에서 두 수의 뺄셈하기

40쪽 ❗ 정답을 위에서부터 확인합니다.

❶ 221 / 308
❷ 321 / 273
❸ 321 / 288
❹ 616 / 440
❺ 326 / 493
❻ 281 / 167

⑲ 두 수의 차 구하기

41쪽

❼ 114
❽ 132
❾ 388
❿ 233
⑪ 393
⑫ 157
⑬ 486
⑭ 184

⑳ (몇백) – (세 자리 수)

42쪽

❶ 179
❷ 265
❸ 106
❹ 484
❺ 521
❻ 527

43쪽

❼ 1 / 59
❽ 2 / 147
❾ 3 / 142
❿ 4 / 211
⑪ 5 / 348
⑫ 9, 10 / 372
⑬ 9, 10 / 373
⑭ 9, 10 / 187
⑮ 9, 10 / 565
⑯ 9, 10 / 252

㉑ 빼는 수를 몇백으로 만들어 빼기

44쪽 ❗ 정답을 위에서부터 확인합니다.

❶ 158 / 200
❷ 283 / 200
❸ 228 / 300
❹ 309 / 300, 309
❺ 328 / 400, 328
❻ 346 / 500, 346

45쪽

❼ 359 / 100
❽ 319 / 200
❾ 208 / 400
❿ 178 / 500
⑪ 569 / 200, 569
⑫ 528 / 300, 528
⑬ 349 / 500, 349
⑭ 307 / 600, 307

46쪽

❶ 161   **❻** 350
❷ 214   **❼** 309
❸ 375   **❽** 456
❹ 386   **❾** 378
❺ 437   **❿** 389

❶ $\square=296-135=161$
❷ $\square=342-128=214$
❸ $\square=946-571=375$
❹ $\square=611-225=386$
❺ $\square=724-287=437$
❻ $\square=455-105=350$
❼ $\square=564-255=309$
❽ $\square=839-383=456$
❾ $\square=815-437=378$
❿ $\square=907-518=389$

47쪽

⓫ 121   **⓰** 234
⓬ 205   **⓱** 231
⓭ 519   **⓲** 348
⓮ 268   **⓳** 372
⓯ 448   **⓴** 259

⓫ $\square=372-251=121$
⓬ $\square=578-373=205$
⓭ $\square=657-138=519$
⓮ $\square=794-526=268$
⓯ $\square=883-435=448$
⓰ $\square=419-185=234$
⓱ $\square=525-294=231$
⓲ $\square=724-376=348$
⓳ $\square=831-459=372$
⓴ $\square=952-693=259$

48쪽 ❗ 정답을 위에서부터 확인합니다.

❶ 4, 7   **❹** 2, 5
❷ 5, 0   **❺** 7, 8
❸ 2, 6   **❻** 1, 2

49쪽

❼ 3, 0   **⓫** 4, 8
❽ 5, 7   **⓬** 6, 9
❾ 5, 2   **⓭** 2, 6
❿ 1, 4   **⓮** 0, 4

❶ • 일의 자리: $9-\square=2$, $\square=7$
   • 백의 자리: $\square-1=3$, $\square=4$
❷ • 십의 자리: $2-\square=2$, $\square=0$
   • 백의 자리: $\square-2=3$, $\square=5$
❸ • 일의 자리: $\square-1=1$, $\square=2$
   • 십의 자리: $8-\square=2$, $\square=6$
❹ • 일의 자리: $10+2-\square=7$, $\square=5$
   • 백의 자리: $\square-1=1$, $\square=2$
❺ • 일의 자리: $10+4-\square=6$, $\square=8$
   • 십의 자리: $\square-1-5=1$, $\square=7$
❻ • 일의 자리: $10+\square-2=9$, $\square=1$
   • 십의 자리: $4-1-\square=1$, $\square=2$
❼ • 일의 자리: $5-\square=5$, $\square=0$
   • 백의 자리: $\square-1-1=1$, $\square=3$

❽ • 십의 자리: $10+4-\square=7$, $\square=7$
   • 백의 자리: $\square-1-3=1$, $\square=5$
❾ • 일의 자리: $\square-3=2$, $\square=5$
   • 백의 자리: $8-1-\square=5$, $\square=2$
❿ • 십의 자리: $10+\square-5=6$, $\square=1$
   • 백의 자리: $9-1-\square=4$, $\square=4$
⓫ • 일의 자리: $10+6-\square=8$, $\square=8$
   • 백의 자리: $\square-1-2=1$, $\square=4$
⓬ • 십의 자리: $10+7-1-\square=7$, $\square=9$
   • 백의 자리: $\square-1-4=1$, $\square=6$
⓭ • 일의 자리: $10+\square-5=7$, $\square=2$
   • 백의 자리: $8-1-\square=1$, $\square=6$
⓮ • 십의 자리: $10+\square-1-6=3$, $\square=0$
   • 백의 자리: $9-1-\square=4$, $\square=4$

22일 차

50쪽

❶ 921−129=792
❷ 431−134=297
❸ 632−236=396
❹ 843−348=495
❺ 963−369=594
❻ 754−457=297

51쪽

❼ 965−569=396
❽ 875−578=297
❾ 876−678=198
❿ 976−679=297
⓫ 987−789=198
⓬ 320−203=117
⓭ 730−307=423
⓮ 840−408=432
⓯ 650−506=144
⓰ 960−609=351

㉖ 뺄셈 문장제

23일 차

52쪽

❶ 425, 113, 312 / 312 cm
❷ 578, 126, 452 / 452번
❸ 608, 341, 267 / 267명

53쪽

❹ 278−169=109 / 109명
❺ 141−135=6 / 6 cm
❻ 726−167=559 / 559명
❼ 804−547=257 / 257그루

❹ (어른 수)−(어린이 수)=278−169=109(명)
❺ (윤아의 키)−(지우의 키)=141−135=6(cm)

❻ (여자의 수)=(남자의 수)−167=726−167=559(명)
❼ (사과나무의 수)−(배나무의 수)=804−547=257(그루)

㉗ 덧셈과 뺄셈 문장제

24일 차

54쪽

❶ 472, 695, 136 / 136송이
❷ 258, 376, 653 / 653명

55쪽

❸ 537+168−219=486 / 486개
❹ 728−159+245=814 / 814마리
❺ 854−375+428=907 / 907대

❸ (지호에게 남은 구슬의 수)
  =(초록색 구슬의 수)+(노란색 구슬의 수)
    −(친구에게 준 구슬의 수)
  =537+168−219=705−219=486(개)
❹ (지금 공원에 있는 새의 수)
  =(공원에 있었던 새의 수)−(날아간 새의 수)
    +(새로 날아온 새의 수)
  =728−159+245=569+245=814(마리)

❺ (지금 주차장에 있는 자동차의 수)
  =(주차장에 있었던 자동차의 수)−(빠져나간 자동차의 수)
    +(더 들어온 자동차의 수)
  =854−375+428=479+428=907(대)

25일 차

56쪽

❶ 782, 782, 448, 448, 114 / 114
❷ 447, 447, 189, 189, 69 / 69

57쪽

❸ 467
❹ 158
❺ 125

❸ 어떤 수를 □라 하면
  □＋161＝789 ⇨ 789−161＝□, □＝628입니다.
  따라서 바르게 계산하면 628−161＝467입니다.
❹ 어떤 수를 □라 하면
  □＋357＝872 ⇨ 872−357＝□, □＝515입니다.
  따라서 바르게 계산하면 515−357＝158입니다.

❺ 어떤 수를 □라 하면
  534＋□＝943 ⇨ 943−534＝□, □＝409입니다.
  따라서 바르게 계산하면 534−409＝125입니다.

평가 1. 덧셈과 뺄셈

26일 차

58쪽

1	859	7	679
2	560	8	807
3	823	9	862
4	242	10	1541
5	324	11	212
6	248	12	374
		13	339
		14	915

59쪽

15 547＋268＝815 / 815명
16 506−239＝267 / 267개
17 298＋312−335＝275 / 275개
18 1403
19 351
20 543−345＝198

15 (박물관에 입장한 사람 수)
  ＝(입장한 어른 수)＋(입장한 어린이 수)
  ＝547＋268＝815(명)
16 (팔린 귤의 수)−(팔린 사과의 수)
  ＝506−239＝267(개)
17 (남은 딸기의 수)
  ＝(아버지가 딴 딸기의 수)＋(어머니가 딴 딸기의 수)
    −(이웃집에 드린 딸기의 수)
  ＝298＋312−335＝610−335＝275(개)

18 어떤 수를 □라 하면
  □−586＝231 ⇨ 231＋586＝□, □＝817입니다.
  따라서 바르게 계산하면 817＋586＝1403입니다.
19 어떤 수를 □라 하면
  □＋137＝625 ⇨ 625−137＝□, □＝488입니다.
  따라서 바르게 계산하면 488−137＝351입니다.
20 • 가장 큰 세 자리 수: 543
  • 가장 작은 세 자리 수: 345
  ⇨ 차가 가장 큰 뺄셈식: 543−345＝198

2. 평면도형

① 선분, 반직선, 직선

62쪽

❶ 나 / 다 / 가
❷ 가 / 라 / 다
❸ 다 / 나 / 라

63쪽

❹ 직선 ㄱㄴ 또는 직선 ㄴㄱ
❺ 반직선 ㄱㄴ
❻ 선분 ㄱㄴ 또는 선분 ㄴㄱ
❼ 반직선 ㄴㄱ
❽ 직선 ㄱㄴ 또는 직선 ㄴㄱ
❾ 반직선 ㄴㄱ
❿ 선분 ㄱㄴ 또는 선분 ㄴㄱ
⓫ 반직선 ㄱㄴ
⓬ 직선 ㄱㄴ 또는 직선 ㄴㄱ
⓭ 선분 ㄱㄴ 또는 선분 ㄴㄱ

② 각

64쪽

❶ ( )(◯)( )(◯)
❷ (◯)( )(◯)( )
❸ ( )( )(◯)(◯)

65쪽

❹ 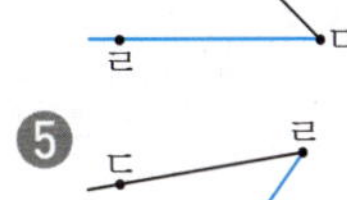 / 점 ㄷ / 변 ㄷㄴ, 변 ㄷㄹ
❺ 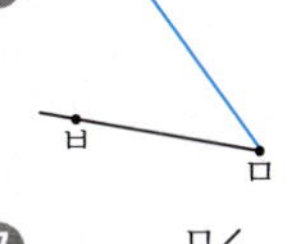 / 점 ㄹ / 변 ㄹㄷ, 변 ㄹㅁ
❻ 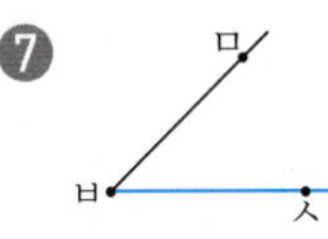 / 점 ㅁ / 변 ㅁㄹ, 변 ㅁㅂ
❼ / 점 ㅂ / 변 ㅂㅁ, 변 ㅂㅅ

③ 직각, 직각삼각형

66쪽

❶ 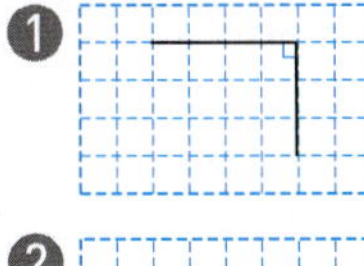
❷
❸ 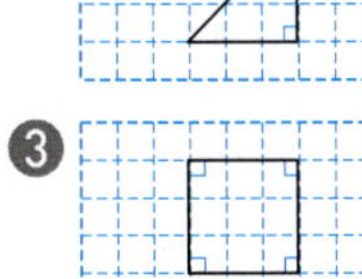
❹
❺ 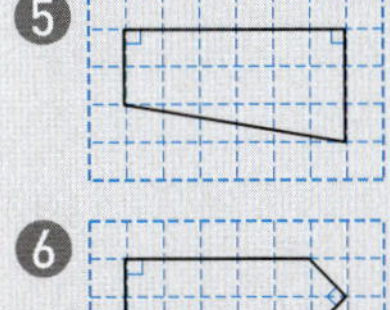
❻

67쪽

❼ ( )(◯)( )(◯)( )
❽ (◯)( )(◯)( )(◯)
❾ ( )(◯)( )( )(◯)
❿ ( )( )(◯)(◯)( )

④ 직사각형

68쪽

❶ (○)( )(○)( )( )
❷ ( )(○)( )(○)( )
❸ ( )( )(○)( )(○)

69쪽 ❗ 정답을 위에서부터 확인합니다.

❹ 4, 7
❺ 3, 6
❻ 7, 6
❼ 9, 4

❽ 3, 9
❾ 5, 5
❿ 8, 4
⓫ 5, 6

⑤ 정사각형

70쪽

❶ (○)( )(○)( )( )
❷ ( )(○)( )(○)( )
❸ (○)( )( )(○)( )

71쪽

❹ 3, 3, 3
❺ 6, 6, 6
❻ 5, 5, 5
❼ 7, 7, 7

❽ 2, 2, 2
❾ 4, 4, 4
❿ 8, 8, 8
⓫ 9, 9, 9

⑥ 정사각형의 한 변의 길이 구하기   ⑦ 직사각형의 세로 구하기

72쪽

❶ 4
❷ 8
❸ 10
❹ 5
❺ 9
❻ 12

73쪽

❼ 4
❽ 8
❾ 7
❿ 6
⓫ 5
⓬ 3

❶ □+□+□+□=16, 4+4+4+4=16이므로 □=4(cm)
❷ □+□+□+□=32, 8+8+8+8=32이므로 □=8(cm)
❸ □+□+□+□=40, 10+10+10+10=40이므로 □=10(cm)
❹ □+□+□+□=20, 5+5+5+5=20이므로 □=5(cm)
❺ □+□+□+□=36, 9+9+9+9=36이므로 □=9(cm)
❻ □+□+□+□=48, 12+12+12+12=48이므로 □=12(cm)

❼ 7+□+7+□=22, □+□=8, 4+4=8이므로 □=4(cm)
❽ 4+□+4+□=24, □+□=16, 8+8=16이므로 □=8(cm)
❾ 6+□+6+□=26, □+□=14, 7+7=14이므로 □=7(cm)
❿ 8+□+8+□=28, □+□=12, 6+6=12이므로 □=6(cm)
⓫ 10+□+10+□=30, □+□=10, 5+5=10이므로 □=5(cm)
⓬ 13+□+13+□=32, □+□=6, 3+3=6이므로 □=3(cm)

74쪽

❶ 8개
❷ 9개
❸ 10개
❹ 14개
❺ 14개
❻ 15개

75쪽

❼ 2개
❽ 2개
❾ 3개
❿ 3개
⓫ 3개
⓬ 6개
⓭ 8개
⓮ 9개

❶ 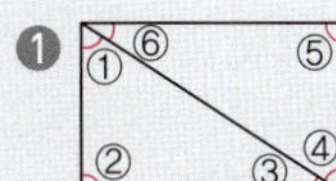
• 작은 각 1개짜리: ①, ②, ③, ④, ⑤, ⑥ → 6개
• 작은 각 2개짜리: ③+④, ⑥+① → 2개
⇨ 6+2=8(개)

❷ 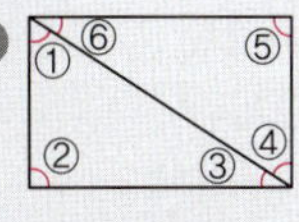
• 작은 각 1개짜리: ①, ②, ③, ④, ⑤, ⑥, ⑦ → 7개
• 작은 각 2개짜리: ②+③, ⑥+⑦ → 2개
⇨ 7+2=9(개)

❸ 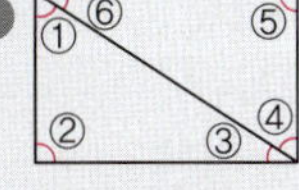
• 작은 각 1개짜리: ①, ②, ③, ④, ⑤, ⑥, ⑦, ⑧ → 8개
• 작은 각 2개짜리: ④+⑤, ⑧+① → 2개
⇨ 8+2=10(개)

❹ 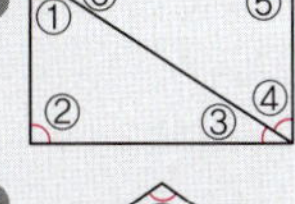
• 작은 각 1개짜리: ①, ②, ③, ④, ⑤, ⑥, ⑦, ⑧, ⑨, ⑩ → 10개
• 작은 각 2개짜리: ③+④, ⑤+⑥, ⑧+⑨, ⑩+① → 4개
⇨ 10+4=14(개)

❺ 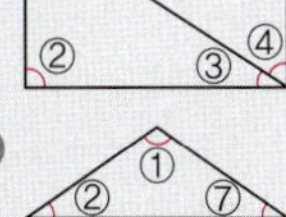
• 작은 각 1개짜리: ①, ②, ③, ④, ⑤, ⑥, ⑦, ⑧, ⑨ → 9개
• 작은 각 2개짜리: ③+④, ⑤+⑥, ⑧+⑨, ⑨+① → 4개
• 작은 각 3개짜리: ①+⑨+⑧ → 1개
⇨ 9+4+1=14(개)

❻ 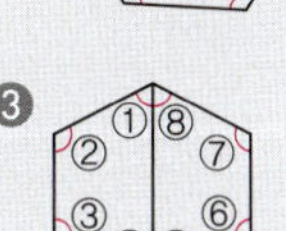
• 작은 각 1개짜리: ①, ②, ③, ④, ⑤, ⑥, ⑦, ⑧, ⑨, ⑩ → 10개
• 작은 각 2개짜리: ③+④, ⑥+⑦, ⑨+⑩, ⑩+① → 4개
• 작은 각 3개짜리: ①+⑩+⑨ → 1개
⇨ 10+4+1=15(개)

❼ 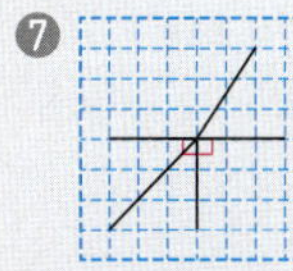
• 한 각이 직각이 되는 각: 1개
• 두 각이 직각이 되는 각: 1개
⇨ 1+1=2(개)

❽ 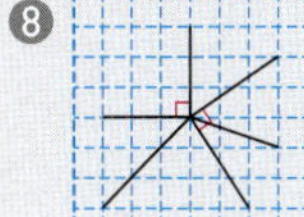
• 한 각이 직각이 되는 각: 1개
• 두 각이 직각이 되는 각: 1개
⇨ 1+1=2(개)

❾ 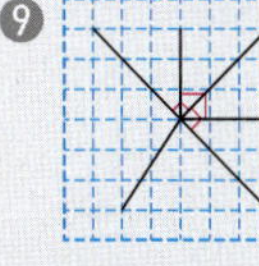
• 한 각이 직각이 되는 각: 0개
• 두 각이 직각이 되는 각: 3개
⇨ 0+3=3(개)

❿ 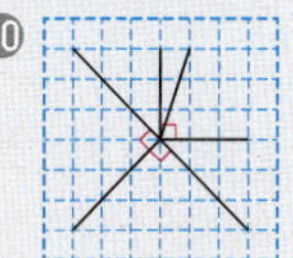
• 한 각이 직각이 되는 각: 2개
• 두 각이 직각이 되는 각: 1개
⇨ 2+1=3(개)

⓫ 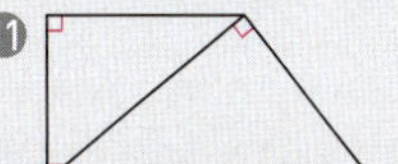
• 한 각이 직각이 되는 각: 2개
• 두 각이 직각이 되는 각: 1개
⇨ 2+1=3(개)

⓬ 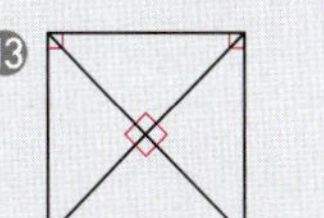
• 한 각이 직각이 되는 각: 4개
• 두 각이 직각이 되는 각: 2개
⇨ 4+2=6(개)

⓭ 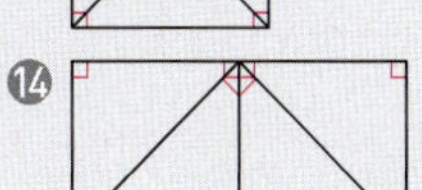
• 한 각이 직각이 되는 각: 4개
• 두 각이 직각이 되는 각: 4개
⇨ 4+4=8(개)

⓮ 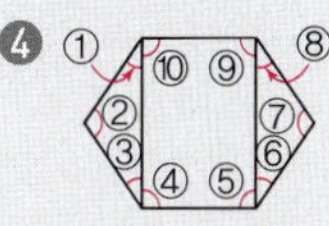
• 한 각이 직각이 되는 각: 4개
• 두 각이 직각이 되는 각: 5개
⇨ 4+5=9(개)

76쪽

❶ 3개 ❹ 4개
❷ 5개 ❺ 5개
❸ 7개 ❻ 8개

77쪽

❼ 5개 ⓫ 3개
❽ 6개 ⓬ 5개
❾ 9개 ⓭ 8개
❿ 12개 ⓮ 14개

---

❶ 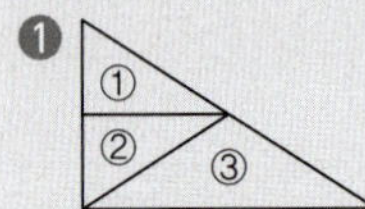
• 작은 도형 1개짜리: ①, ② → 2개
• 작은 도형 3개짜리: ①+②+③ → 1개
⇨ 2+1=3(개)

❷
• 작은 도형 1개짜리: ①, ②, ③, ④ → 4개
• 작은 도형 4개짜리: ①+②+③+④
→ 1개
⇨ 4+1=5(개)

❸
• 작은 도형 1개짜리: ①, ②, ③, ④ → 4개
• 작은 도형 2개짜리: ①+②, ③+④
→ 2개
• 작은 도형 4개짜리: ①+②+③+④
→ 1개
⇨ 4+2+1=7(개)

❹
• 작은 도형 1개짜리: ①, ③ → 2개
• 작은 도형 2개짜리: ①+④, ②+③
→ 2개
⇨ 2+2=4(개)

❺
• 작은 도형 1개짜리: ①, ②, ③, ④ → 4개
• 작은 도형 2개짜리: ②+③ → 1개
⇨ 4+1=5(개)

❻
• 작은 도형 1개짜리: ①, ②, ③, ④ → 4개
• 작은 도형 2개짜리: ①+②, ②+③,
③+④, ④+①
→ 4개
⇨ 4+4=8(개)

❼ 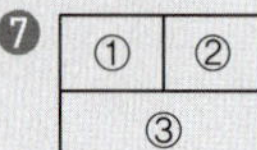
• 작은 도형 1개짜리: ①, ②, ③ → 3개
• 작은 도형 2개짜리: ①+② → 1개
• 작은 도형 3개짜리: ①+②+③ → 1개
⇨ 3+1+1=5(개)

❽
• 작은 도형 1개짜리: ①, ②, ③ → 3개
• 작은 도형 2개짜리: ①+②, ②+③ → 2개
• 작은 도형 3개짜리: ①+②+③ → 1개
⇨ 3+2+1=6(개)

❾ 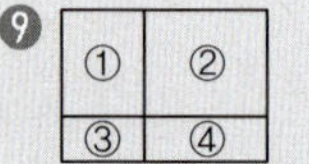
• 작은 도형 1개짜리: ①, ②, ③, ④ → 4개
• 작은 도형 2개짜리: ①+②, ③+④, ①+③,
②+④ → 4개
• 작은 도형 4개짜리: ①+②+③+④ → 1개
⇨ 4+4+1=9(개)

❿ 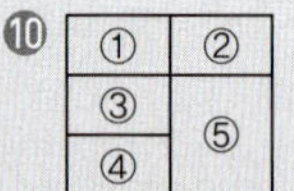
• 작은 도형 1개짜리: ①, ②, ③, ④, ⑤ → 5개
• 작은 도형 2개짜리: ①+②, ①+③, ③+④,
②+⑤ → 4개
• 작은 도형 3개짜리: ①+③+④, ③+④+⑤
→ 2개
• 작은 도형 5개짜리: ①+②+③+④+⑤ → 1개
⇨ 5+4+2+1=12(개)

⓫
• 작은 도형 1개짜리: ②, ③ → 2개
• 작은 도형 3개짜리: ①+②+③ → 1개
⇨ 2+1=3(개)

⓬
• 작은 도형 1개짜리: ①, ②, ③, ④ → 4개
• 작은 도형 4개짜리: ①+②+③+④ → 1개
⇨ 4+1=5(개)

⓭
• 작은 도형 1개짜리: ①, ②, ③, ④, ⑤, ⑥ → 6개
• 작은 도형 4개짜리: ①+②+④+⑤,
②+③+⑤+⑥ → 2개
⇨ 6+2=8(개)

⓮
• 작은 도형 1개짜리: ①, ②, ③, ④, ⑤, ⑥, ⑦, ⑧,
⑨ → 9개
• 작은 도형 4개짜리: ①+②+④+⑤,
②+③+⑤+⑥,
④+⑤+⑦+⑧,
⑤+⑥+⑧+⑨ → 4개
• 작은 도형 9개짜리: ①+②+③+④+⑤+⑥
+⑦+⑧+⑨ → 1개
⇨ 9+4+1=14(개)

78쪽

1 가

2 반직선 ㄹㄷ

3 ( )(○)( )

4 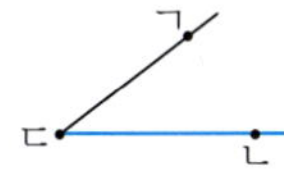

/ 점 ㄷ / 변 ㄷㄱ, 변 ㄷㄴ

5 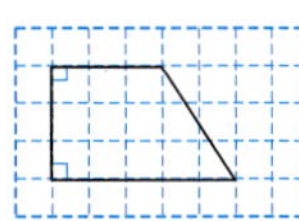

6 ( )(○)

7 (○)( )

8 (○)( )

9 (위에서부터) 2, 9

10 3, 3, 3

79쪽

11 6

12 7

13 5

14 2

15 10개

16 4개

17 6개

18 10개

---

11 □+□+□+□=24, 6+6+6+6=24이므로 □=6(cm)

12 □+□+□+□=28, 7+7+7+7=28이므로 □=7(cm)

13 3+□+3+□=16, □+□=10, 5+5=10이므로
□=5(cm)

14 7+□+7+□=18, □+□=4, 2+2=4이므로 □=2(cm)

15
• 작은 각 1개짜리: ①, ②, ③, ④, ⑤, ⑥, ⑦, ⑧
→ 8개
• 작은 각 2개짜리: ②+③, ⑦+⑧ → 2개
⇨ 8+2=10(개)

16
• 한 각이 직각이 되는 각: 3개
• 두 각이 직각이 되는 각: 1개
⇨ 3+1=4(개)

17
• 작은 도형 1개짜리: ①, ②, ③, ④ → 4개
• 작은 도형 2개짜리: ①+②, ③+④
→ 2개
⇨ 4+2=6(개)

18
• 작은 도형 1개짜리: ①, ②, ③, ④ → 4개
• 작은 도형 2개짜리: ①+②, ②+③,
③+④ → 3개
• 작은 도형 3개짜리: ①+②+③,
②+③+④ → 2개
• 작은 도형 4개짜리: ①+②+③+④ → 1개
⇨ 4+3+2+1=10(개)

3. 나눗셈

① 똑같이 나누어 주는 나눗셈

82쪽

❶ / 3 / 3
❷ / 4 / 4
❸ / 6 / 6

83쪽

❹ 2
❺ 5, 4
❻ 5, 6
❼ 45, 5, 9

② 같은 양이 몇 번 들어 있는 나눗셈

84쪽

❶ 예 / 2 / 2
❷ 예 / 4 / 4
❸ 예 / 5 / 5
❹ 예 / 7 / 7

85쪽

❺ 3
❻ 6, 5
❼ 6, 7
❽ 48, 6, 8

③ 곱셈과 나눗셈의 관계

86쪽

❶ 5 / 5
❷ 3 / 6
❸ 8 / 8, 4
❹ 7 / 9, 7
❺ 8 / 2
❻ 2 / 6
❼ 15 / 3, 15
❽ 3 / 7, 21

87쪽

❾ $12 \div 3 = 4$ / $12 \div 4 = 3$
❿ $28 \div 4 = 7$ / $28 \div 7 = 4$
⓫ $45 \div 5 = 9$ / $45 \div 9 = 5$
⓬ $30 \div 6 = 5$ / $30 \div 5 = 6$
⓭ $48 \div 8 = 6$ / $48 \div 6 = 8$
⓮ $72 \div 9 = 8$ / $72 \div 8 = 9$
⓯ $3 \times 6 = 18$ / $6 \times 3 = 18$
⓰ $4 \times 5 = 20$ / $5 \times 4 = 20$
⓱ $7 \times 6 = 42$ / $6 \times 7 = 42$
⓲ $5 \times 8 = 40$ / $8 \times 5 = 40$
⓳ $9 \times 4 = 36$ / $4 \times 9 = 36$
⓴ $8 \times 7 = 56$ / $7 \times 8 = 56$

4일차

88쪽

❶ 3 / 3
❷ 4 / 4
❸ 3 / 3
❹ 9 / 9
❺ 7 / 7
❻ 6 / 6
❼ 5 / 5
❽ 5 / 5
❾ 7 / 7
❿ 8 / 8

89쪽

⓫ 4
⓬ 3
⓭ 7
⓮ 4
⓯ 6
⓰ 3
⓱ 4
⓲ 5
⓳ 9
⓴ 5
㉑ 8
㉒ 7
㉓ 4
㉔ 6
㉕ 9
㉖ 6
㉗ 9
㉘ 8
㉙ 7
㉚ 9
㉛ 9

⑤ 그림에서 두 수의 나눗셈하기

⑥ 큰 수를 작은 수로 나눈 몫 구하기

5일차

90쪽

❶ 5 / 5
❷ 4 / 3
❸ 6 / 4
❹ 7 / 5
❺ 6 / 8
❻ 9 / 7

91쪽

❼ 6
❽ 6
❾ 4
❿ 9
⓫ 9
⓬ 8
⓭ 8
⓮ 8

⑦ 나눗셈식에서 어떤 수 구하기

6일차

92쪽

❶ 14
❷ 24
❸ 42
❹ 40
❺ 54
❻ 3
❼ 5
❽ 7
❾ 9
❿ 8

93쪽

⓫ 12
⓬ 20
⓭ 25
⓮ 36
⓯ 48
⓰ 64
⓱ 2
⓲ 8
⓳ 4
⓴ 7
㉑ 9
㉒ 9

❶ $2 \times 7 = \square$, $\square = 14$
❷ $4 \times 6 = \square$, $\square = 24$
❸ $6 \times 7 = \square$, $\square = 42$
❹ $8 \times 5 = \square$, $\square = 40$
❺ $9 \times 6 = \square$, $\square = 54$
❻ $\square \times 6 = 18$, $\square = 3$
❼ $\square \times 7 = 35$, $\square = 5$
❽ $\square \times 8 = 56$, $\square = 7$
❾ $\square \times 7 = 63$, $\square = 9$
❿ $\square \times 9 = 72$, $\square = 8$
⓫ $3 \times 4 = \square$, $\square = 12$
⓬ $4 \times 5 = \square$, $\square = 20$
⓭ $5 \times 5 = \square$, $\square = 25$
⓮ $9 \times 4 = \square$, $\square = 36$
⓯ $6 \times 8 = \square$, $\square = 48$
⓰ $8 \times 8 = \square$, $\square = 64$
⓱ $\square \times 8 = 16$, $\square = 2$
⓲ $\square \times 3 = 24$, $\square = 8$
⓳ $\square \times 8 = 32$, $\square = 4$
⓴ $\square \times 7 = 49$, $\square = 7$
㉑ $\square \times 6 = 54$, $\square = 9$
㉒ $\square \times 9 = 81$, $\square = 9$

7일차

94쪽

❶ 20, 5, 4 / 4장
❷ 21, 3, 7 / 7명
❸ 32, 4, 8 / 8개

95쪽

❹ 35÷7=5 / 5개
❺ 36÷6=6 / 6개
❻ 48÷8=6 / 6봉지
❼ 63÷9=7 / 7일

❹ (한 접시에 담을 수 있는 고구마 수)
 =(전체 고구마 수)÷(접시 수)
 =35÷7=5(개)
❺ (한 모둠이 가질 수 있는 훌라후프 수)
 =(전체 훌라후프 수)÷(모둠 수)
 =36÷6=6(개)

❻ (필요한 봉지 수)
 =(전체 공깃돌 수)÷(한 봉지에 담는 공깃돌 수)
 =48÷8=6(봉지)
❼ (걸리는 날수)
 =(전체 쪽수)÷(하루에 읽는 쪽수)
 =63÷9=7(일)

8일차

96쪽

❶ 12, 12, 2 / 2개
❷ 18, 18, 6 / 6명

97쪽

❸ 8마리
❹ 4개
❺ 9줄

❸ (전체 금붕어 수)=4×4=16(마리)
 ⇨ (한 어항에 넣을 수 있는 금붕어 수)
 =16÷2=8(마리)
❹ (전체 오렌지 수)=8×3=24(개)
 ⇨ 필요한 바구니 수)
 =24÷6=4(개)

❺ (전체 학생 수)=6×6=36(명)
 ⇨ (학생들이 서야 하는 줄 수)
 =36÷4=9(줄)

9일차

98쪽

❶ 16, 16, 8, 8, 4 / 4
❷ 8, 8, 24, 24, 6 / 6

99쪽

❸ 3
❹ 2
❺ 4

❸ 어떤 수를 ☐라 하면
 ☐×3=27 ⇨ 27÷3=☐, ☐=9입니다.
 따라서 바르게 계산하면 몫은 9÷3=3입니다.
❹ 어떤 수를 ☐라 하면
 ☐×4=32 ⇨ 32÷4=☐, ☐=8입니다.
 따라서 바르게 계산하면 몫은 8÷4=2입니다.

❺ 어떤 수를 ☐라 하면
 ☐÷6=6 ⇨ 6×6=☐, ☐=36입니다.
 따라서 바르게 계산하면 몫은 36÷9=4입니다.

10일차

100쪽

1 2
2 4, 3
3 3
4 20, 5, 4
5 $16 \div 2 = 8$ / $16 \div 8 = 2$
6 $5 \times 6 = 30$ / $6 \times 5 = 30$
7 5 / 5
8 6 / 6
9 7
10 9

101쪽

11 $27 \div 9 = 3$ / 3개
12 $40 \div 5 = 8$ / 8봉지
13 8개
14 6모둠
15 2
16 3

11 (한 명이 먹을 수 있는 초콜릿 수)
　＝(전체 초콜릿 수)÷(사람 수)
　＝$27 \div 9 = 3$(개)
12 (필요한 봉지 수)
　＝(전체 옥수수 수)÷(한 봉지에 담는 옥수수 수)
　＝$40 \div 5 = 8$(봉지)
13 (전체 우유 수)＝$6 \times 4 = 24$(개)
　⇨ (한 상자에 담을 수 있는 우유 수)
　　＝$24 \div 3 = 8$(개)

14 (전체 딱지 수)＝$9 \times 4 = 36$(장)
　⇨ (나누어 줄 수 있는 모둠 수)
　　＝$36 \div 6 = 6$(모둠)
15 어떤 수를 □라 하면
　□$\times 3 = 18$ ⇨ $18 \div 3 =$□, □$= 6$입니다.
　따라서 바르게 계산하면 몫은 $6 \div 3 = 2$입니다.
16 어떤 수를 □라 하면
　□$\div 4 = 6$ ⇨ $4 \times 6 =$□, □$= 24$입니다.
　따라서 바르게 계산하면 몫은 $24 \div 8 = 3$입니다.

4. 곱셈

① (몇십) × (몇)

104쪽

❶ 40	❺ 240	❾ 210
❷ 60	❻ 100	❿ 320
❸ 140	❼ 400	⓫ 720
❹ 150	❽ 300	⓬ 630

105쪽

⓭ 20	⓴ 320	㉗ 280
⓮ 70	㉑ 360	㉘ 350
⓯ 80	㉒ 200	㉙ 560
⓰ 100	㉓ 350	㉚ 240
⓱ 120	㉔ 120	㉛ 560
⓲ 270	㉕ 180	㉜ 540
⓳ 120	㉖ 360	㉝ 810

② 올림이 없는 (몇십몇) × (몇)

106쪽

❶ 33	❺ 26	❾ 62
❷ 55	❻ 42	❿ 96
❸ 88	❼ 44	⓫ 82
❹ 48	❽ 69	⓬ 88

107쪽

⓭ 22	⓴ 28	㉗ 93
⓮ 44	㉑ 63	㉘ 64
⓯ 77	㉒ 84	㉙ 66
⓰ 99	㉓ 66	㉚ 99
⓱ 24	㉔ 88	㉛ 68
⓲ 36	㉕ 46	㉜ 84
⓳ 39	㉖ 48	㉝ 86

③ 십의 자리에서 올림이 있는 (몇십몇) × (몇)

108쪽

❶ 126	❺ 126	❾ 729
❷ 248	❻ 106	❿ 246
❸ 128	❼ 248	⓫ 455
❹ 123	❽ 148	⓬ 279

109쪽

⓭ 105	⓴ 208	㉗ 144
⓮ 147	㉑ 159	㉘ 219
⓯ 155	㉒ 108	㉙ 328
⓰ 279	㉓ 488	㉚ 249
⓱ 246	㉔ 189	㉛ 168
⓲ 168	㉕ 128	㉜ 368
⓳ 129	㉖ 355	㉝ 188

④ 일의 자리에서 올림이 있는 (몇십몇) × (몇)

4일차

110쪽

❶ 60
❷ 78
❸ 42
❹ 30

❺ 64
❻ 51
❼ 90
❽ 76

❾ 92
❿ 81
⓫ 70
⓬ 92

111쪽

⓭ 84
⓮ 96
⓯ 52
⓰ 70
⓱ 84
⓲ 45
⓳ 32

⓴ 96
㉑ 34
㉒ 85
㉓ 54
㉔ 72
㉕ 38
㉖ 95

㉗ 96
㉘ 75
㉙ 87
㉚ 74
㉛ 78
㉜ 90
㉝ 96

⑤ 십, 일의 자리에서 올림이 있는 (몇십몇) × (몇)

5일차

112쪽

❶ 108
❷ 120
❸ 120
❹ 189

❺ 132
❻ 216
❼ 336
❽ 513

❾ 204
❿ 365
⓫ 588
⓬ 380

113쪽

⓭ 104
⓮ 126
⓯ 115
⓰ 104
⓱ 192
⓲ 315
⓳ 117

⓴ 220
㉑ 141
㉒ 192
㉓ 318
㉔ 432
㉕ 434
㉖ 585

㉗ 138
㉘ 432
㉙ 375
㉚ 312
㉛ 581
㉜ 174
㉝ 294

⑥ 그림에서 두 수의 곱셈하기

⑦ 두 수의 곱 구하기

6일차

114쪽 ❗ 정답을 위에서부터 확인합니다.

❶ 36 / 48
❷ 78 / 52
❸ 60 / 90

❹ 245 / 294
❺ 106 / 159
❻ 536 / 469

115쪽

❼ 39
❽ 87
❾ 74
❿ 80

⓫ 306
⓬ 248
⓭ 512
⓮ 675

⑧ 두 자리 수를 몇십으로 만들어 계산하기

7일차

116쪽 ❗ 정답을 위에서부터 확인합니다.

❶ 119 / 140
❷ 145 / 150
❸ 228 / 240

❹ 432 / 450
❺ 392 / 420
❻ 207 / 210

117쪽

❼ 162 / 9 / 180
❽ 216 / 8 / 240
❾ 195 / 5 / 200
❿ 147 / 3 / 150

⓫ 348 / 6 / 360
⓬ 268 / 4 / 280
⓭ 456 / 6 / 480
⓮ 623 / 7 / 630

8일 차

118쪽

❶ 1
❷ 1
❸ 2
❹ 8
❺ 2
❻ 4

119쪽

❼ 3
❽ 3
❾ 5
❿ 6
⓫ 2
⓬ 3
⓭ 7
⓮ 4

❶ $2 \times 4 = 8$이므로 십의 자리로 올림한 수는 없습니다.
$\square \times 4 = 4$이므로 $\square = 1$입니다.

❷ $4 \times 6 = 24$이므로 십의 자리로 올림한 수는 2입니다.
$\square \times 6 = 8 - 2$, $\square \times 6 = 6$이므로 $\square = 1$입니다.

❸ $3 \times 7 = 21$이므로 십의 자리로 올림한 수는 2입니다.
$\square \times 7 = 16 - 2$, $\square \times 7 = 14$이므로 $\square = 2$입니다.

❹ $\square \times 4$의 일의 자리 수가 2인 경우는 $3 \times 4 = 12$, $8 \times 4 = 32$이므로 $\square = 3$ 또는 $\square = 8$입니다.
$13 \times 4 = 52$이고, $18 \times 4 = 72$이므로 $\square = 8$입니다.

❺ $\square \times 9$의 일의 자리 수가 8인 경우는 $2 \times 9 = 18$이므로 $\square = 2$입니다.
$42 \times 9 = 378$이므로 $\square = 2$입니다.

❻ $\square \times 2$의 일의 자리 수가 8인 경우는 $4 \times 2 = 8$, $9 \times 2 = 18$이므로 $\square = 4$ 또는 $\square = 9$입니다.
$54 \times 2 = 108$이고, $59 \times 2 = 118$이므로 $\square = 4$입니다.

❼ $3 \times \square$의 일의 자리 수가 9인 경우는 $3 \times 3 = 9$이므로 $\square = 3$입니다.
$13 \times 3 = 39$이므로 $\square = 3$입니다.

❽ $7 \times \square$의 일의 자리 수가 1인 경우는 $7 \times 3 = 21$이므로 $\square = 3$입니다.
$27 \times 3 = 81$이므로 $\square = 3$입니다.

❾ $9 \times \square$의 일의 자리 수가 5인 경우는 $9 \times 5 = 45$이므로 $\square = 5$입니다.
$49 \times 5 = 245$이므로 $\square = 5$입니다.

❿ $3 \times \square$의 일의 자리 수가 8인 경우는 $3 \times 6 = 18$이므로 $\square = 6$입니다.
$53 \times 6 = 318$이므로 $\square = 6$입니다.

⓫ $4 \times \square$의 일의 자리 수가 8인 경우는 $4 \times 2 = 8$, $4 \times 7 = 28$이므로 $\square = 2$ 또는 $\square = 7$입니다.
$64 \times 2 = 128$이고, $64 \times 7 = 448$이므로 $\square = 2$입니다.

⓬ $2 \times \square$의 일의 자리 수가 6인 경우는 $2 \times 3 = 6$, $2 \times 8 = 16$이므로 $\square = 3$ 또는 $\square = 8$입니다.
$72 \times 3 = 216$이고, $72 \times 8 = 576$이므로 $\square = 3$입니다.

⓭ $2 \times \square$의 일의 자리 수가 4인 경우는 $2 \times 2 = 4$, $2 \times 7 = 14$이므로 $\square = 2$ 또는 $\square = 7$입니다.
$82 \times 2 = 164$이고, $82 \times 7 = 574$이므로 $\square = 7$입니다.

⓮ $6 \times \square$의 일의 자리 수가 4인 경우는 $6 \times 4 = 24$, $6 \times 9 = 54$이므로 $\square = 4$ 또는 $\square = 9$입니다.
$96 \times 4 = 384$이고, $96 \times 9 = 864$이므로 $\square = 4$입니다.

9일 차

120쪽

❶ $31 \times 4 = 124$
❷ $52 \times 9 = 468$
❸ $73 \times 8 = 584$
❹ $63 \times 7 = 441$
❺ $54 \times 8 = 432$
❻ $76 \times 9 = 684$

121쪽

❼ $45 \times 2 = 90$
❽ $69 \times 3 = 207$
❾ $57 \times 4 = 228$
❿ $68 \times 5 = 340$
⓫ $78 \times 6 = 468$
⓬ $89 \times 7 = 623$

❶ $4 > 3 > 1$이므로 가장 큰 수 4를 곱하는 수에 쓰고,
남은 두 수로 만든 큰 수 31을 곱해지는 수에 씁니다.

❷ $9 > 5 > 2$이므로 가장 큰 수 9를 곱하는 수에 쓰고,
남은 두 수로 만든 큰 수 52를 곱해지는 수에 씁니다.

❸ $8 > 7 > 3$이므로 가장 큰 수 8을 곱하는 수에 쓰고,
남은 두 수로 만든 큰 수 73을 곱해지는 수에 씁니다.

❹ $7 > 6 > 3$이므로 가장 큰 수 7을 곱하는 수에 쓰고,
남은 두 수로 만든 큰 수 63을 곱해지는 수에 씁니다.

❺ $8 > 5 > 4$이므로 가장 큰 수 8을 곱하는 수에 쓰고,
남은 두 수로 만든 큰 수 54를 곱해지는 수에 씁니다.

❻ $9 > 7 > 6$이므로 가장 큰 수 9를 곱하는 수에 쓰고,
남은 두 수로 만든 큰 수 76을 곱해지는 수에 씁니다.

❼ $5 > 4 > 2$이므로 가장 작은 수 2를 곱하는 수에 쓰고,
남은 두 수로 만든 작은 수 45를 곱해지는 수에 씁니다.

❽ $9 > 6 > 3$이므로 가장 작은 수 3을 곱하는 수에 쓰고,
남은 두 수로 만든 작은 수 69를 곱해지는 수에 씁니다.

❾ $7 > 5 > 4$이므로 가장 작은 수 4를 곱하는 수에 쓰고,
남은 두 수로 만든 작은 수 57을 곱해지는 수에 씁니다.

❿ $8 > 6 > 5$이므로 가장 작은 수 5를 곱하는 수에 쓰고,
남은 두 수로 만든 작은 수 68을 곱해지는 수에 씁니다.

⓫ $8 > 7 > 6$이므로 가장 작은 수 6을 곱하는 수에 쓰고,
남은 두 수로 만든 작은 수 78을 곱해지는 수에 씁니다.

⓬ $9 > 8 > 7$이므로 가장 작은 수 7을 곱하는 수에 쓰고,
남은 두 수로 만든 작은 수 89를 곱해지는 수에 씁니다.

⑫ **곱셈 문장제**

10일 차

122쪽

❶ 30, 2, 60 / 60개
❷ 23, 3, 69 / 69자루
❸ 42, 4, 168 / 168개

123쪽

④ 39×2=78 / 78권
⑤ 18×7=126 / 126쪽
⑥ 25×9=225 / 225송이
⑦ 83×8=664 / 664 cm

④ (책꽂이 2칸에 꽂혀 있는 책의 수)
 =(책꽂이 한 칸에 꽂혀 있는 책의 수)×(책꽂이 칸의 수)
 =39×2=78(권)
⑤ (현석이가 읽은 동화책의 쪽수)
 =(하루에 읽은 동화책의 쪽수)×(날수)
 =18×7=126(쪽)

⑥ (꽃 가게에서 판 장미의 수)
 =(한 다발에 들어 있는 장미의 수)×(다발의 수)
 =25×9=225(송이)
⑦ (종찬이가 가지고 있는 털실의 길이)
 =(털실 한 개의 길이)×(털실의 수)
 =83×8=664(cm)

⑬ **덧셈(뺄셈)과 곱셈 문장제**

11일 차

124쪽

❶ 19, 36 / 36, 72 / 72권
❷ 26, 24 / 24, 120 / 120송이

125쪽

❸ 82개
④ 184장
⑤ 140개

❸ (동현이가 가지고 있는 사탕의 수)=22+19=41(개)
 ⇨ (찬호가 가지고 있는 사탕의 수)=41×2=82(개)
④ (현수에게 남은 색종이의 묶음 수)=36−13=23(묶음)
 ⇨ (현수에게 남은 색종이의 수)=23×8=184(장)

⑤ (9상자에 들어 있는 야구공의 수)=15×9=135(개)
 ⇨ (전체 야구공의 수)=135+5=140(개)

⑭ **바르게 계산한 값 구하기**

12일 차

126쪽

❶ 70, 70, 64, 64, 384 / 384
❷ 25, 25, 29, 29, 116 / 116

127쪽

❸ 104
④ 702
⑤ 81

❸ 어떤 수를 ☐라 하면 ☐+8=21 ⇨ 21−8=☐, ☐=13입니다.
 따라서 바르게 계산하면 13×8=104입니다.
④ 어떤 수를 ☐라 하면 ☐−9=69 ⇨ 69+9=☐, ☐=78입니다.
 따라서 바르게 계산하면 78×9=702입니다.

⑤ 어떤 수를 ☐라 하면 ☐÷3=9 ⇨ 9×3=☐, ☐=27입니다.
 따라서 바르게 계산하면 27×3=81입니다.

13일차

128쪽

1	80
2	64
3	153
4	68
5	245
6	408
7	240
8	69
9	156
10	126
11	90
12	72
13	108
14	448

129쪽

15 $41 \times 2 = 82$ / 82개

16 $36 \times 4 = 144$ / 144개

17 123개

18 96개

19 230

20 $75 \times 9 = 675$

15 (윤하가 접은 종이배의 수)
　＝(시우가 접은 종이배의 수)×2
　＝$41 \times 2 = 82$(개)

16 (재호가 산 풍선의 수)
　＝(한 봉지에 들어 있는 풍선의 수)×(봉지의 수)
　＝$36 \times 4 = 144$(개)

17 (채연이네 반 학생 수)＝$19 + 22 = 41$(명)
　⇨ (필요한 초콜릿의 수)＝$41 \times 3 = 123$(개)

18 (지원이에게 남은 구슬의 상자 수)＝$15 - 3 = 12$(상자)
　⇨ (지원이에게 남은 구슬의 수)＝$12 \times 8 = 96$(개)

19 어떤 수를 □라 하면 □＋5＝51 ⇨ 51－5＝□, □는 46입니다.
　따라서 바르게 계산하면 $46 \times 5 = 230$입니다.

20 9＞7＞5이므로 가장 큰 수 9를 곱하는 수에 쓰고,
　남은 두 수로 만든 큰 수 75를 곱해지는 수에 씁니다.

5. 길이와 시간

① 길이의 단위 1 cm와 1 mm의 관계

132쪽

❶ 20
❷ 100
❸ 160
❹ 350

❺ 18
❻ 64
❼ 273
❽ 429

133쪽

❾ 1
❿ 7
⓫ 9
⓬ 13
⓭ 28
⓮ 31
⓯ 54

⓰ 2, 2
⓱ 5, 4
⓲ 8, 7
⓳ 11, 6
⓴ 32, 9
㉑ 46, 5
㉒ 70, 2

② 길이의 단위 1 km와 1 m의 관계

134쪽

❶ 4000
❷ 9000
❸ 15000
❹ 47000

❺ 1200
❻ 6550
❼ 20304
❽ 32010

135쪽

❾ 3
❿ 5
⓫ 8
⓬ 11
⓭ 25
⓮ 49
⓯ 64

⓰ 2, 500
⓱ 7, 480
⓲ 9, 102
⓳ 12, 33
⓴ 33, 954
㉑ 40, 126
㉒ 51, 987

③ cm와 mm가 있는 길이의 덧셈과 뺄셈

136쪽

❶ 3 cm 7 mm
❷ 8 cm 4 mm
❸ 13 cm 5 mm
❹ 27 cm 2 mm

❺ 2 cm 5 mm
❻ 2 cm 9 mm
❼ 1 cm 4 mm
❽ 4 cm 4 mm

137쪽

❾ 5 cm 4 mm
❿ 9 cm 9 mm
⓫ 12 cm 8 mm
⓬ 16 cm 1 mm
⓭ 21 cm 1 mm
⓮ 27 cm
⓯ 46 cm 5 mm

⓰ 1 cm 5 mm
⓱ 2 cm 2 mm
⓲ 1 cm 7 mm
⓳ 5 cm 6 mm
⓴ 1 cm 3 mm
㉑ 6 cm 8 mm
㉒ 11 cm 3 mm

④ km와 m가 있는 길이의 덧셈과 뺄셈

138쪽

❶ 3 km 400 m
❷ 8 km 100 m
❸ 18 km 160 m
❹ 21 km 420 m
❺ 2 km 600 m
❻ 1 km 800 m
❼ 5 km 850 m
❽ 3 km 550 m

139쪽

❾ 5 km 600 m
❿ 8 km 800 m
⓫ 15 km 900 m
⓬ 13 km 100 m
⓭ 23 km 50 m
⓮ 27 km 460 m
⓯ 39 km 560 m
⓰ 2 km 300 m
⓱ 5 km 100 m
⓲ 4 km 400 m
⓳ 8 km 800 m
⓴ 7 km 990 m
㉑ 13 km 370 m
㉒ 6 km 840 m

⑤ 길이의 합 구하기

140쪽

❶ 6 cm 9 mm
❷ 12 cm 3 mm
❸ 23 cm
❹ 32 cm 1 mm
❺ 5 km 600 m
❻ 10 km 200 m
❼ 18 km 60 m
❽ 26 km 520 m

⑥ 길이의 차 구하기

141쪽

❾ 2 cm 3 mm
❿ 3 cm 9 mm
⓫ 1 cm 9 mm
⓬ 5 cm 6 mm
⓭ 4 km 400 m
⓮ 700 m
⓯ 10 km 370 m
⓰ 5 km 390 m

⑦ 길이의 덧셈식 완성하기

142쪽 ❗ 정답을 위에서부터 확인합니다.

❶ 2, 4
❷ 5, 7
❸ 4, 4
❹ 1, 300
❺ 6, 800
❻ 750, 8

⑧ 길이의 뺄셈식 완성하기

143쪽

❼ 3, 5
❽ 8, 9
❾ 1, 8
❿ 4, 100
⓫ 9, 400
⓬ 460, 6

❶ ・mm 단위: $3+\square=7, \square=4$
　・cm 단위: $\square+1=3, \square=2$
❷ ・mm 단위: $5+\square=2+10, \square=7$
　・cm 단위: $1+\square+8=14, \square=5$
❸ ・mm 단위: $\square+9=3+10, \square=4$
　・cm 단위: $1+7+\square=12, \square=4$
❹ ・m 단위: $200+\square=500, \square=300$
　・km 단위: $\square+2=3, \square=1$
❺ ・m 단위: $400+\square=200+1000, \square=800$
　・km 단위: $1+\square+3=10, \square=6$
❻ ・m 단위: $\square+350=100+1000, \square=750$
　・km 단위: $1+9+\square=18, \square=8$

❼ ・mm 단위: $8-\square=3, \square=5$
　・cm 단위: $\square-1=2, \square=3$
❽ ・mm 단위: $10+7-\square=8, \square=9$
　・cm 단위: $\square-1-5=2, \square=8$
❾ ・mm 단위: $10+\square-4=7, \square=1$
　・cm 단위: $10-1-\square=1, \square=8$
❿ ・m 단위: $600-\square=500, \square=100$
　・km 단위: $\square-3=1, \square=4$
⓫ ・m 단위: $1000+200-\square=800, \square=400$
　・km 단위: $\square-1-3=5, \square=9$
⓬ ・m 단위: $1000+\square-760=700, \square=460$
　・km 단위: $11-1-\square=4, \square=6$

⑨ 길이의 덧셈 문장제

144쪽

❶ 8 cm 3 mm＋7 cm 3 mm＝15 cm 6 mm
/ 15 cm 6 mm

❷ 2 km 400 m＋2 km 500 m＝4 km 900 m
/ 4 km 900 m

145쪽

❸ 29 cm 5 mm＋33 cm 7 mm＝63 cm 2 mm
/ 63 cm 2 mm

❹ 3 km 250 m＋1 km 770 m＝5 km 20 m
/ 5 km 20 m

❺ 13 cm 6 mm＋68 mm＝20 cm 4 mm
/ 20 cm 4 mm

❶ (세호가 가지고 있는 빨간색과 노란색 끈의 길이의 합)
＝(빨간색 끈의 길이)＋(노란색 끈의 길이)
＝8 cm 3 mm＋7 cm 3 mm
＝15 cm 6 mm

❷ (재석이네 집에서 학교를 거쳐 도서관까지의 거리)
＝(재석이네 집에서 학교까지의 거리)
＋(학교에서 도서관까지의 거리)
＝2 km 400 m＋2 km 500 m
＝4 km 900 m

❸ (두 사람이 가지고 있는 철사의 길이의 합)
＝(윤우가 가지고 있는 철사의 길이)
＋(민서가 가지고 있는 철사의 길이)
＝29 cm 5 mm＋33 cm 7 mm
＝63 cm 2 mm

❹ (땅의 세로)
＝(땅의 가로)＋1 km 770 m
＝3 km 250 m＋1 km 770 m
＝5 km 20 m

❺ (빨대와 수수깡의 길이의 합)
＝(빨대의 길이)＋(수수깡의 길이)
＝13 cm 6 mm＋68 mm
＝13 cm 6 mm＋6 cm 8 mm
＝20 cm 4 mm

⑩ 길이의 뺄셈 문장제

146쪽

❶ 25 cm 3 mm－11 cm 2 mm＝14 cm 1 mm
/ 14 cm 1 mm

❷ 38 km 400 m－37 km 350 m＝1 km 50 m
/ 1 km 50 m

147쪽

❸ 20 cm 2 mm－17 cm 3 mm＝2 cm 9 mm
/ 2 cm 9 mm

❹ 42 km 195 m－36 km 300 m＝5 km 895 m
/ 5 km 895 m

❺ 10 km 350 m－8830 m＝1 km 520 m
/ 1 km 520 m

❶ (지민이가 진호보다 더 가지고 있는 털실의 길이)
＝(지민이가 가지고 있는 털실의 길이)
－(진호가 가지고 있는 털실의 길이)
＝25 cm 3 mm－11 cm 2 mm
＝14 cm 1 mm

❷ (연호가 걸어서 간 거리)
＝(연호네 집에서 박물관까지의 거리)－(버스를 타고 간 거리)
＝38 km 400 m－37 km 350 m
＝1 km 50 m

❸ (은수와 민지의 발 길이의 차)
＝(은수의 발 길이)－(민지의 발 길이)
＝20 cm 2 mm－17 cm 3 mm
＝2 cm 9 mm

❹ (우리나라 선수가 더 가야 하는 거리)
＝(마라톤 경주의 전체 거리)－(우리나라 선수가 달린 거리)
＝42 km 195 m－36 km 300 m
＝5 km 895 m

❺ (학교에서 백화점까지의 거리)－(학교에서 영화관까지의 거리)
＝10 km 350 m－8830 m
＝10 km 350 m－8 km 830 m
＝1 km 520 m

9일 차

148쪽

❶ 1, 30, 50
❷ 2, 25, 20
❸ 4, 48, 5

❹ 5, 12, 15
❺ 6, 8, 46
❻ 7, 34, 13

149쪽

❼ 8, 20, 30
❽ 9, 5, 40
❾ 10, 31, 2
❿ 11, 43, 18

⓫ 3, 54, 25
⓬ 5, 16, 58
⓭ 9, 11, 32
⓮ 12, 28, 44

⑫ 분과 초의 관계

10일 차

150쪽

❶ 60
❷ 240
❸ 360
❹ 480

❺ 80
❻ 150
❼ 282
❽ 446

151쪽

❾ 2
❿ 3
⓫ 5
⓬ 7
⓭ 9
⓮ 10
⓯ 12

⓰ 1, 27
⓱ 2, 41
⓲ 3, 8
⓳ 4, 53
⓴ 5, 16
㉑ 6, 39
㉒ 7, 24

⑬ 시간의 덧셈

11일 차

152쪽

❶ 5, 38
❷ 4, 18, 28
❸ 3, 13, 17
❹ 8, 38, 22

❺ 38분 21초
❻ 5시간 16분 46초
❼ 8시 36분 5초
❽ 11시 15분 23초

153쪽

❾ 5분 48초
❿ 9분 33초
⓫ 13분 22초
⓬ 1시간 23분 23초
⓭ 3시간 12분 28초
⓮ 9시간 25분 55초
⓯ 8시간 39분 40초

⓰ 6시 16분 43초
⓱ 5시 37분 12초
⓲ 6시 45분 29초
⓳ 9시 15분 36초
⓴ 11시 40분 21초
㉑ 12시 3분 23초
㉒ 12시 28분 4초

12일 차

154쪽

1 1, 28
2 1, 43, 33
3 1, 48, 25
4 2, 42, 35
5 20분 38초
6 3시간 15분 31초
7 3시 40분 36초
8 4시간 47분 43초

155쪽

9 2분 17초
10 3분 38초
11 4분 52초
12 1시간 49분 25초
13 3시간 26분 48초
14 2시간 51분 21초
15 3시간 18분 17초
16 4시 53분 32초
17 5시 17분 26초
18 5시 32분 26초
19 3시 48분 17초
20 3시간 31분 8초
21 2시간 31분 24초
22 1시간 50분 57초

⑮ 시간의 합 구하기

13일 차

156쪽

1 2시 45분
2 6시 2분
3 6시 37분 20초
4 9시 26분 5초
5 8시 33분 8초
6 11시 12분 59초
7 12시 12분 4초
8 12시 29분 21초

⑯ 시간의 차 구하기

157쪽

9 3시 15분
10 3시 57분
11 5시 12분 38초
12 9시 36분 37초
13 1시 25분 49초
14 2시 54분 26초
15 6시 23분 54초
16 3시 45분 44초

⑰ 시간의 덧셈식 완성하기

14일 차

158쪽 ❗ 정답을 위에서부터 확인합니다.

1 3, 10
2 4, 35
3 57, 6
4 10, 10
5 22, 40
6 21, 54, 12

⑱ 시간의 뺄셈식 완성하기

159쪽

7 2, 20
8 9, 40
9 29, 3
10 30, 20
11 45, 35
12 49, 13, 4

1 • 초 단위: $20+\square=30$, $\square=10$
 • 분 단위: $\square+2=5$, $\square=3$
2 • 초 단위: $45+\square=20+60$, $\square=35$
 • 분 단위: $1+\square+1=6$, $\square=4$
3 • 초 단위: $\square+59=56+60$, $\square=57$
 • 분 단위: $1+9+\square=16$, $\square=6$
4 • 초 단위: $30+\square=40$, $\square=10$
 • 분 단위: $\square+20=30$, $\square=10$
5 • 초 단위: $45+\square=25+60$, $\square=40$
 • 분 단위: $1+\square+31=54$, $\square=22$
6 • 초 단위: $\square+18=39$, $\square=21$
 • 분 단위: $49+\square=43+60$, $\square=54$
 • 시 단위: $1+8+3=\square$, $\square=12$

7 • 초 단위: $40-\square=20$, $\square=20$
 • 분 단위: $\square-1=1$, $\square=2$
8 • 초 단위: $60+35-\square=55$, $\square=40$
 • 분 단위: $\square-1-4=4$, $\square=9$
9 • 초 단위: $60+\square-55=34$, $\square=29$
 • 분 단위: $12-1-\square=8$, $\square=3$
10 • 초 단위: $50-\square=30$, $\square=20$
 • 분 단위: $\square-10=20$, $\square=30$
11 • 초 단위: $60+20-\square=45$, $\square=35$
 • 분 단위: $\square-1-21=23$, $\square=45$
12 • 초 단위: $\square-15=34$, $\square=49$
 • 분 단위: $60+8-\square=55$, $\square=13$
 • 시 단위: $9-1-4=\square$, $\square=4$

15일 차

160쪽

❶ 1시간 45분＋3시간 10분＝4시간 55분
/ 4시간 55분
❷ 8시 4분＋29분＝8시 33분
/ 8시 33분

161쪽

❸ 3시간 5분 48초＋2시간 30분 21초＝5시간 36분 9초
/ 5시간 36분 9초
❹ 1시 10분 37초＋3시간 43분 50초＝4시 54분 27초
/ 4시 54분 27초
❺ 1시간 22분 50초＋1시간 38분 49초＝3시간 1분 39초
/ 3시간 1분 39초

❶ (국어 공부와 수학 공부를 한 시간의 합)
＝(국어 공부를 한 시간)＋(수학 공부를 한 시간)
＝1시간 45분＋3시간 10분
＝4시간 55분
❷ (학교에 도착하는 시각)
＝(집에서 나온 시각)＋(집에서 학교까지 걸리는 시간)
＝8시 4분＋29분
＝8시 33분

❸ (산을 올라갔다가 내려오는 데 걸린 시간)
＝(산을 올라가는 데 걸린 시간)＋(산을 내려오는 데 걸린 시간)
＝3시간 5분 48초＋2시간 30분 21초
＝5시간 36분 9초
❹ (야구 경기가 끝난 시각)
＝(야구 경기가 시작한 시각)＋(야구 경기가 진행된 시간)
＝1시 10분 37초＋3시간 43분 50초
＝4시 54분 27초
❺ (식빵과 케이크를 만든 시간의 합)
＝(식빵을 만든 시간)＋(케이크를 만든 시간)
＝1시간 22분 50초＋1시간 38분 49초
＝3시간 1분 39초

16일 차

162쪽

❶ 4시 27분－1시간 16분＝3시 11분
/ 3시 11분
❷ 3시 35분－1시 5분＝2시간 30분
/ 2시간 30분

163쪽

❸ 9시간 22분 29초－8시간 13분 42초＝1시간 8분 47초
/ 1시간 8분 47초
❹ 5시 41분 18초－2시간 13분 40초＝3시 27분 38초
/ 3시 27분 38초
❺ 11시 55분 9초－9시 30분 25초＝2시간 24분 44초
/ 2시간 24분 44초

❶ (산책을 나온 시각)
＝(시계가 나타내는 시각)－(걸은 시간)
＝4시 27분－1시간 16분
＝3시 11분
❷ (버스를 탄 시각)
＝(버스에서 내린 시각)－(버스를 탄 시각)
＝3시 35분－1시 5분
＝2시간 30분

❸ (어제 잠을 잔 시간)－(오늘 잠을 잔 시간)
＝9시간 22분 29초－8시간 13분 42초＝1시간 8분 47초
❹ (독서를 시작한 시각)
＝(독서를 끝낸 시각)－(독서를 한 시간)
＝5시 41분 18초－2시간 13분 40초＝3시 27분 38초
❺ (영화의 상영 시간)
＝(영화가 끝난 시각)－(영화가 시작한 시각)
＝11시 55분 9초－9시 30분 25초＝2시간 24분 44초

17일 차

164쪽

❶ 17, 17시 48분 33초, 11시간 2분 18초
 / 11시간 2분 18초
❷ 24, 24시간, 13시간 26분 16초
 / 13시간 26분 16초

❸ 오후 6시 4분 20초 → 18시 4분 20초
 ⇨ (낮의 길이)=(해 지는 시각)−(해 뜨는 시각)
   =18시 4분 20초−6시 37분 8초
   =11시간 27분 12초
❹ 오후 6시 12분 7초 → 18시 12분 7초
 ⇨ (낮의 길이)=(해 지는 시각)−(해 뜨는 시각)
   =18시 12분 7초−7시 16분 58초
   =10시간 55분 9초

165쪽

❸ 11시간 27분 12초
❹ 10시간 55분 9초
❺ 11시간 21분 33초

❺ 하루는 24시간입니다.
 ⇨ (밤의 길이)=24시간−(낮의 길이)
   =24시간−12시간 38분 27초
   =11시간 21분 33초

(평가) **5. 길이와 시간**

18일 차

166쪽

1 30
2 27
3 8 cm 1 mm
4 6 km 910 m
5 7 cm 5 mm
6 20 km 360 m
7 3, 28, 49
8 190
9 4, 14
10 9분 19초
11 1시간 16분 57초
12 4시 44분 13초

13 (클립과 가위의 길이의 합)
 =(클립의 길이)+(가위의 길이)
 =3 cm 3 mm+14 cm 5 mm
 =17 cm 8 mm
14 (버스를 타고 간 거리)
 =(집에서 수영장까지의 거리)−(지하철을 타고 간 거리)
 =13 km 500 m−10 km 800 m
 =2 km 700 m
15 (수학 숙제와 과학 숙제를 한 시간의 합)
 =(수학 숙제를 한 시간)+(과학 숙제를 한 시간)
 =2시간 20분 39초+1시간 5분 46초
 =3시간 26분 25초

167쪽

13 3 cm 3 mm+14 cm 5 mm=17 cm 8 mm
 / 17 cm 8 mm
14 13 km 500 m−10 km 800 m=2 km 700 m
 / 2 km 700 m
15 2시간 20분 39초+1시간 5분 46초
   =3시간 26분 25초
 / 3시간 26분 25초
16 3시 10분−1시간 20분=1시 50분
 / 1시 50분
17 4시 24분 6초−2시 58분 13초=1시간 25분 53초
 / 1시간 25분 53초
18 13시간 12분 14초

16 (만화 영화를 보기 시작한 시각)
 =(시계가 나타내는 시각)−(만화 영화를 본 시간)
 =3시 10분−1시간 20분
 =1시 50분
17 (운동을 한 시간)
 =(운동을 끝낸 시각)−(운동을 시작한 시각)
 =4시 24분 6초−2시 58분 13초
 =1시간 25분 53초
18 오후 6시 38분 55초 → 18시 38분 55초
 ⇨ (낮의 길이)=(해 지는 시각)−(해 뜨는 시각)
   =18시 38분 55초−5시 26분 41초
   =13시간 12분 14초

6. 분수와 소수

① 분수

170쪽

❶ 3, 1, $\frac{1}{3}$, 3분의 1

❷ 5, 2, $\frac{2}{5}$, 5분의 2

❸ 8, 5, $\frac{5}{8}$, 8분의 5

171쪽

❹ $\frac{1}{4}$ / 4분의 1

❺ $\frac{3}{5}$ / 5분의 3

❻ $\frac{4}{6}$ / 6분의 4

❼ $\frac{5}{7}$ / 7분의 5

❽ $\frac{1}{8}$ / 8분의 1

❾ $\frac{4}{9}$ / 9분의 4

❿ $\frac{6}{9}$ / 9분의 6

⓫ $\frac{7}{10}$ / 10분의 7

② 분수로 나타내기

172쪽

❶ $\frac{1}{4}$ / $\frac{3}{4}$

❷ $\frac{2}{4}$ / $\frac{2}{4}$

❸ $\frac{3}{5}$ / $\frac{2}{5}$

❹ $\frac{4}{5}$ / $\frac{1}{5}$

❺ $\frac{2}{6}$ / $\frac{4}{6}$

❻ $\frac{4}{7}$ / $\frac{3}{7}$

❼ $\frac{3}{8}$ / $\frac{5}{8}$

❽ $\frac{6}{8}$ / $\frac{2}{8}$

❾ $\frac{5}{9}$ / $\frac{4}{9}$

③ 부분을 보고 전체 알아보기

173쪽

❿ 예

⓫ 예

⓬ 예

⓭ 예

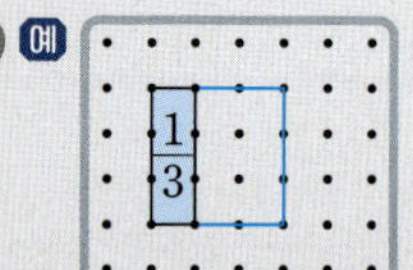

⓮ 예

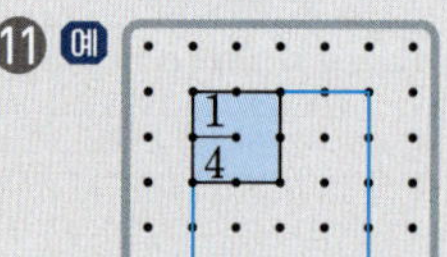

⓯ 예

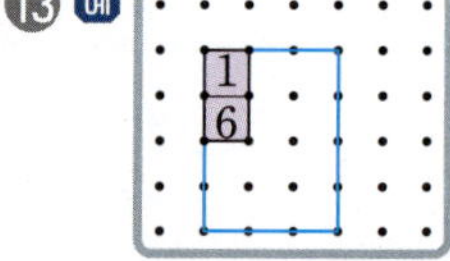

④ 분모가 같은 분수의 크기 비교

174쪽

❶ <

❷ >

❸ <

❹ <

❺ >

❻ >

❼ <

❽ <

❾ <

❿ >

⓫ >

⓬ <

175쪽

⓭ $\frac{3}{4}$에 ◯표, $\frac{1}{4}$에 △표

⓮ $\frac{4}{5}$에 ◯표, $\frac{2}{5}$에 △표

⓯ $\frac{5}{6}$에 ◯표, $\frac{1}{6}$에 △표

⓰ $\frac{6}{7}$에 ◯표, $\frac{2}{7}$에 △표

⓱ $\frac{7}{8}$에 ◯표, $\frac{3}{8}$에 △표

⓲ $\frac{6}{9}$에 ◯표, $\frac{2}{9}$에 △표

⓳ $\frac{8}{10}$에 ◯표, $\frac{5}{10}$에 △표

⓴ $\frac{10}{11}$에 ◯표, $\frac{7}{11}$에 △표

㉑ $\frac{9}{12}$에 ◯표, $\frac{4}{12}$에 △표

㉒ $\frac{8}{13}$에 ◯표, $\frac{3}{13}$에 △표

㉓ $\frac{12}{14}$에 ◯표, $\frac{10}{14}$에 △표

㉔ $\frac{14}{15}$에 ◯표, $\frac{11}{15}$에 △표

⑤ 단위분수의 크기 비교

176쪽

❶ >	❺ <	❾ <
❷ >	❻ >	❿ <
❸ <	❼ <	⓫ >
❹ >	❽ <	⓬ >

177쪽

⑬ $\frac{1}{2}$에 ◯표, $\frac{1}{5}$에 △표
⑭ $\frac{1}{4}$에 ◯표, $\frac{1}{6}$에 △표
⑮ $\frac{1}{2}$에 ◯표, $\frac{1}{7}$에 △표
⑯ $\frac{1}{5}$에 ◯표, $\frac{1}{8}$에 △표
⑰ $\frac{1}{3}$에 ◯표, $\frac{1}{9}$에 △표
⑱ $\frac{1}{5}$에 ◯표, $\frac{1}{9}$에 △표

⑲ $\frac{1}{6}$에 ◯표, $\frac{1}{10}$에 △표
⑳ $\frac{1}{4}$에 ◯표, $\frac{1}{11}$에 △표
㉑ $\frac{1}{7}$에 ◯표, $\frac{1}{12}$에 △표
㉒ $\frac{1}{6}$에 ◯표, $\frac{1}{13}$에 △표
㉓ $\frac{1}{10}$에 ◯표, $\frac{1}{14}$에 △표
㉔ $\frac{1}{11}$에 ◯표, $\frac{1}{15}$에 △표

⑥ 소수

178쪽

❶ 0.1 / 영점일	❹ 0.6 / 영점육	❼ 1.3 / 일점삼
❷ 0.2 / 영점이	❺ 0.7 / 영점칠	❽ 2.4 / 이점사
❸ 0.5 / 영점오	❻ 0.9 / 영점구	❾ 6.8 / 육점팔

179쪽

❿ 5	⑰ 0.6
⓫ 10	⑱ 2.5
⓬ 27	⑲ 3.8
⓭ 0.1	⑳ 9
⓮ 0.1	㉑ 41
⓯ $\frac{1}{10}$	㉒ 17
⓰ $\frac{1}{10}$	㉓ 52

⑦ 길이를 소수로 나타내기

180쪽

❶ 1.1	❻ 4.6	⓫ 7.4
❷ 2.4	❼ 5.2	⓬ 7.9
❸ 3.2	❽ 5.8	⓭ 8.3
❹ 3.7	❾ 6.1	⓮ 8.8
❺ 4.3	❿ 6.5	⓯ 9.2

181쪽

⓰ 1.3	㉓ 8.6
⓱ 2.5	㉔ 9.4
⓲ 3.4	㉕ 9.7
⓳ 4.9	㉖ 10.1
⓴ 5.5	㉗ 15.2
㉑ 6.7	㉘ 18.5
㉒ 7.2	㉙ 20.3

182쪽　　　　　　　　　　　　　　　　　**183쪽**　　　　　　　　　　7일차

❶ <	❻ <	⓫ <
❷ >	❼ >	⓬ <
❸ >	❽ <	⓭ >
❹ <	❾ <	⓮ <
❺ >	❿ >	⓯ >

⑯ 0.5에 ◯표, 0.2에 △표　　㉓ 5.5에 ◯표, 5.2에 △표
⑰ 1.4에 ◯표, 0.6에 △표　　㉔ 6.1에 ◯표, 4.3에 △표
⑱ 1.8에 ◯표, 1.2에 △표　　㉕ 6.7에 ◯표, 6.2에 △표
⑲ 2.9에 ◯표, 2.2에 △표　　㉖ 7.2에 ◯표, 6.4에 △표
⑳ 3.8에 ◯표, 3.3에 △표　　㉗ 7.8에 ◯표, 7.3에 △표
㉑ 4.1에 ◯표, 2.7에 △표　　㉘ 8.4에 ◯표, 7.9에 △표
㉒ 5.1에 ◯표, 4.6에 △표　　㉙ 9.6에 ◯표, 9.2에 △표

⑨ 분수와 소수의 크기 비교

184쪽　　　　　　　　　　　　　　　　　**185쪽**　　　　　　　　　　8일차

❶ <	❺ <	❾ <
❷ <	❻ <	❿ >
❸ >	❼ >	⓫ <
❹ <	❽ >	⓬ >

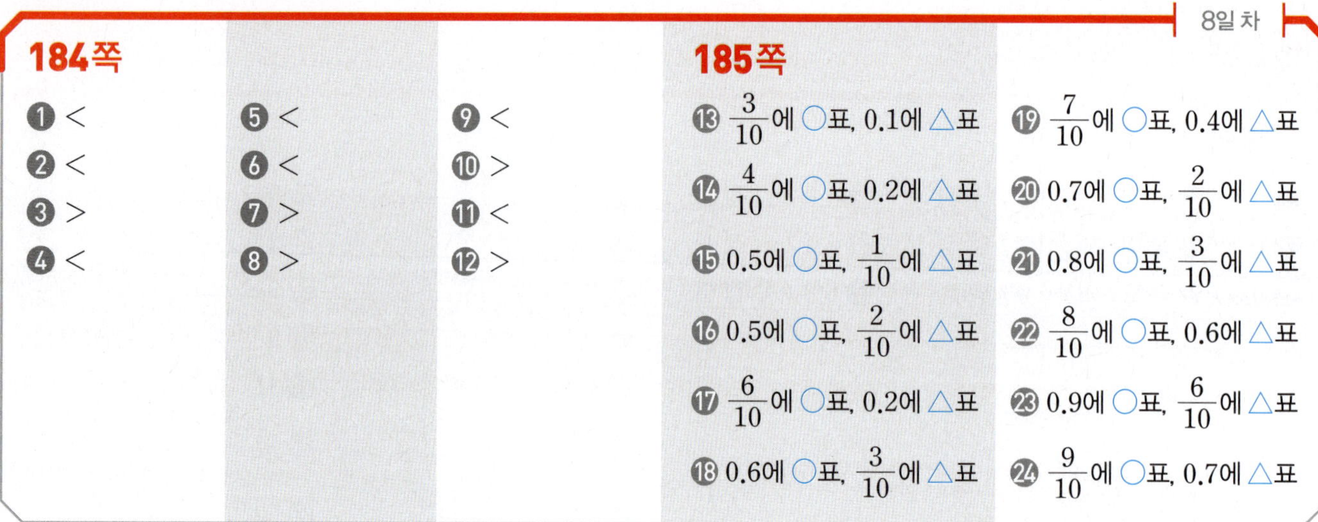

⑬ $\frac{3}{10}$에 ◯표, 0.1에 △표　　⑲ $\frac{7}{10}$에 ◯표, 0.4에 △표
⑭ $\frac{4}{10}$에 ◯표, 0.2에 △표　　⑳ 0.7에 ◯표, $\frac{2}{10}$에 △표
⑮ 0.5에 ◯표, $\frac{1}{10}$에 △표　　㉑ 0.8에 ◯표, $\frac{3}{10}$에 △표
⑯ 0.5에 ◯표, $\frac{2}{10}$에 △표　　㉒ $\frac{8}{10}$에 ◯표, 0.6에 △표
⑰ $\frac{6}{10}$에 ◯표, 0.2에 △표　　㉓ 0.9에 ◯표, $\frac{6}{10}$에 △표
⑱ 0.6에 ◯표, $\frac{3}{10}$에 △표　　㉔ $\frac{9}{10}$에 ◯표, 0.7에 △표

⑩ 분모가 같은 분수의 크기 비교에서 ☐ 구하기　　⑪ 단위분수의 크기 비교에서 ☐ 구하기

186쪽　　　　　　　　　　　　　　　**187쪽**　　　　　　　　　9일차

❶ 1	❹ 7, 8, 9		❼ 2	❿ 7, 8, 9
❷ 8, 9	❺ 1, 2, 3		❽ 5, 6, 7, 8, 9	⓫ 2, 3, 4, 5, 6
❸ 1, 2	❻ 6, 7, 8, 9		❾ 2, 3, 4	⓬ 9

❶ 분자를 비교하면 2>☐ ⇨ ☐ 안에 들어갈 수 있는 수: 1
❷ 분자를 비교하면 7<☐ ⇨ ☐ 안에 들어갈 수 있는 수: 8, 9
❸ 분자를 비교하면 3>☐ ⇨ ☐ 안에 들어갈 수 있는 수: 1, 2
❹ 분자를 비교하면 6<☐ ⇨ ☐ 안에 들어갈 수 있는 수: 7, 8, 9
❺ 분자를 비교하면 4>☐ ⇨ ☐ 안에 들어갈 수 있는 수: 1, 2, 3
❻ 분자를 비교하면 5<☐ ⇨ ☐ 안에 들어갈 수 있는 수: 6, 7, 8, 9

❼ 분모를 비교하면 3>☐ ⇨ ☐ 안에 들어갈 수 있는 수: 2
❽ 분모를 비교하면 4<☐ ⇨ ☐ 안에 들어갈 수 있는 수: 5, 6, 7, 8, 9
❾ 분모를 비교하면 5>☐ ⇨ ☐ 안에 들어갈 수 있는 수: 2, 3, 4
❿ 분모를 비교하면 6<☐ ⇨ ☐ 안에 들어갈 수 있는 수: 7, 8, 9
⓫ 분모를 비교하면 7>☐ ⇨ ☐ 안에 들어갈 수 있는 수: 2, 3, 4, 5, 6
⓬ 분모를 비교하면 8<☐ ⇨ ☐ 안에 들어갈 수 있는 수: 9

900만*의 압도적 선택

우리 반 1등의 성적 비결
비상교육 온리원 초등

온리원 학부모
10명 중 9명 재구매!*

교과서 발행사

11,694개 학교에서
사용하는 비상 교과서

검증된 학습법

개뻐노트 업로드 수
80만 건 돌파!

업계 유일

전과목 그룹형
라이브 화상수업

특허* 받은

메타인지 학습법으로
오래 기억되는 공부

독점 강의

초등 베스트셀러 교재
독점 강의 제공

비상교육 온리원 ▼

*2000년 이후 수박씨닷컴, 와이즈캠프, 온리원 키즈/초등/중등 누적 회원가입 수 기준
*2025년 1월 온리원 초등 수강생 재재구매율 87.8% 기준
*특허 등록 제 10-2374101

문의 1588-6563 | 비상교육 온리원 only1.co.kr

✛ 개념·플러스·연산 개념과 연산이 만나 수학의 즐거운 학습 시너지를 일으킵니다.

대표전화 1544-0554
주소 경기도 과천시 과천대로2길 54(갈현동, 그라운드브이)